Zahlentheorie

Von
Prof. Dr. Heinz Lüneburg (1935-2009)

Aus dem Nachlass des Autors
herausgegeben von

Prof. Dr. Theo Grundhöfer
apl. Prof. Dr. Huberta Lausch
Prof. Dr. Karl Strambach

Oldenbourg Verlag München

Prof. Dr. Heinz Lüneburg (1935–2009) lehrte von 1970 bis zu seiner Emeritierung 2003 als Professor an der Universität Kaiserslautern; Rufe nach Bayreuth bzw. Hamburg lehnte er ab. Seine Forschungsinteressen waren v.a. das Gebiet der endlichen Geometrie, wo sein Einfluss bis heute spürbar ist; später widmete er sich vermehrt auch der Untersuchung algorithmischer Fragen in Algebra und Kombinatorik sowie der Geschichte der Mathematik. Seine Forschung war insbesondere pädagogisch motiviert und zeichnet sich durch inhaltliche und formale Perfektion aus.

Bibliografische Information der Deutschen Nationalbibliothek

Die Deutsche Nationalbibliothek verzeichnet diese Publikation in der Deutschen Nationalbibliografie; detaillierte bibliografische Daten sind im Internet über <http://dnb.d-nb.de> abrufbar.

© 2010 Oldenbourg Wissenschaftsverlag GmbH
Rosenheimer Straße 145, D-81671 München
Telefon: (089) 45051-0
oldenbourg.de

Lektorat: Kathrin Mönch
Herstellung: Sarah Voit
Coverentwurf: Kochan & Partner, München
Gedruckt auf säure- und chlorfreiem Papier
Gesamtherstellung: Books on Demand GmbH, Norderstedt

ISBN 978-3-486-59680-9

Vorwort

Dans le monde, il y a mauvaise grâce à parler de soi ou des siens. Dans une préface, c'est la loi, loi dont on a beaucoup médit, dont on médira toujours, — par convenance, — mais qui fait trop joli jeu à la vanité des auteurs, pour jamais mourir. On me permettra donc d'insister un peu sur ce livre.

Édouard Lucas, Récréations mathématiques 1882

Euklid hat in seinen Elementen nicht nur über Geometrie geschrieben. Es gibt in ihnen auch drei Bücher, die die zahlentheoretischen heißen. Einige ihrer Ergebnisse werden im zehnten Buch dazu verwendet, die Existenz gewisser irrationaler Strecken sicherzustellen. Sie sind aber auch für sich gesehen interessant und bieten einiges an sehr schöner Mathematik, die es wert ist, lebendig gehalten zu werden. Daher stehen diese Bücher am Anfang meiner Ausführungen als Einladung zur Zahlentheorie.

Der Division mit Rest ist das zweite Kapitel gewidmet. Sie wird normalerweise nur dazu benutzt, den größten gemeinsamen Teiler zweier Zahlen auszurechnen und zu beweisen, dass der Ring der ganzen Zahlen ein euklidischer Ring und damit ein Hauptidealring ist. Hier wird gezeigt, dass man noch mehr mit ihr anfangen kann, indem sie benutzt wird, um natürliche Zahlen in Mischbasen darzustellen. Dabei sind Darstellungen von natürlichen Zahlen in Mischbasen, vom heutigen Standpunkt aus betrachtet, Verallgemeinerungen der Darstellungen von natürlichen Zahlen im Dezimal- bzw. Dualsystem. Historisch gesehen, sind die Darstellungen von natürlichen Zahlen in Mischbasen jedoch die älteren. Man denke nur an das vor etwa dreißig Jahren aufgegebene englische Währungssystem, wo das Pfund zwanzig Schillinge und der Schilling zwölf Pfennige hatte, oder an die Zeitmessung, wo der Tag vierundzwanzig Stunden, die Stunde sechzig Minuten und die Minute sechzig Sekunden hat. Die Sekunde ist dann wieder dezimal unterteilt.

Das Thema vollkommene Zahlen, welches im ersten Kapitel schon Gegenstand der Untersuchungen ist, wird im vierten Kapitel wieder aufgenommen. Zur Konstruktion gerader vollkommener Zahlen benötigt man mersennesche Primzahlen, also Primzahlen der Form $2^p - 1$. Der Exponent p muss eine Primzahl sein, damit $2^p - 1$ eine Chance hat, seinerseits Primzahl zu sein. Wann dann $2^p - 1$ eine Primzahl ist, kann man mit dem Lucas-Lehmer-Test entscheiden. Der hier vorgeführte Beweis dieses Testes benötigt das quadratische Reziprozitätsgesetz, das im vierten Kapitel vorgestellt wird und das wir im Folgenden immer wieder einmal benutzen werden. Beim Beweis des Lucas-Lehmer-Testes kommt auch der Ring $\mathbf{Z}[\sqrt{3}]$ der ganzen algebraischen Zahlen im Körper $\mathbf{Q}[\sqrt{3}]$ ins Spiel. Dies zeigt, dass es immer wieder auch nützlich ist, allgemeinere Ringe als nur den Ring der ganzen Zahlen in die Untersuchungen einzubeziehen, will man

Eigenschaften des Ringes der ganzen Zahlen etablieren. Ein weiteres Beispiel für diese Situation ist der Ring $\mathbf{Z}[\sqrt{-1}]$ der ganzen gaußschen Zahlen, der ein euklidischer Ring ist und den man benutzen kann, um den fermatschen Satz zu beweisen, dass jede Primzahl, die durch 4 geteilt den Rest 1 hat, sich als Summe zweier Quadrate darstellen lässt.

Die Ringe A_D der ganzen algebraischen Zahlen in den Körpern $\mathbf{Q}[\sqrt{D}]$ sind aber auch für sich gesehen hochinteressant. Ihnen ist ein gut Teil dieses Buches gewidmet. Sie liefern Beispiele für Ringe, die keine Hauptidealringe sind. Nun, das sind die Polynomringe über dem Ring $\mathbf{Z}$ der ganzen Zahlen auch nicht. Im Gegensatz zu diesen gilt in jenen aber nicht der Satz von der eindeutigen Primfaktorzerlegung. Unter den Ringen A_D gibt es andererseits Hauptidealringe, die keinen, aber auch wirklich gar keinen euklidischen Algorithmus gestatten. Dies werden wir mithilfe einer von Motzkin stammenden internen Kennzeichnung der euklidischen Ringe beweisen. Vier solcher Ringe werden wir kennenlernen und in ihnen dennoch das rechnerische Problem lösen, den größten gemeinsamen Teiler zweier Elemente zu berechnen und ihn aus den gegebenen Elementen linear zu kombinieren. Hierzu werden uns quadratische Formen gute Dienste leisten. Überhaupt bieten die Ringe A_D viel Gelegenheit zum Rechnen und ich kann dem Leser nur empfehlen, die Rechenverfahren, die das Buch bietet, zu implementieren. Insbesondere die Algorithmen, die mit Kettenbrüchen zu tun haben, sind sehr reizvoll. Mit ihrer Hilfe kann man auch den fermatschen Zwei-Quadrate-Satz ins Konstruktive wenden. Wer die Rechenverfahren implementiert und auch die Übungsaufgaben löst, wird zu einem besseren Verständnis des Stoffes kommen.

Kaiserslautern 2003   *Heinz Lüneburg*

Aus dem Nachlass des Autors herausgegeben von Theo Grundhöfer, Huberta Lausch und Karl Strambach.

Inhaltsverzeichnis

I.

Zahlentheorie bei Euklid

Bis tief ins 19. Jahrhundert hinein waren die Elemente Euklids den Mathematikern vertraut. Heute sind sie dagegen weitgehend vergessen. Das ist schade, findet sich in ihnen doch so manches Juwel. Insbesondere auch in den arithmetischen Büchern, das sind die Bücher VII, VIII und VIIII der Elemente. Da ist einmal die Lehre vom Geraden und Ungeraden zu nennen, die darauf hinausläuft zu zeigen, dass sich jede Zahl auf genau eine Weise als eine Potenz von 2 mal einer ungeraden Zahl darstellen lässt. Dieses Resultat ist Vorläufer des Satzes von der eindeutigen Primfaktorzerlegung. Mit seiner Hilfe ist es möglich, den Bau der geraden vollkommenen Zahlen völlig in den Griff zu bekommen. Ein weiteres spektakuläres Resultat ist, dass für natürliche Zahlen a, b und n genau dann a^n Teiler von b^n ist, wenn a Teiler von b ist. Das Spektakuläre daran ist, dass Euklid dies beweist, ohne den Satz von der eindeutigen Primfaktorzerlegung zu benutzen, was wir heute tun. Eine Folgerung hieraus ist, die Euklid aber nicht formuliert, dass eine rationale Zahl, deren n-te Potenz eine ganze Zahl ist, selbst schon ganz ist. Ein weiterer Höhepunkt ist die Bestimmung aller pythagoreischen Tripel, d.h. aller Tripel (x, y, z) von natürlichen Zahlen mit $x^2 + y^2 = z^2$. All dies fließt bei ihm aus seiner Theorie von in stetiger Proportion stehenden Folgen. Dies möchte ich hier vortragen, wobei ich aber ganz und gar nicht philologisch vorgehen, vielmehr den euklidischen Text nach meinem Gutdünken interpretieren werde.

Für Euklid sind Zahlen Ansammlungen von Einheiten. Wie mit ihnen umzugehen ist, sagt er nicht. Um seine Ergebnisse auf eine etwas bessere Grundlage zu stellen, beginne ich mit der dedekindschen Grundlegung der natürlichen Zahlen, die ihrerseits ein Juwel ist. Sie axiomatisiert das Zählen und leitet daraus dann die uns allen vertraute Addition, Multiplikation und Anordnung der natürlichen Zahlen her. Dieser Grundlegung ist der erste Abschnitt gewidmet.

1. Die natürlichen Zahlen. Arithmos ist das griechische Wort für Haufen und Haufen von Steinen repräsentierten Zahlen, sodass dieses Wort schließlich auch die Bedeutung „Zahl" annahm, wobei Zahl im Altertum und lange danach nur natürliche Zahl bedeutete. Für die Griechen also waren Zahlen so etwas wie Haufen von Steinen, Ansammlungen von Einheiten, wie es bei Euklid steht, wobei Euklid nirgendwo sagt, wie mit diesen Ansammlungen von Einheiten umzugehen sei. Vielleicht ist ihm nie bewusst geworden, dass man dazu etwas sagen muss. Fremd war ihm ein solches Vorgehen aber nicht, wie man an seinen geometrischen Postulaten sieht, wo er sehr wohl sagt, wie man mit Strecken, Kreisen und rechten Winkeln umzugehen hat. Man sieht es auch an seinem Hantieren mit Größen, bei denen er die Gültigkeit gewisser Postulate nachweist, nachdem er die Vervielfachung von Größen erklärt hat. Es handelt sich dabei um einige der Postulate, die wir bei der Definition von Moduln stellen. Eine uns befriedigende Begründung für das Operieren mit natürlichen Zahlen hat aber erst das 19. Jahrhundert gegeben und da vor allem Dedekind. Er hat das Zählen im Rahmen der damals im Entstehen begriffenen Mengenlehre axiomatisiert. Seinem Vorbild werden wir nun folgen.

Es sei N eine Menge. Ferner sei $1 \in N$ und $'$ sei eine Abbildung von N in sich. Wir nennen $(N, 1, ')$ *Dedekindtripel*, falls gilt

a) Es ist $1 \notin N'$.

b) Die Abbildung $'$ ist injektiv.

c) Ist T eine Teilmenge von N, ist $1 \in T$ und gilt $T' \subseteq T$, so ist $T = N$.

Die Eigenschaft c) ist natürlich das Induktionsprinzip.

Grundlegend für alles Weitere ist der folgende Rekursionssatz von Dedekind.

Rekursionssatz. *Es sei $(N, 1, ')$ ein Dedekindtripel, A sei eine Menge und R sei eine Abbildung von A in sich, die sogenannte* Rekursionsregel. *Ist dann $a \in A$, so gibt es genau eine Abbildung f von N in A mit $f(1) = a$ und*

$$f(n') = R\big(f(n)\big)$$

für alle $n \in N$.

Beweis. Es sei Φ die Menge aller binären Relationen g auf $N \times A$ mit den Eigenschaften

a) Es ist $(1, a) \in g$.

b) Ist $n \in N$, $b \in A$ und $(n, b) \in g$, so ist $(n', R(b)) \in g$.

Setze

$$f := \bigcap_{g \in \Phi} g.$$

Dann leistet f das Verlangte, wie wir nun zeigen werden. Zunächst ist klar, dass $f \in \Phi$ gilt. Wir müssen zeigen, dass f eine Abbildung ist. Dazu müssen wir zeigen, dass es zu $n \in N$ genau ein $b \in A$ gibt mit $(n, b) \in f$. Um dieses zu zeigen, sei T die Menge der $n \in N$, für die es genau ein $b \in A$ gibt mit $(n, b) \in f$. Wir zeigen zunächst, dass $1 \in T$ gilt. Das einzige, was wir ja wirklich zur Verfügung haben, ist das Induktionsprinzip, sodass wir auf seine Anwendung hinsteuern.

Es gilt $(1, a) \in f$. Es sei $a \neq w \in A$ und $(1, w) \in f$. Wir setzen $f^* := f - \{(1, w)\}$. Wegen $w \neq a$ ist dann $(1, a) \in f^*$, sodass a) gilt. Es sei weiter $(n, b) \in f^*$. Dann ist $(n, b) \in f$ und folglich $(n', R(b)) \in f$. Nun ist $1 \notin N'$ und daher $(n', R(b)) \neq (1, w)$, sodass sogar $(n', R(b)) \in f^*$ gilt. Folglich ist $f^* \in \Phi$ und daher $f \subseteq f^*$. Wegen $(1, w) \in f$ folgt der Widerspruch $(1, w) \in f^*$. Dieser Widerspruch zeigt, dass $1 \in T$ gilt.

Es gelte $n \in T$. Es gibt dann genau ein $b \in A$ mit $(n, b) \in f$. Es folgt $(n', R(b)) \in f$. Es sei $R(b) \neq w \in A$ und es gelte $(n', w) \in f$. Wir setzen wieder $f^* := f - \{(n', w)\}$. Wegen $n' \neq 1$ ist dann $(1, a) \in f^*$. Es sei $m \in N$ und es gebe ein $x \in A$ mit $(m, x) \in f^*$. Ist $m \neq n$, so folgt aus der Injektivität von $'$, dass auch $m' \neq n'$ ist. Dies hat wiederum $(m', R(x)) \neq (n', w)$ zur Folge, sodass $(m', R(x)) \in f^*$ ist, da ja $(m, x) \in f$ gilt. Ist

$m = n$ so folgt $x = b$ und damit $(n', R(b)) \in f^*$. Es folgt wieder der Widerspruch $f \subseteq f^*$. Also gilt auch $n' \in T$. Aufgrund des Induktionsprinzips ist daher $T = N$, sodass f in der Tat eine Abbildung ist.

Schreibt man nun $f(n) = b$ an Stelle von $(n, b) \in f$, so gilt also $f(1) = a$. Ist $f(n) = b$, so bedeutet das in der ursprünglichen Schreibweise $(n, b) \in f$. Es folgt $(n', R(b)) \in f$, d.h. $f(n') = R(f(n))$. Damit ist die Existenzaussage des Satzes bewiesen.

Um die Einzigkeitsaussage zu beweisen, sei g eine Abbildung von A in sich und es gelte $g(1) = a$ und $g(n') = R(g(n))$ für alle $n \in N$. Es sei T die Menge aller $n \in N$ mit $f(n) = g(n)$. Dann ist $1 \in T$. Ist $n \in T$, so folgt

$$f(n') = R(f(n)) = R(g(n)) = g(n')$$

und damit $n' \in T$. Mittels des Induktionsprinzips folgt $T = N$ und weiter $f = g$. Damit ist alles bewiesen.

Korollar. *Sind $(N, 1_N, ')$ und $(M, 1_M, ')$ Dedekindtripel, so gibt es einen Isomorphismus von $(N, 1_N, ')$ auf $(M, 1_M, ')$.*

Beweis. Definiere die Abbildung R_M von M in sich durch $R_M(x) := x'$. Aufgrund des Rekursionssatzes gibt es dann genau eine Abbildung σ von N in M mit $\sigma(1_N) = 1_M$ und

$$\sigma(n') = R(\sigma(n)) = \sigma(n)'.$$

Dies zeigt, dass σ ein Homomorphismus ist. Ebenso gibt es einen Homomorphismus τ von $(M, 1_M, ')$ in $(N, 1_N, ')$, d.h. eine Abbildung τ von M in N mit $\tau(1_M) = 1_N$ und $\tau(m') = \tau(m)'$. Es folgt

$$\tau\sigma(1_N) = \tau(1_M) = 1_N.$$

Es sei $n \in N$ und $\tau\sigma(n) = n$. Dann ist

$$\tau\sigma(n') = \tau(\sigma(n)') = (\tau\sigma(n))' = n'.$$

Das Induktionsprinzip besagt daher, dass $\tau\sigma = \mathrm{id}_N$ ist. Analog folgt auch $\sigma\tau = \mathrm{id}_M$. Folglich ist σ bijektiv und τ ist die zu σ inverse Abbildung. Somit ist σ ein Isomorphismus.

Es gibt also bis auf Isomorphie nur ein Dedekindtripel, falls es überhaupt eins gibt. Ein solches nennen wir in Zukunft $\mathbf{N}$ und sprechen von ihm als der *Menge der natürlichen Zahlen*.

Auf $\mathbf{N}$ wollen wir nun Addition und Multiplikation definieren. Beginnen wir mit der Addition.

Es sei $m \in \mathbf{N}$. Wir definieren R durch $R(n) := n'$. Es gibt dann genau eine Abbildung π_m von $\mathbf{N}$ in sich mit $\pi_m(1) = m'$ und

$$\pi_m(n') = R(\pi_m(n)) = \pi_m(n)'.$$

Hier haben wir π_m geschrieben, um den Anschluss an das Vorige zu erhalten. Um das gewohnte Bild zu bekommen, schreiben wir statt π_m nun $m+$ und lassen die Klammern um das Argument der Abbildung weg. Dann gilt also

a) Es ist $m + 1 = m'$ für alle $m \in \mathbf{N}$.

b) Es ist $m + n' = (m + n)'$ für alle $m, n \in \mathbf{N}$.

Man ist gewohnt, $+$ als binäre Operation auf $\mathbf{N}$ aufzufassen. So wie die Addition hier definiert ist, ist aber zu jedem $m \in \mathbf{N}$ eine unäre Operation $m+$ definiert. Da diese unären Operationen aber auf ganz $\mathbf{N}$ operieren, kann man $+$ dann wieder als binäre Operation auf $\mathbf{N}$ auffassen, da ja zu jedem $m, n \in \mathbf{N}$ der Ausdruck $m + n$ erklärt ist.

Es ist nun zu zeigen, dass die so definierte Addition den gewohnten Rechenregeln gehorcht.

Satz 1. *Es ist $m' + n = m + n' = (m + n)'$ für alle $m, n \in \mathbf{N}$.*

Beweis. Die zweite Aussage des Satzes ist nur eine Wiederholung von b).

Um die erste zu beweisen, machen wir Induktion über n. Es gilt

$$m' + 1 = m'' = (m + 1)' = m + 1'.$$

Es sei $n \in \mathbf{N}$ und es gelte $m' + n = m + n'$. Dann folgt

$$m' + n' = (m' + n)' = (m + n')' = m + n'',$$

sodass die Aussage auch für n' gilt. Damit ist der Satz bewiesen.

Satz 2. *Es ist $m + n = n + m$ für alle $m, n \in \mathbf{N}$.*

Beweis. Wir zeigen zunächst, dass $1 + n = n + 1$ ist für alle $n \in \mathbf{N}$. Dies gilt sicherlich für $n = 1$. Es sei $n \in \mathbf{N}$ und es gelte $1 + n = n + 1$. Dann ist nach b) und Satz 1

$$1 + n' = (1 + n)' = (n + 1)' = n' + 1,$$

sodass in der Tat $1 + n = n + 1$ für alle $n \in \mathbf{N}$ gilt.

Um die allgemeine Aussage zu beweisen, machen wir nun Induktion nach m. Für $m = 1$ ist die Aussage richtig, wie gerade gesehen. Sie gelte für m. Dann ist

$$m' + n = m + n' = (m + n)' = (n + m)' = n + m'.$$

Damit ist Satz 2 bewiesen.

Die Addition ist also kommutativ. Sie ist auch assoziativ.

Satz 3. *Es ist $(m + n) + p = m + (n + p)$ für alle $m, n, p \in \mathbf{N}$.*

Beweis. Wir machen Induktion nach p. Es ist

$$(m + n) + 1 = (m + n)' = m + n' = m + (n + 1).$$

Also gilt die Aussage für $p = 1$. Sie gelte für p. Dann ist

$$(m + n) + p' = \big((m + n) + p\big)' = \big(m + (n + p)\big)' = m + (n + p)'$$
$$= m + (n + p'),$$

sodass sie auch für p' gilt. Damit ist Satz 3 bewiesen.

Für die Addition gilt die Kürzungsregel.

Satz 4. *Sind m, n, p ∈ **N** und gilt m + p = n + p, so ist m = n.*

Beweis. Wir machen Induktion nach p. Ist $p = 1$, so folgt

$$m' = m + 1 = n + 1 = n'.$$

Weil $'$ injektiv ist, folgt weiter $m = n$.

Aus $m + p = n + p$ folge $m = n$ und es sei $m + p' = n + p'$. Dann ist

$$(m + p)' = m + p' = n + p' = (n + p)'.$$

Hieraus folgt weiter $m + p = n + p$ und dann auch $m = n$.

Ist $n \in \mathbf{N}$, so setzen wir

$$E_n := \{n + x \mid x \in \mathbf{N}\}.$$

Der Buchstabe E steht für Ende, da E_n, wie bald klar werden wird, aus allen natürlichen Zahlen besteht, die größer als n sind.

Satz 5. *Es ist $E_1 = \mathbf{N} - \{1\}$.*

Beweis. Es sei $T := E_1 \cup \{1\}$. Dann ist $1 \in T$. Es sei $n \in T$. Dann ist $n' = n + 1 = 1 + n \in E_1 \subseteq T$. Also ist $T = \mathbf{N}$. Wäre $1 \in E_1$, so gäbe es ein $w \in \mathbf{N}$ mit $1 = w + 1 = w'$ im Widerspruch zu $1 \notin \mathbf{N}'$. Also ist $E_1 = \mathbf{N} - \{1\}$.

Satz 6. *Ist $n \in \mathbf{N}$, so gilt*
a) Es ist $n' \in E_n$.
b) Ist $x' \in E_n$, so ist $E_x \subseteq E_n$.
c) Es ist $n \notin E_n$.
d) Es ist $E_n = E_{n'} \cup \{n'\}$.

Beweis. a) Es ist $n' = n + 1 \in E_n$.

b) Es sei $x' \in E_n$. Ferner sei $y \in E_x$. Es gibt dann $a, b \in \mathbf{N}$ mit $x' = n + a$ und $y = x + b$. Mit Satz 1 folgt

$$y' = x' + b = n + a + b.$$

Nun ist $a + b \neq 1$ (Beweis!). Nach Satz 5 gibt es daher ein $c \in \mathbf{N}$ mit $c' = c + 1 = a + b$. Also ist

$$y' = n + c' = (n + c)'$$

und damit $y = n + c \in E_n$.

c) Wäre $n \in E_n$, so gäbe es ein $w \in \mathbf{N}$ mit $n = n + w$. Es folgte

$$n + 1 = n' = (n + w)' = n + w'.$$

Hieraus folgte mit Satz 4 der Widerspruch $1 = w'$.

d) Nach a) ist $n' \in E_n$. Ferner ist $n'' = n + 1' \in E_n$. Mit $x = n'$ folgt mit b) daher $E_{n'} \subseteq E_n$. Also gilt

$$E_{n'} \cup \{n'\} \subseteq E_n.$$

Es sei umgekehrt $x \in E_n$. Es gibt dann ein $y \in \mathbf{N}$ mit $x = n + y$. Ist $y = 1$, so ist

$$x = n + 1 = n' \in E_{n'} \cup \{n'\}.$$

Ist $y \neq 1$, so folgt mit Satz 5, dass es ein $z \in \mathbf{N}$ gibt mit $y = 1 + z$. Es folgt

$$x = n + 1 + z = n' + z \in E_{n'} \cup \{n'\}.$$

Damit ist alles bewiesen.

Satz 7. *Sind m, $n \in \mathbf{N}$, so ist $E_m \subseteq E_n$ oder $E_n \subseteq E_m$.*

Beweis. Es sei T die Menge der $n \in \mathbf{N}$, für die $E_n \subseteq E_m$ oder $E_m \subseteq E_n$ gilt. Wegen

$$m' = m + 1 = 1 + m \in E_1$$

ist $E_m \subseteq E_1$ nach Satz 6 b) und daher $1 \in T$. Es sei $n \in T$. Ist $n'' \in E_m$, so folgt mit Satz 6 b), dass $E_{n'} \subseteq E_m$ ist, sodass $n' \in T$ gilt. Es sei also $n'' \notin E_m$. Nach Satz 6 a) ist $n' \in E_n$. Ferner ist $n'' = (n+1)' = n+1' \in E_n$. Folglich ist $E_n \not\subseteq E_m$. Wegen $n \in T$ folgt $E_m \subseteq E_n$. Wegen $n' \notin E_n$ ist dann auch $n' \notin E_m$. Nach Satz 6 d) ist

$$E_n = E_{n'} \cup \{n'\}.$$

Hieraus folgt zusammen mit $n' \notin E_m$, dass

$$E_m = E_m \cap E_n = E_m \cap \left(E_{n'} \cup \{n'\} \right) = E_m \cap E_{n'}.$$

ist. Also ist $E_m \subseteq E_{n'}$ und damit $n' \in T$, sodass $T = \mathbf{N}$ ist. Damit ist Satz 7 bewiesen.

Eine fast unmittelbare Folgerung aus Satz 7 ist

Satz 8. *Sind m, $n \in \mathbf{N}$, so gibt es ein $c \in \mathbf{N}$ mit $m + c = n$ oder $n + c = m$, es sei denn, es ist $m = n$.*

Beweis. Wegen Satz 7 dürfen wir o.B.d.A. annehmen, dass $E_n \subseteq E_m$ ist. Wegen $n' \in E_n$ ist dann $n' \in E_m$, sodass es ein $d \in \mathbf{N}$ gibt mit $n' = m + d$. Ist $d = 1$, so folgt $n' = m + 1 = m'$ und damit $n = m$. ist $d \neq 1$, so folgt mit Satz 5, dass es ein $c \in \mathbf{N}$ gibt mit $d = c + 1 = c'$. Es folgt

$$n' = m + c' = (m + c)'$$

und weiter $n = m + c$.

Es seien m, $n \in \mathbf{N}$; wir setzen $m < n$, falls es ein $c \in \mathbf{N}$ gibt mit $m + c = n$. Wir setzen $m \leq n$, falls entweder $m = n$ oder $m < n$ ist.

Nach dieser Definition ist

$$E_n = \{x \mid x \in \mathbf{N}, n < x\}.$$

Dies sagt zunächst noch nichts. Die Bedeutung dieses Sachverhalts wird aber durch den nächsten Satz sofort klar.

Satz 9. *Die soeben definierte Relation $\leq$ ist eine lineare Anordnung von $\mathbf{N}$, d.h. es gilt*

a) Es ist $m \leq m$ für alle $m \in \mathbf{N}$.

b) Sind m, $n \in \mathbf{N}$ und gilt $m \leq n$ sowie $n \leq m$, so ist $m = n$.

c) Sind m, n, $p \in \mathbf{N}$ und ist $m \leq n$ und $n \leq p$, so ist $m \leq p$.

d) Sind m, $n \in \mathbf{N}$, so ist $m \leq n$ oder $n \leq m$.

Beweis. a) ist Teil der Definition.

b) Es sei $m \neq n$. Dann ist $m < n$ und $n < m$. Es gibt also $c, d \in \mathbf{N}$ mit $m + c = n$ und $n + d = m$. Es folgt $m + d + c = m$ und weiter

$$m + (d + c)' = (m + d + c)' = m' = m + 1,$$

was wiederum den Widerspruch $1 = (d + c)'$ ergibt. Also ist doch $m = n$.

c) Ist $m = n$ oder $n = p$, so ist nichts zu beweisen. Wir dürfen daher annehmen, dass $m + c = n$ und $n + d = p$ ist mit $c, d \in \mathbf{N}$. Es folgt $m + c + d = p$ und damit $m \leq p$.

d) Dies ist nur eine Umformulierung von Satz 8.

Die Definition von $<$ besagt, dass stets $m < m + n$ gilt, und mit Satz 9 folgt, dass niemals $m + n \leq m$ ist.

Die auf $\mathbf{N}$ etablierte Anordnung ist sogar eine *Wohlordnung*. Dies besagt der nächste Satz.

Satz 10. *Ist X eine nicht leere Teilmenge von $\mathbf{N}$, so gibt es ein kleinstes Element in X, d.h. es gibt ein Element $k \in X$ mit $k \leq x$ für alle $x \in X$.*

Beweis. Für $n \in \mathbf{N}$ setzen wir

$$A_n := \{a \mid a \in \mathbf{N}, a \leq n\}.$$

Dann ist $A_{n+1} = A_n \cup \{n + 1\}$, da es zwischen n und $n + 1$ keine weitere natürliche Zahl gibt. Wir zeigen zunächst, dass für alle $n \in \mathbf{N}$ gilt, dass X ein kleinstes Element enthält, falls nur $A_n \cap X \neq \emptyset$ ist. Es sei T die Menge der natürlichen Zahlen, für die diese Aussage gilt. Dann ist $1 \in T$. Ist nämlich $A_1 \cap X$ nicht leer, so ist $A_1 \cap X = \{1\}$ und 1 ist als kleinstes Element von $\mathbf{N}$ kleinstes Element von X. Es sei $n \in T$ und es gelte $A_{n+1} \cap X \neq \emptyset$. Dann ist

$$\emptyset \neq A_{n+1} \cap X = (A_n \cap X) \cup \big(\{n + 1\} \cap X\big).$$

Ist $A_n \cap X \neq \emptyset$, so enthält X ein kleinstes Element, sodass in diesem Falle $n + 1 \in T$ gilt. Ist $A_n \cap X = \emptyset$, so ist

$$\emptyset \neq A_{n+1} \cap X = \big(\{n + 1\} \cap X\big).$$

Hieraus folgt $n + 1 \in X$. Ist nun $y \in \mathbf{N}$ und $y < n + 1$, so ist $y \in A_n$ und daher $y \notin X$. Es folgt, dass $n + 1$ das kleinste Element von X ist. Also ist auch hier $n + 1 \in T$, sodass $T = \mathbf{N}$ ist.

Weil wir vorausgesetzt haben, dass X nicht leer ist, gibt es ein $n \in X$. Es folgt $n \in A_n \cap X$, sodass X nach dem Bewiesenen ein kleinstes Element enthält. Damit ist der Satz bewiesen.

Der nächste Satz besagt, dass die auf $\mathbf{N}$ definierte Anordnung mit der Addition verträglich ist.

Satz 11. *Sind m, n, $p \in \mathbf{N}$, so gilt genau dann $m \leq n$, wenn $m + p \leq n + p$ ist.*

Beweis. Es sei $m = n$. Dann ist $m + p \leq n + p$ für alle $p \in \mathbf{N}$. Es sei also $m < n$. Dann gibt es ein $c \in \mathbf{N}$ mit $m + c = n$. Es folgt

$$m + p + c = m + c + p = n + p,$$

sodass $m + p < n + p$ ist.

Es sei umgekehrt $m + p \leq n + p$. Wäre $n < m$, so folgte nach dem bereits Bewiesenen der Widerspruch $n + p < m + p \leq n + p$.

Sind a, $b \in \mathbf{N}$ und ist $a < b$, so gibt es genau ein $d \in \mathbf{N}$ mit $a + d = b$. Für dieses d schreiben wir auch $b - a$. Die Gültigkeit der Rechenregeln $c - (a - b) = (c + b) - a$ und $c - (a + b) = (c - a) - b$ möge der Leser selbst nachweisen. Dabei sind die Beweise so zu führen, dass die Operationen niemals aus $\mathbf{N}$ herausführen. Die hier definierte Subtraktion ist ja nur definiert, wenn $a < b$ ist, nur dann wissen wir, was $b - a$ bedeutet.

Addition und partielle Subtraktion sind mittels der *Nachfolgerfunktion* $'$ definiert. Macht man das explizit, so erhält man folgende, nicht sehr effektive Rekursion um Summe und Differenz zu berechnen. Sind m, $n \in \mathbf{N}$, so ist $m + n = m + 1 = m'$, falls $n = 1$ ist, andernfalls ist

$$m + n = (m + 1) + (n - 1).$$

Entsprechend gilt

$$m - n = (m - 1) - (n - 1),$$

falls nur $m > n > 1$ ist.

Und nun zur Multiplikation. Für $a \in \mathbf{N}$ definieren wir die Rekursionsregel R_a durch $R_a(m) := a + m$. Aufgrund des Rekursionssatzes gibt es dann eine Abbildung μ_a von $\mathbf{N}$ in sich mit $\mu_a(1) = a$ und $\mu_a(m') = a + \mu_a(m)$. Setzt man nun $am := \mu_a(m)$, so gilt also $a1 = a$ und $a(m + 1) = a + am$ für alle a, $m \in \mathbf{N}$.

Satz 12. *Die soeben definierte Multiplikation auf $\mathbf{N}$ genügt den folgenden Rechenregeln:*
   a) Es ist $a1 = 1a = a$ für alle $a \in \mathbf{N}$.
   b) Es ist $a(b + c) = ab + ac$ für alle a, b, $c \in \mathbf{N}$.
   c) Es ist $(a + b)c = ac + bc$ für alle a, b, $c \in \mathbf{N}$.
   d) Es ist $a(bc) = (ab)c$ für alle a, b, $c \in \mathbf{N}$.

Beweis. a) Die Gültigkeit der Gleichung $a1 = a$ folgt aus der Konstruktion der Multiplikation. Um die Gültigkeit der Gleichung $1a = a$ zu etablieren, machen wir Induktion nach a. Für $a = 1$ gilt diese Gleichung. Sie gelte für a. Dann ist

$$1a' = 1 + 1a = 1 + a = a',$$

sodass sie auch für a' gilt. Also gilt sie für alle $a \in \mathbf{N}$.

   b) Hier machen wir Induktion nach c. Für $c = 1$ folgt

$$ab + a1 = a1 + ab = a + ab = ab' = a(b + 1).$$

Die Gleichung gelte für c. Dann folgt

$$ab + ac' = ab + a(c + 1) = ab + ac + a = a(b + c) + a$$
$$= a(b + c)' = a(b + c').$$

Damit ist b) bewiesen.

c) Wir machen wieder Induktion nach c. Für $c = 1$ ist wieder alles klar. Die Gleichung gelte für c. Dann ist

$$(a + b)c' = a + b + (a + b)c = a + b + ac + bc.$$

Weil die Addition in $\mathbf{N}$ kommutativ ist, folgt weiter

$$(a + b)c' = a + ac + b + bc = ac' + bc',$$

sodass auch c) bewiesen ist.

d) Induktion nach c. Für $c = 1$ gilt die Gleichung. Sie gelte für c. Dann ist

$$a(bc') = a(b + bc) = ab + a(bc) = ab + (ab)c = (ab)c'.$$

Damit ist alles bewiesen.

Auch die Multiplikation ist mit der Anordnung verträglich.

Satz 13. *Es seien a, b, $c \in \mathbf{N}$. Ist $a < b$, so ist $ac < bc$ und $ca < cb$. Ist $ac < bc$ oder $ca < cb$, so ist $a < b$.*

Beweis. Es sei $a < b$. Es gibt dann ein $d \in \mathbf{N}$ mit $a + d = b$. Es folgt $ac + dc = bc$, bzw. $ca + cd = cb$ und damit $ac < bc$ und $ca < cb$. Es sei $ac < bc$. Aus $a \geq b$ folgte dann der Widerspruch $ac \geq bc > ac$. Ebenso zeigt man, dass aus $ca < cb$ die Ungleichung $a < b$ folgt.

Korollar. *Sind a, b, $c \in \mathbf{N}$ und gilt $ac = bc$ oder $ca = cb$, so ist $a = b$.*

Beweis. Wäre $a \neq b$, so wäre o.B.d.A. $a < b$ und daher $ac < bc$ und $ca < cb$.

Mit Satz 12 kann man wiederum beweisen, dass $a(b - c) = ab - ac$ und dass $(a - b)c = ac - bc$ ist.

Genauso wie man das Multiplizieren definiert, das ja gemäß der Definition ein Vervielfachen ist, kann man auch das Potenzieren definieren, indem man die Rekursionsformel R_a definiert durch $R_a(x) := ax$. Dann erhält man zu a, $n \in \mathbf{N}$ also ein Element $a^n \in \mathbf{N}$ und es gilt

a) Es ist $a^1 = a$ für alle $a \in \mathbf{N}$.

b) Es ist $a^{n+1} = aa^n$ für alle a, $n \in N$.

Entsprechend wie die Aussage b) von Satz 12 beweist man die Potenzregel: Es ist

$$a^{m+n} = a^m a^n$$

für alle a, m, $n \in \mathbf{N}$.

Es fehlt noch der Nachweis, dass die in $\mathbf{N}$ definierte Multiplikation kommutativ ist. Ich habe diesen Nachweis bis jetzt aufgeschoben, da wir später noch einen zweiten

Beweis angeben werden, der aus den Elementen Euklids stammt. Wir werden daher bei den weiteren Entwicklungen zunächst von der Kommutativität der Multiplikation keinen Gebrauch machen.

Satz 14. *Es ist $ab = ba$ für alle a, $b \in \mathbf{N}$.*

Beweis. Dies ist nach Satz 12 richtig für $a = 1$. Es gelte $ab = ba$. Dann ist

$$a'b = (a+1)b = ab + b = b + ba = b(1+a) = ba'.$$

Damit ist auch Satz 14 bewiesen.

Mit diesem Satz folgt dann schließlich, dass $(ab)^n = a^n b^n$ ist für alle a, b, $n \in \mathbf{N}$. Dies beweist man wie Satz 12 c).

2. Vollkommene Zahlen. Die Griechen waren die ersten, die Zahlen als eigene Gegenstände betrachteten, unabhängig also von dem, was sie zählten. Das sieht man daran, dass sie ihnen Eigenschaften zusprachen. So heißt es bei dem Komödiendichter Epicharmos aus Syrakus, der um 480–470 vor Christus lebte: „Wenn einer zu einer ungeraden Zahl, meinethalben auch einer geraden, einen Stein zulegen oder auch von den vorhandenen einen wegnehmen will, meinst du wohl, sie bliebe noch dieselbe?" Die Antwort: „Bewahre!"

Zwischen geraden und ungeraden Zahlen zu unterscheiden, ist also schon sehr alt. Auch wir wollen uns zunächst ein bisschen mit diesen beiden Begriffen beschäftigen und sehen, was man alles damit anfangen kann.

Die Kommutativität der Multiplikation in $\mathbf{N}$ haben wir erst am Schluss des ersten Abschnitts etabliert. Der Leser beachte, dass wir sie erst ab Satz 10 dieses Abschnitts benutzen werden. Was wir jedoch schon vorher benötigen, ist, dass

$$a2^n = 2^n a$$

gilt für alle a, $n \in \mathbf{N}$, wobei 2 durch $2 := 1 + 1$ definiert wurde. Der Bequemlichkeit halber setzen wir auch noch $2^0 := 1$. Damit erhält man

$$a2 = a(1+1) = a1 + a1 = a + a = 1a + 1a = 2a$$

und weiter

$$a2^{n+1} = a2 \cdot 2^n = 2a2^n = 2 \cdot 2^n a = 2^{n+1}a.$$

Wir nennen $n \in \mathbf{N}$ *gerade*, wenn es ein $k \in \mathbf{N}$ gibt mit $n = 2k$. Jede nicht gerade Zahl heiße *ungerade*.

Wir setzen $\mathbf{N}_0 := \mathbf{N} \cup \{0\}$ und rechnen in $\mathbf{N}_0$ wie gewohnt. Dass dies keine Komplikationen ergibt, wird der Leser selbst nachweisen können. Es sei $n \in \mathbf{N}$ ungerade. Wir setzen

$$X := \{k \mid k \in \mathbf{N}_0, 2k \leq n\}.$$

Dann ist $0 \in X$, sodass X nicht leer ist. Andererseits ist $n \notin X$, sodass X beschränkt ist, da ja $m \notin X$ gilt für alle $m \geq n$. Somit enthält X ein größtes Element k. Dann ist also

$$2k \leq n < 2(k+1) = 2k + 2.$$

Weil n nicht gerade ist, ist $2k < n$ und folglich $n = 2k + 1$. Damit ist erkannt, dass eine natürlichen Zahl entweder die Form $2k$ oder die Form $2k + 1$ hat. Es kann ja nicht $2k = 2l + 1$ sein, da sonst $1 = 2(m - l) \geq 2 > 1$ wäre. Dies rechtfertigt gleichzeitig das epicharmische „Bewahre".

Wir schließen einige einfache Bemerkungen über gerade und ungerade Zahlen an.

Satz 1. *Es seien m und n natürliche Zahlen. Dann gilt:*

a) Sind m und n beide gerade oder beide ungerade, so ist $m + n$ gerade. Ist $m > n$, so ist auch $m - n$ gerade.

b) Ist genau eine der beiden Zahlen m und n gerade, so ist $m + n$ ungerade und im Falle $m > n$ auch $m - n$.

c) Sind nicht beide der Zahlen m und n ungerade, so ist mn gerade.

d) Sind m und n beide ungerade, so ist auch mn ungerade.

Beweis. a) Ist $m = 2k$ und $n = 2l$, so ist

$$m + n = 2k + 2l = 2(k + l),$$

sodass $m + n$ gerade ist. Entsprechend folgt

$$m - n = 2k - 2l = 2(k - l)$$

und damit auch die zweite Behauptung.

b) Es sei $m = 2k + 1$. Dann ist $n = 2l$. Es folgt

$$m + n = 2k + 1 + 2l = 2(k + l) + 1$$

und

$$m - n = 2k + 1 - 2l = 2(k - l) + 1,$$

sodass $m + n$ und $m - n$ ungerade sind. Ist $m = 2k$ und $n = 2l + 1$, so folgt

$$m + n = 2(k + l) + 1$$

und

$$m - n = 2k - 2l - 1 = 2k - 2l - 2 + 1 = 2(k - l - 1) + 1,$$

sodass auch in diesem Falle $m + n$ und $m - n$ ungerade sind.

c) Ist $m = 2k$, so ist

$$mn = (2k)n = 2(kn),$$

sodass mn gerade ist. Ist $n = 2l$, so folgt

$$mn = m(2l) = (m2)l = (2m)l = 2(ml).$$

Also ist mn auch in diesem Falle gerade.

d) Es sei $m = 2k + 1$ und $n = 2l + 1$. Dann ist

$$mn = (2k + 1)(2l + 1) = 2k2l + 2k + 2l + 1 = 2(k2l + k + l) + 1.$$

Folglich ist mn ungerade.

Satz 2. *Es sei* $m \in \mathbf{N}$. *Es gibt dann genau eine Zahl* $n \in \mathbf{N}_0$ *und genau eine ungerade Zahl* v, *sodass* $m = 2^n v$ *ist.*

Beweis. Ist m ungerade, so ist $n = 0$ und $v = m$ die einzige Möglichkeit der Zerlegung. Es sei m also gerade. Dann ist $m = 2k$ und es gilt $k < m$. Nach Induktionsannahme gibt es ein $n \in \mathbf{N}$ und eine ungerade Zahl v mit $k = 2^{n-1}v$. Es folgt $m = 2^n v$. Damit ist die Möglichkeit der Zerlegung gezeigt.

Es sei $m = 2^n v = 2^q w$. Wir dürfen annehmen, dass $n \leq q$ ist. Ist $n = 0$, so folgt aus der Ungeradheit von v, dass auch $q = 0$ ist. Ist $n > 0$, so ist auch $q > 0$ und es folgt

$$2 \cdot 2^{n-1}v = 2^n v = 2^q w = 2 \cdot 2^{q-1}w$$

und damit $2^{n-1}v = 2^{q-1}w$. Induktion zeigt dann, dass $n - 1 = q - 1$ und $v = w$ ist. Dann ist aber auch $n = q$. Dies beweist die Einzigkeit der Zerlegung.

Sind m und n natürliche Zahlen, so heißt n *Teiler* von m, wenn es ein $a \in \mathbf{N}$ gibt mit $m = an$.

Satz 3. *Ist* $m = 2^n v$ *mit einer ungeraden Zahl* v *und ist* t *Teiler von* m, *so ist* $t = 2^k w$ *mit* $k \leq n$ *und* w *Teiler von* v.

Beweis. Es ist $m = at$. Mit Satz 2 folgt $a = 2^l \alpha$ und $t = 2^k w$ mit ungeraden Zahlen α und w. Es folgt

$$2^n v = m = at = 2^l \alpha 2^k w = 2^{l+k} \alpha w.$$

Nach Satz 1 d) ist αw ungerade, sodass mit Satz 2 folgt, dass $n = l + k$ und $v = \alpha w$ ist. Also ist $k \leq n$ und w ist Teiler von v.

Satz 4. *Ist* $n \in \mathbf{N}$, *so ist* $1 + \sum_{i:=0}^{n-1} 2^i = 2^n$.

Beweis. Dies ist richtig für $n = 1$. Es sei $n \geq 1$ und der Satz gelte für n. Dann ist

$$1 + \sum_{i:=0}^{n} 2^i = 2^n + 2^n = 2^{n+1}.$$

Eine natürliche Zahl heißt *vollkommen*, wenn sie gleich der Summe ihrer echten Teiler ist. Dabei heißt ein Teiler von n *echt*, wenn er von n verschieden ist. Beispiele für vollkommene Zahlen sind die Zahlen 6 und 28. Ungerade vollkommene Zahlen kennt man nicht. Es gilt nun der folgende, schon den Pythagoreern bekannte Satz.

Satz 5. *Es sei* n *eine natürliche Zahl. Ist* $\sum_{i:=0}^{n} 2^i$ *eine Primzahl, so ist*

$$2^n \sum_{i:=0}^{n} 2^i$$

eine vollkommene Zahl.

Beweis. Setze $p := \sum_{i:=0}^{n} 2^i$. Dann sind die Zahlen $1, 2, 2^2, \ldots, 2^n, p, 2p, 2^2p, \ldots,$ $2^{n-1}p$ echte Teiler von $V := 2^n p$, wobei das bei den Zweierpotenzen daraus folgt, dass sie mit allen natürlichen Zahlen vertauschbar sind. Es ist ja

$$V = 2^n p = 2^{n-k+k} p = 2^{n-k} \cdot 2^k p = (2^{n-k}p)2^k.$$

Wir zeigen, dass dies alle echten Teiler von V sind. Dazu sei t ein echter Teiler von V. Nach Satz 3 ist dann $t = 2^k w$ mit einem Teiler w von p und $k \leq n$. Weil p Primzahl ist, ist $w = 1$ oder $w = p$ und weil t echter Teiler von $2^n p$ ist, kann nicht gleichzeitig $w = p$ und $k = n$ gelten.

Es bleibt zu zeigen, dass die Summe über die echten Teiler von V gleich V ist. Mit Satz 4 folgt, dass

$$\sum_{i:=0}^{n} 2^i + \sum_{i:=0}^{n-1} 2^i p = p + \sum_{i:=0}^{n-1} 2^i p = \left(1 + \sum_{i:=0}^{n-1} 2^i \right) p = 2^n p = V$$

ist. Damit ist alles bewiesen.

Mit $n = 4$ erhält man $p = 31$, sodass $16 \cdot 31 = 496$ ebenfalls eine vollkommene Zahl ist. Die nächste ist dann $64 \cdot 127 = 8128$.

Um zu entscheiden, ob $2^n \sum_{i:=0}^{n} 2^i$ vollkommen ist, muss man entscheiden, ob $\sum_{i:=0}^{n} 2^i$ eine Primzahl ist. Hierzu gibt es einen guten Test, den Test von Lucas und Lehmer. Diesen werden wir später kennenlernen. Mit seiner Hilfe werden immer wieder Primzahlweltrekorde gebrochen. Primzahlen der Form $2^{n+1} - 1$ heißen *mersennesche Primzahlen* nach dem französischen Franziskanermönch Marin Mersenne, der ein Zeitgenosse René Descartes' war. Ob es unendlich viele mersennesche Primzahlen gibt, ist bis heute unbekannt.

Die Umkehrung des Satzes 5, dass nämlich jede gerade vollkommene Zahl die in diesem Satz beschriebene Form hat, wurde schon im Altertum von Jamblichos ausgesprochen. Der erste publizierte Beweis scheint von Euler zu sein. Er stammt aus Eulers Nachlass und wurde 1849 publiziert.

Es sei $V = 2^n v$ eine gerade vollkommene Zahl, wobei v eine ungerade Zahl sei. Nach Satz 3 sind $1, 2, 2^2, \ldots, 2^{n-1}$ die echten Teiler von 2^n, Ihre Summe ist

$$1 + 2 + \ldots + 2^{n-1} = 2^n - 1,$$

sodass 2^n keine vollkommene Zahl ist. Also ist $v \neq 1$. Es ist

$$v + \sum_{i:=0}^{n-1} 2^i v = 2^n v = V.$$

Es seien $v_1, \ldots, v_t$ die von v verschiedenen ungeraden Teiler von V. Unter diesen befindet sich auch die Eins. Dann sind $2^i v_j$ mit $i := 0, \ldots, n$, $j := 1, \ldots, t$ und $2^i v$ mit $i := 0, \ldots, n - 1$ die echten Teiler von V. Also ist

$$\sum_{i:=0}^{n} \sum_{j:=1}^{t} 2^i v_j + \sum_{i:=0}^{n-1} 2^i v = V.$$

Es folgt

$$v = \sum_{i:=0}^{n} \sum_{j:=1}^{t} 2^i v_j = \sum_{i:=0}^{n} 2^i \cdot \sum_{j:=1}^{t} v_j.$$

Weil V gerade ist, ist $n \geq 1$ und daher $\sum_{i:=0}^{n} 2^i > 1$. Somit ist $\sum_{j:=1}^{t} v_j$ ein echter Teiler von v. Mit Satz 3 folgt, dass die v_j Teiler von v sind. Wegen $v_j \neq v$ sind dies die echten Teiler von v, sodass es ein k gibt mit

$$v_k = \sum_{j:=1}^{t} v_j.$$

Dann ist aber $t = 1 = k$ und $v_1 = 1$, sodass v eine Primzahl ist. Ferner folgt

$$v = \sum_{i:=0}^{n} 2^i.$$

Es gilt also

Satz 6. *Ist n eine gerade vollkommene Zahl, so ist n eine der in Satz 5 beschriebenen vollkommenen Zahlen.*

3. Teilbarkeit. Wir halten an unserer Definition der Teilbarkeit fest, dass nämlich n Teiler von m ist, wenn es ein $a \in \mathbf{N}$ gibt mit $m = an$. Man nennt d *gemeinsamen Teiler* von m und n, wenn d sowohl m als auch n teilt. Zwei natürliche Zahlen haben immer einen gemeinsamen Teiler, nämlich 1. Weil ein Teiler niemals größer ist als die Zahl, die er teilt, haben zwei Zahlen immer auch einen *größten gemeinsamen Teiler*. Es geht nun darum, mehr über ihn zu erfahren.

Die erste Bemerkung ist die, dass a und b auch nur einen größten gemeinsamen Teiler haben. Sind nämlich d und d' größte gemeinsame Teiler von a und b, so folgt, da zwei natürliche Zahlen stets vergleichbar sind, $d \leq d'$, weil d' unter allen gemeinsamen Teilern der größte ist. Ebenso folgt $d' \leq d$, weil d unter allen gemeinsamen Teilern der größte ist. Also ist $d = d'$. Den größten gemeinsamen Teiler von a und b bezeichnen wir mit $\mathrm{ggT}(a, b)$.

Satz 1. *Es seien $a, b \in \mathbf{N}$. Dann gilt:*
   a) Es ist $\mathrm{ggT}(a, a) = a$.
   b) Es ist $\mathrm{ggT}(a, b) = \mathrm{ggT}(b, a)$.
   c) Ist $a < b$, so ist $\mathrm{ggT}(a, b) = \mathrm{ggT}(a, b - a)$.
   d) Ist g gemeinsamer Teiler von a und b, so ist g Teiler von $\mathrm{ggT}(a, b)$.

Beweis. Da die Definition des größten gemeinsamen Teilers symmetrisch in a und b ist, gilt b).

Ist $b = a$, so gilt wegen $a = 1 \cdot a$, dass a gemeinsamer Teiler von a und b ist, der im übrigen von allen gemeinsamen Teilern von a und b geteilt wird. In diesem Fall gelten also a) und d).

Es sei $a < b$ und d sei größter gemeinsamer Teiler von a und b. Ferner sei d' größter gemeinsamer Teiler von a und $b - a$. Es ist $a = vd$ und $b = wd$ und daher

$$a - b = (v - w)d,$$

sodass d gemeinsamer Teiler von a und $a - b$ ist. Dies hat $d \leq d'$ zur Folge. Andererseits ist $a = v'd'$ und $b - a = w'd'$. Es folgt

$$b = b - a + a = v'd' + w'd' = (v' + w')d',$$

sodass d' gemeinsamer Teiler von a und b ist. Weil d der größte gemeinsame Teiler von a und b ist, ist $d' \leq d$. Also ist $d = d'$. Dies beweist die Gültigkeit von c).

Weil jeder gemeinsame Teiler von a und b auch gemeinsamer Teiler von a und $b - a$ ist, teilt jeder gemeinsame Teiler von a und b den größten gemeinsamen Teiler von a und $b - a$. Unter Benutzung von a) und c) folgt mittels Induktion dann auch die Gültigkeit von d). Damit ist alles bewiesen.

Dieser Satz liefert gleichzeitig ein Verfahren, den größten gemeinsamen Teiler zweier natürlicher Zahlen zu berechnen. Es ist das Verfahren, das sich bei Euklid findet und das schon vor Euklid bekannt war, das Verfahren der Wechselwegnahme. Es ist nicht besonders gut. Wir werden später ein besseres kennenlernen.

Satz 1 ergibt noch eine Kennzeichnung des größten gemeinsamen Teilers, die in allgemeineren Situationen zur Definition des größten gemeinsamen Teilers benutzt wird, da sie nicht von der Anordnung von $\mathbf{N}$ Gebrauch macht.

Satz 2. *Sind a, b, $d \in \mathbf{N}$, so ist d genau dann größter gemeinsamer Teiler von a und b, wenn d gemeinsamer Teiler von a und b ist und wenn jeder gemeinsame Teiler von a und b Teiler von d ist.*

Sind a, $b \in \mathbf{N}$, so heißen a und b *teilerfremd*, wenn $\mathrm{ggT}(a, b) = 1$ ist.

Satz 3. *Sind a, $b \in \mathbf{N}$ und sind e und f dadurch bestimmt, dass $a = e\,\mathrm{ggT}(a, b)$ und $b = f\,\mathrm{ggT}(a, b)$ ist, so ist $\mathrm{ggT}(e, f) = 1$.*

Beweis. Es sei d gemeinsamer Teiler von e und f. Es gibt dann e' und f' mit $e = e'd$ und $f = f'd$. Es folgt $a = e'd\,\mathrm{ggT}(a, b)$ und $b = f'd\,\mathrm{ggT}(a, b)$, sodass $d\,\mathrm{ggT}(a, b)$ gemeinsamer Teiler von a und b ist. Nach Satz 2 ist $d\,\mathrm{ggT}(a, b)$ Teiler von $\mathrm{ggT}(a, b)$, sodass $d = 1$ ist.

Den in Satz 3 beschriebenen Sachverhalt werden wir in Zukunft suggestiver ausdrücken durch

$$\mathrm{ggT}\left(\frac{a}{\mathrm{ggT}(a, b)}, \frac{b}{\mathrm{ggT}(a, b)}\right) = 1.$$

Mit Satz 2 wird der Beweis des folgenden Satzes zu einer einfachen Übungsaufgabe.

Satz 4. *Sind $a_1, \ldots, a_n \in \mathbf{N}$, so ist*

$$\mathrm{ggT}(a_1, \ldots, a_n) = \mathrm{ggT}\big(\mathrm{ggT}(a_1, \ldots, a_{n-1}), a_n\big),$$

wobei der ggT von n natürlichen Zahlen in naheliegender Weise definiert wird.

Es seien a, b, c, $d \in \mathbf{N}$. Wir sagen, a verhalte sich zu b wie c zu d, wenn es natürliche Zahlen m, n, e und f gibt mit $a = me$, $b = ne$ und $c = mf$ und $d = nf$. Verhält sich a zu b wie c zu d, so schreiben wir dafür $a : b = c : d$. Die *Verhältnisgleichheit* ist also eine binäre Relation auf $\mathbf{N} \times \mathbf{N}$, die sogar eine Äquivalenzrelation ist, wie unschwer[1] zu sehen ist.

---

[1]Anmerkung der Herausgeber: Die Transitivität wird bewiesen in Lüneburg, Von Zahlen und Größen, Band 1, Basel 2008, Seite 190, Satz 6. Sie folgt auch aus der Kommutativität der Multiplikation (Satz 10) und wird in den Beweisen zu den Sätzen 8 und 9 benutzt. Man erhält Satz 10 direkt aus Satz 7, indem man dort $b = 1$ spezialisiert und die Definition der Verhältnisgleichheit einsetzt.

Wichtig ist der folgende Satz.

Satz 5. *Sind a, b, $c \in \mathbf{N}$ und ist $a : b = a : c$, so ist $b = c$.*

Beweis. Es gibt m, n, e, $f \in \mathbf{N}$ mit $a = me$, $b = ne$ und $a = mf$, sowie $c = nf$. Es ist also $me = mf$ und folglich, wie früher gesehen (Abschnitt 1, Korollar zu Satz 13), $e = f$, sodass in der Tat $c = b$ gilt.

Satz 6. *Sind $a_1, \ldots, a_n$, $b_1, \ldots, b_n$, α, $\beta \in \mathbf{N}$ und gilt $\alpha : \beta = a_i : b_i$ für alle i, so ist*

$$\alpha : \beta = \sum_{i:=1}^{n} a_i : \sum_{i:=1}^{n} b_i.$$

Beweis. Es ist $\alpha = \alpha' \operatorname{ggT}(\alpha, \beta)$ und $\beta = \beta' \operatorname{ggT}(\alpha, \beta)$. Außerdem gilt $\alpha' = \alpha'1$ und $\beta' = \beta'1$. Daher ist $\alpha : \beta = \alpha' : \beta'$. Daher dürfen wir aufgrund von Satz 3 annehmen, dass α und β teilerfremd sind.

Nach der Definition der Verhältnisgleichheit gibt es natürliche Zahlen u_i, v_i und ϵ_i und e_i mit $\alpha = u_i\epsilon_i$ und $\beta = v_i\epsilon_i$ sowie $a_i = u_ie_i$ und $b_i = v_ie_i$ für $i := 1, \ldots, n$. Weil ϵ_i gemeinsamer Teiler von α und β ist, ist $\epsilon_i = 1$ für alle i. Dies hat $u_i = \alpha$ und $v_i = \beta$ für alle i zur Folge. Somit ist $a_i = \alpha e_i$ und $b_i = \beta e_i$ für alle i. Es folgt

$$\sum_{i:=1}^{n} a_i = \sum_{i:=1}^{n} \alpha e_i = \alpha \sum_{i:=1}^{n} e_i$$

und

$$\sum_{i:=1}^{n} b_i = \sum_{i:=1}^{n} \beta e_i = \beta \sum_{i:=1}^{n} e_i$$

und damit die Behauptung.

Der nächste Satz zeigt, dass man kürzen kann.

Satz 7. *Sind a, b, $n \in \mathbf{N}$, so ist $a : b = na : nb$.*

Beweis. Dies folgt mit $\alpha = a_i = a$ und $\beta = b_i = b$ aus Satz 6.

Satz 8. *Sind a, b, c, $d \in \mathbf{N}$ und gilt $a : c = b : d$, so gilt auch $a : b = c : d$.*

Beweis. Wegen $a : c = b : d$ gibt es m, n, e und $f \in \mathbf{N}$ mit $a = me$, $c = ne$ und $b = mf$ und $d = nf$. Mit Satz 7 folgt dann

$$a : b = me : mf = e : f = ne : nf = c : d.$$

Damit ist der Satz bewiesen.

Satz 9. *Es seien $a_1, \ldots, a_n$, $b_1, \ldots, b_n \in \mathbf{N}$. Ist dann $a_i : a_{i+1} = b_i : b_{i+1}$ für $i := 1, \ldots, n-1$, so ist $a_1 : a_n = b_1 : b_n$.*

Beweis. Dies ist richtig für $n = 2$. Es sei also $n > 2$ und der Satz gelte für $n - 1$. Dann ist also $a_1 : a_{n-1} = b_1 : b_{n-1}$. Dies zeigt, dass es genügt, den Satz für $n = 3$ zu beweisen.

Es gelte also $a : b = d : e$ und $b : c = e : f$. Mit Satz 8 folgt $a : d = b : e$ und $b : e = c : f$. Also gilt $a : d = c : f$. Mit Satz 8 folgt schließlich $a : c = d : f$.

Nun sind wir in der Lage, die Kommutativität der Multiplikation in $\mathbf{N}$ zu beweisen, wie dies schon Euklid tat.

Satz 10. *Sind a, $b \in \mathbf{N}$, so ist $ab = ba$.*

Beweis. Mit Satz 7 folgt, dass $1 : a = b : ba$ ist. Hieraus folgt mit Satz 8 die Gleichung $1 : b = a : ba$. Mit Satz 7 folgt wiederum $1 : b = a : ab$, sodass $a : ab = a : ba$ ist. Nach Satz 5 ist dann $ab = ba$.

Satz 11. *Sind a, b, c, $d \in \mathbf{N}$, so ist genau dann $a : b = c : d$, wenn $ad = bc$ ist.*

Beweis. Es gelte $a : b = c : d$. Dann gilt

$$a : b = da : db = ad : bd$$

und

$$c : d = bc : bd.$$

Also ist

$$ad : bd = a : b = c : d = bc : bd.$$

Weil $x : y = u : v$ stets auch $y : x = v : u$ nach sich zieht, ist also $bd : ad = bd : bc$ und nach Satz 5 folglich $ad = bc$.

Es sei umgekehrt $ad = bc$. Dann ist

$$a : b = da : db = ad : bd = bc : bd = c : d.$$

Damit ist alles bewiesen.

Satz 12. *Sind a, b, c, $d \in \mathbf{N}$, gilt $a : b = c : d$ und ist $a < c$, so ist $b < d$.*

Beweis. Es ist $ad = bc$. Wäre $d \leq b$, so folgte der Widerspruch

$$bc = ad \leq ab = ba < bc.$$

Satz 13. *Es seien a, b, c, $d \in \mathbf{N}$. Ist $(a + b) : (c + d) = a : c$, so ist auch $(a + b) : (c + d) = b : d$.*

Beweis. Es gibt e, f, m, $n \in \mathbf{N}$, mit $a = me$, $c = ne$, $a + b = mf$ und $c + d = nf$. Es folgt

$$b = mf - a = mf - me = m(f - e)$$

und

$$d = nf - c = nf - ne = n(f - e)$$

und damit die Behauptung.

Satz 14. *Sind a, b, v, $w \in \mathbf{N}$, sind a und b teilerfremd und gilt $a : b = c : d$, so gibt es ein $n \in \mathbf{N}$ mit $c = na$ und $d = nb$.*

Beweis. Wegen $a : b = c : d$ gilt nach Satz 8 auch $a : c = b : d$. Es gibt dann m, n, e, $f \in \mathbf{N}$ mit $a = me$, $c = ne$, $b = mf$ und $d = nf$. Wegen der Kommutativität der Multiplikation ist m gemeinsamer Teiler von a und b. Es folgt $e = a$ und $f = b$. Also ist $c = na$ und $d = nb$.

Es seien c, $d \in \mathbf{N}$. Wir setzen $a := \frac{c}{\mathrm{ggT}(c,d)}$ und $b := \frac{d}{\mathrm{ggT}(c,d)}$. Dann sind a und b teilerfremd und es gilt $a : b = c : d$. Wir nennen das Paar a, b den Standardvertreter von $c : d$. Ist $c : d = u : v$, so folgt mit Satz 14, dass $u = a\,\mathrm{ggT}(u,v)$ und $v = b\,\mathrm{ggT}(u,v)$ ist. Der *Standardvertreter* von $c : d$ hängt also nicht von der Auswahl von c und d ab.

Satz 15. *Sind a, $b \in \mathbf{N}$, so sind die folgenden Aussagen äquivalent:*
a) Es ist $\mathrm{ggT}(a,b) = 1$.
b) Sind c, $d \in \mathbf{N}$ und ist $a : b = c : d$, so ist $a \leq c$.
c) Sind c, $d \in \mathbf{N}$ und ist $a : b = c : d$, so ist $b \leq d$.

Beweis. a) impliziert b): Nach Satz 14 gibt es ein $n \in \mathbf{N}$ mit $c = na$. Daher ist $a \leq c$.

b) impliziert c): Aus $a : b = c : d$ folgt $b : a = d : c$. Weil auch b und a teilerfremd sind, folgt, dass b) gilt. Also ist $b \leq d$.

c) impliziert a): Es seien u und v die Standardvertreter von $a : b$. Dann ist $a = zu$ und $b = zv$. Wegen $a : b = u : v$ ist $b \leq v$. Daher ist $z = 1$, sodass a und b die Standardvertreter von $a : b$ sind. Folglich sind a und b teilerfremd.

Satz 16. *Sind a und b teilerfremde natürliche Zahlen und ist c Teiler von a, so sind auch c und b teilerfremd.*

Beweis. Weil c Teiler von a ist, ist jeder Teiler von c ebenfalls Teiler von a, wie unmittelbar mithilfe des Assoziativgesetzes folgt. Also ist jeder gemeinsame Teiler von c und b gemeinsamer Teiler von a und b, sodass c und b in der Tat teilerfremd sind.

Das Produkt von zwei ungeraden Zahlen ist wieder ungerade, wie wir schon gesehen haben. Satz 17 ist Verallgemeinerung dieses Sachverhalts.

Satz 17. *Sind a und b teilerfremd zu c, so ist ab teilerfremd zu c.*

Beweis. Es sei e gemeinsamer Teiler von ab und c. Weil e Teiler von c ist, c und a jedoch teilerfremd sind, ist e nach Satz 16 teilerfremd zu a. Definiere f durch $ab = fe$. Nach Satz 11 ist daher

$$a : e = f : b.$$

Weil a und e teilerfremd sind, sind a und e nach Satz 15 die Standardvertreter von $f : b$. Mit Satz 14 folgt, dass e Teiler von b ist. Als Teiler von c ist e nach Satz 16 teilerfremd zu b. Also ist e gleich 1. Damit ist der Satz bewiesen.

Zweimalige Anwendung von Satz 17 bzw. Induktion unter Benutzung von Satz 17 liefert, dass ab zu cd teilerfremd ist, wenn a und b zu c und d teilerfremd sind, bzw., dass a^n zu b^n teilerfremd ist, falls a zu b teilerfremd ist.

Der nächste Satz ist der grundlegende Satz für die Arithmetik der natürlichen bzw. ganzen Zahlen.

Satz 18. *Es seien* a, b, $c \in \mathbf{N}$. *Sind* a *und* c *teilerfremd und ist* c *Teiler von* ab, *so ist* c *Teiler von* b.

Beweis. Nach Satz 17 ist c zu b nicht teilerfremd, es sei denn es ist $c = 1$. Dann ist c aber Teiler von b. Setze $k := \mathrm{ggT}(b, c)$. Dann sind $\frac{c}{k}$ und $\frac{b}{k}$ nach Satz 3 teilerfremd. Ferner ist $\frac{c}{k}$ als Teiler von c auch zu a teilerfremd. Folglich ist $\frac{c}{k}$ zu $a\frac{b}{k}$ teilerfremd. Andererseits ist $\frac{c}{k}$ Teiler von $a\frac{b}{k}$. Folglich ist $\frac{c}{k} = 1$, d.h. $c = k$, sodass c Teiler von b ist.

Satz 19. *Es seien* a_1, ..., $a_t \in \mathbf{N}$. *Setze*

$$d := \mathrm{ggT}(a_1, \ldots, a_t)$$

und setze $b_i := a_i d^{-1}$. *Wegen* $a_i = db_i$ *ist dann*

$$a_i : a_{i+1} = b_i : b_{i+1}$$

für alle infrage kommenden i.

Es seien c_1, ..., c_t *weitere natürliche Zahlen mit* $a_i : a_{i+1} = c_i : c_{i+1}$ *für alle* $i < t$. *Dann ist* $c_i \geq b_i$ *für* $i := 1$, ..., t.

Beweis. Es sei $a_i : a_{i+1} = c_i : c_{i+1}$ für $i := 1$, ..., $t - 1$. Es gebe ein j mit $c_j \leq b_j$. Mittels Satz 12 und Induktion folgt $c_i \leq b_i$ für alle i. Wir wollen zeigen, dass $c_i = b_i$ ist. Wir dürfen dazu annehmen, dass die c_i minimal sind mit der Eigenschaft, dass $c_i \leq b_i$ ist für alle i. Mit Satz 8 folgt zunächst

$$a_i : c_i = a_{i+1} : c_{i+1}.$$

Setze $e_i := \mathrm{ggT}(a_i, c_i)$ für alle i. Ferner sei $a_i = n_i e_i$ und $c_i = m_i e_i$ für alle i. Dann ist $\mathrm{ggT}(m_i, n_i) = 1$ für alle i. Nun ist $a_1 : c_1 = a_i : c_i$ für alle i. Mit Satz 11 folgt

$$n_1 e_1 m_i e_i = a_1 c_i = c_1 a_i = m_1 e_1 n_i e_i$$

und weiter

$$n_1 m_i = m_1 n_i.$$

Wegen $\mathrm{ggT}(n_1, m_1) = 1 = \mathrm{ggT}(n_i, m_i)$ ist n_1 nach Satz 18 Teiler von n_i und m_i Teiler von m_1. Es folgt $n_1 = n_i$ und $m_1 = m_i$ für alle i. Im Folgenden schreiben wir m bzw. n für m_1 und n_1. Es folgt

$$e_i : e_{i+1} = ne_i : ne_{i+1} = a_i : a_{i+1}$$

für alle i. Wegen der Minimalität der c_i und wegen $e_i \leq c_i$ ist daher $e_i = c_i$ und somit $m = 1$ und folglich $a_i = nc_i$ für alle i. Hieraus folgt, dass n ein Teiler von d ist. Also ist

$$b_i = a_i d^{-1} \leq a_i n^{-1} = c_i.$$

Folglich ist $b_i = c_i$ für alle i.

Wir nennen v *gemeinsames Vielfaches* von a und b, wenn a und b Teiler von v sind. Da ab gemeinsames Vielfaches von a und b ist, gibt es stets auch ein *kleinstes gemeinsames Vielfaches* von a und b und dieses ist wiederum einzig. Wir bezeichnen es mit $\mathrm{kgV}(a, b)$.

Satz 20. *Sind* a, $b \in \mathbf{N}$, *so ist*

$$\mathrm{kgV}(a, b) = \frac{ab}{\mathrm{ggT}(a, b)}.$$

Beweis. Es seien e und f definiert durch $a = e\,\mathrm{ggT}(a, b)$ und $b = f\,\mathrm{ggT}(a, b)$. Dann ist $a : b = e : f$. Es folgt $af = be$. Dies zeigt, dass af ein gemeinsames Vielfaches von a und b ist. Es sei v ein gemeinsames Vielfache von a und b. Es sei $v = ga$ und $v = hb$. Es folgt $ga = hb$ und damit $a : b = h : g$. Nach Satz 15 ist $e : f$ der Standardvertreter von $a : b$. Nach Satz 14 ist daher h Vielfaches von von e und g Vielfaches von f. Also ist fa Teiler von $ga = v$, sodass $fa \leq v$ ist. Damit ist gezeigt, dass

$$fa = \frac{ab}{\mathrm{ggT}(a, b)}$$

das kleinste gemeinsame Vielfache von a und b ist. Gezeigt ist aber auch die Gültigkeit des nächsten Korollars.

Satz 21. *Ist* v *gemeinsames Vielfaches von* a *und* b, *so ist* $\mathrm{kgV}(a, b)$ *Teiler von* v.

Diese Kennzeichnung des kleinsten gemeinsamen Vielfachen werden wir später in allgemeineren Situationen als Definition verwenden.

Es bleibe dem Leser als Übungsaufgabe überlassen zu zeigen, dass

$$\mathrm{kgV}(a, b, c) = \mathrm{kgV}(\mathrm{kgV}(a, b), c)$$

ist.

4. Stetige Proportion. Wir definieren: Eine endliche oder unendliche Folge g von natürlichen Zahlen heißt *in stetiger Proportion stehend*, falls $g_i : g_{i+1} = g_0 : g_1$ ist für alle infrage kommenden i.

Satz 1. *Es seien* g *und* h *Folgen in stetiger Proportion und es gelte* $\mathrm{ggT}(g_0, g_n) = 1$ *sowie* $g_i : g_{i+1} = h_i : h_{i+1}$ *für ein und damit für alle* i. *Dann gibt es ein* $m \in \mathbf{N}$ *mit* $h_i = mg_i$ *für alle* i.

Beweis. Aufgrund unserer Annahme gilt $g_i : g_{i+1} = h_i : h_{i+1}$ für $i := 0, \ldots, n - 1$. Nach Satz 9 von Abschnitt 3 ist

$$g_0 : g_n = h_0 : h_n.$$

Wegen der Teilerfremdheit von g_0 und g_n gibt es nach den Sätzen 15 und 14 von Abschnitt 3 ein $m \in \mathbf{N}$ mit $h_0 = mg_0$ und $h_n = mg_n$. Es sei $0 \leq i < n$ und es gelte $h_i = mg_i$. Dann ist

$$mg_i : mg_{i+1} = g_i : g_{i+1} = h_i : h_{i+1} = mg_i : h_{i+1}$$

und daher $mg_{i+1} = h_{i+1}$. Damit ist alles bewiesen.

Satz 2. *Stehen die Zahlen g_0, ..., g_n der Folge g in stetiger Proportion und sind g_0 und g_n teilerfremd, ist ferner (a, b) der Standardvertreter von $g_0 : g_1$, so ist $g_i = a^{n-i}b^i$. Insbesondere sind g_0 und g_n also n-te Potenzen. Sind umgekehrt a und b teilerfremde natürliche Zahlen und definiert man g durch $g_i := a^{n-i}b^i$ für $i := 0$, ..., n, so steht g in stetiger Proportion und es gilt $\mathrm{ggT}(g_0, g_n) = 1$.*

Beweis. Wir beweisen zunächst die zweite Aussage des Satzes. Es seien a und b teilerfremde natürliche Zahlen. Wir definieren f durch $f_i := a^{n-i}b^i$. Dann ist $\mathrm{ggT}(f_0, f_n) = \mathrm{ggT}(a^n, b^n) = 1$, da a und b ja teilerfremd sind. Ferner ist

$$f_i : f_{i+1} = a^{n-i}b^i : a^{n-i-1}b^{i+1} = (a^{n-i-1}b^i)a : (a^{n-i-1}b^i)b$$
$$= a : b = f_0 : f_1$$

für alle i. Damit ist die Existenzaussage von Satz 2 bewiesen.

Ist nun (a, b) der Standardvertreter von $g_0 : g_1$ und definiert man f wie zuvor, so ist

$$f_0 : f_1 = a : b = g_0 : g_1.$$

Weil f_0 und f_n teilerfremd sind, gibt es nach Satz 1 ein $m \in \mathbf{N}$ mit $g_i = mf_i$ für alle i. Weil m dann gemeinsamer Teiler von g_0 und g_n ist, diese Zahlen aber teilerfremd sind, ist $m = 1$, sodass $f = g$ ist. Damit ist alles bewiesen.

Satz 3. *Es seien $b_{ij} \in \mathbf{N}$ für $i := 1$, ..., n und $j := 1, 2$ und es gelte $\mathrm{ggT}(b_{i1}, b_{i2}) = 1$ für $i := 1$, ..., n. Es gibt dann Zahlen a_1, ..., a_{n+1} mit*

$$a_i : a_{i+1} = b_{i1} : b_{i2}.$$

Beweis. Ist $n = 1$, so setze man $a_1 := b_{11}$ und $a_2 := b_{12}$. Es sei $1 < n$ und a'_1, ..., a'_n seien so gefunden, dass sie kleinstmöglich seien mit

$$a'_i : a'_{i+1} = b_{i1} : b_{i2}$$

für $i := 1$, ..., $n - 1$. Dann ist

$$\mathrm{ggT}(a'_1, \ldots, a'_n) = 1,$$

da man andernfalls durch den größten gemeinsamen Teiler kürzen könnte. Setze

$$k := \frac{b_{n1}}{\mathrm{ggT}(a'_n, b_{n1})}$$

und

$$a_i := ka'_i$$

für $i := 1$, ..., n sowie

$$a_{n+1} := \frac{\mathrm{kgV}(a'_n, b_{n1})}{b_{n1}} \cdot b_{n2}.$$

Es folgt

$$a_{n+1} = \frac{a'_n b_{n1}}{\mathrm{ggT}(a'_n, b_{n1})b_{n1}}b_{n2} = \frac{a'_n k}{b_{n1}}b_{n2} = \frac{a_n b_{n2}}{b_{n1}}.$$

Ferner ist

$$a_i : a_{i+1} = b_{i1} : b_{i2}$$

für $i := 1, \ldots, n-1$ und

$$a_n : a_{n+1} = \mathrm{kgV}(a_n', b_{n1}) : \frac{\mathrm{kgV}(a_n', b_{n1})b_{n2}}{b_{n1}} = b_{n1} : b_{n2}.$$

Damit ist der Satz bewiesen. Dieser Beweis liefert aber auch einen Algorithmus, solche a_i wirklich zu finden, wenn man noch beachtet, dass diese a_i ihrerseits minimal sind. Dies sieht man so:

Es ist

$$k = k\,\mathrm{ggT}(a_1', \ldots, a_n') = \mathrm{ggT}(a_1, \ldots, a_n)$$

und folglich, da b_{n1} und b_{n2} teilerfremd sind,

$$\begin{aligned}
\mathrm{ggT}(a_1, \ldots, a_{n+1}) &= \mathrm{ggT}(k, a_{n+1}) \\
&= \mathrm{ggT}\left(\frac{b_{n1}}{\mathrm{ggT}(a_n', b_{n1})}, \frac{a_n'}{\mathrm{ggT}(a_n', b_{n1})}b_{n2}\right) \\
&= 1.
\end{aligned}$$

Mit Satz 19 von Abschnitt 3 folgt, dass die $a_1, \ldots, a_{n+1}$ kleinstmöglich sind. Damit ist auch der Algorithmus etabliert.

Mittels dieses Satzes — und das erhellt seine Wichtigkeit — lassen sich Verhältnisse natürlicher Zahlen zusammensetzen. Sind a_1, b_1, a_2 und b_2 natürliche Zahlen, so stelle man $a_1 : b_1$ und $a_2 : b_2$ mit kleinsten Zahlen dar und bestimme gemäß Satz 3 Zahlen g_1, g_2, g_3 mit $g_1 : g_2 = a_1 : b_1$ und $g_2 : g_3 = a_2 : b_2$. Dann setzen wir

$$(a_1 : b_1)(a_2 : b_2) := g_1 : g_3$$

und nennen $(a_1 : b_1)(a_2 : b_2)$ das Produkt der Verhältnisse $a_1 : b_1$ und $a_2 : b_2$. Der nächste Satz liefert die erwarteten Repräsentanten für g_1 und g_3, nämlich $a_1 a_2$ und $b_1 b_2$.

Satz 4. *Sind a, b, c, $d \in \mathbf{N}$, so ist*

$$(a : b)(c : d) = ac : bd.$$

Beweis. Wir dürfen annehmen, dass a und b wie auch c und d teilerfremd sind. Man bestimme gemäß Satz 3 natürliche Zahlen e, f, und g kleinstmöglich mit der Eigenschaft, dass $a : b = e : f$ und $c : d = f : g$ ist. Dann ist

$$ac : bc = a : b = e : f$$

und

$$bc : bd = c : d = f : g.$$

Nach Satz 9 von Abschnitt 3 ist folglich $ac : bd = e : g = (a : b)(c : d)$.

Satz 5. *Es sei g eine Folge, deren Glieder $g_0, \ldots, g_n$ in stetiger Proportion stehen. Ist g_0 kein Teiler von g_1 und ist $i < j \leq n$, so ist g_i kein Teiler von g_j.*

Beweis. Wir nehmen an, es sei $i < j \leq n$ und g_i teile g_j. Wir wollen zeigen, dass dann g_0 Teiler von g_1 ist. Mittels Satz 9 von Abschnitt 3 folgt

$$g_0 : g_{j-i} = g_i : g_j = 1 : \frac{g_j}{g_i}.$$

Weil 1 und $\frac{g_j}{g_i}$ teilerfremd sind, folgt weiter, dass $g_0 = g_0 \cdot 1$ und

$$g_{j-i} = g_0 \cdot \frac{g_j}{g_i}$$

ist. Also ist g_0 Teiler von g_{j-i}, wobei $j - i \geq 1$ ist. Wir dürfen also von vornherein $i = 0$ annehmen.

Bestimme $b_0, \ldots, b_j$ kleinstmöglich mit $g_k : g_{k+1} = b_k : b_{k+1}$ für $k := 0, \ldots, j - 1$. Nach Satz 9 von Abschnitt 3 ist $g_0 : g_j = b_0 : b_j$. Weil g_0 Teiler von g_j ist, folgt aufgrund der Definition der Verhältnisgleichheit, dass b_0 Teiler von b_j ist. Wegen der Minimalität der b_i folgt mittels Satz 2, dass b_0 und b_j teilerfremd sind. Also ist $b_0 = 1$. Nun ist $g_0 : g_1 = b_0 : b_1 = 1 : b_1$, sodass g_0 doch Teiler von g_1 ist im Widerspruch zu unserer Annahme.

Der nächste Satz ist eine unmittelbare Folgerung aus Satz 5.

Satz 6. *Ist g eine Folge, deren Glieder in stetiger Proportion stehen und ist g_0 Teiler von g_n, so ist g_0 Teiler von g_1.*

Satz 6 wiederum hat ein hochinteressantes Korollar.

Satz 7. *Sind a, b, $n \in \mathbf{N}$ und ist a^n Teiler von b^n, so ist a Teiler von b und es gilt*

$$\left(\frac{b}{a}\right)^n = \frac{b^n}{a^n}.$$

Beweis. Es sei also a^n Teiler von b^n. Nach Satz 6 teilt a^n dann das zweite Glied der in stetiger Proportion stehenden Folge $a^n, a^{n-1}b, \ldots, ab^{n-1}, b^n$, d.h. $a^{n-1}b$. Es folgt, dass a Teiler von b ist.

Mittels Induktion folgt, dass a^i Teiler von b^i ist für alle i. Wir zeigen, dass $a^i : b^i = (a : b)^i$ ist für alle i. Dies ist richtig für $i = 1$. Es sei $i \geq 1$ und die Aussage gelte für i. Dann folgt mit Satz 4

$$a^{i+1} : b^{i+1} = (a^i : b^i)(a : b) = (a : b)^{i+1}.$$

Nun ist aber

$$a^{i+1} : b^{i+1} = 1 : a^{-(i+1)}b^{i+1}$$

und

$$(a : b)^{i+1} = (1 : a^{-1}b)^{i+1} = 1 : (a^{-1}b)^{(i+1)}.$$

Wegen der Gleichheit der linken Seiten sind auch die rechten Seiten gleich. Daraus folgt dann wiederum, dass

$$\left(\frac{b}{a}\right)^{i+1} = \frac{b^{i+1}}{a^{i+1}}$$

ist. Daher gilt in der Tat

$$\left(\frac{b}{a}\right)^{n} = \frac{b^{n}}{a^{n}}.$$

Satz 8. *Stehen g_0, ..., g_n in stetiger Proportion und ist g_0 eine n-te Potenz, so ist auch g_n eine n-te Potenz.*

Beweis. Es sei (a, b) der Standardvertreter von $g_0 : g_1$. Definiert man die Folge f durch $f_i := a^{n-i}b^i$, so folgt mittels der Sätze 2 und 1, dass es eine natürliche Zahl k gibt mit $g_i = k f_i$ für alle i. Es folgt insbesondere $g_0 = ka^n$ und $g_n = kb^n$. Nach Voraussetzung gibt es ein $v \in \mathbf{N}$ mit $g_0 = v^n$. Also ist $v^n = ka^n$. Mittels Satz 7 folgt, dass a Teiler von v ist und dass

$$k = \left(\frac{v}{a}\right)^{n}$$

ist. Es folgt

$$g_n = kb^n = \left(\frac{v}{a}\right)^{n} b^n = \left(\frac{vb}{a}\right)^{n}.$$

Satz 9. *Es seien x, y, $z \in \mathbf{N}$ und es gelte $x^2 + y^2 = z^2$. Setzt man $a := z + y$ und $b := z - y$, so ist $a - b = 2y$ und $ab = x^2$. Sind umgekehrt a und b natürliche Zahlen gleicher Parität, ist $a > b$ und gibt es eine natürliche Zahl x mit $x^2 = ab$, so ist*

$$x^2 + \left(\frac{a-b}{2}\right)^2 = \left(\frac{a+b}{2}\right)^2.$$

Beweis. Es ist

$$ab + \left(\frac{a-b}{2}\right)^2 = \left(\frac{a+b}{2}\right)^2.$$

Hieraus folgt alles Weitere.

Wie erkennt man nun am schnellsten, dass ab ein Quadrat ist? Ist $ab = x^2$, so ist

$$x^2 : b^2 = ab : b^2 = a : b.$$

In diesem Falle gibt es also u, $v \in \mathbf{N}$ mit

$$a : b = u^2 : v^2.$$

Es seien umgekehrt $a : b = u^2 : v^2$ mit u, $v \in \mathbf{N}$. Wir dürfen annehmen, dass u und v teilerfremd sind. Dann sind auch u^2 und v^2 teilerfremd. Ferner ist $ab : b^2 = u^2 : v^2$ und (u^2, v^2) ist der Standardvertreter von $ab : b^2$. Es gibt also ein $w \in \mathbf{N}$ mit $ab = wu^2$ und $b^2 = wv^2$. Dann ist aber wuv die *mittlere Proportionale* von ab und b^2, d.h. es gilt

$$ab : wuv = wuv : b^2.$$

Somit stehen ab, wuv, b^2 in stetiger Proportion, sodass ab nach Satz 8 ein Quadrat ist. Es ist also ab genau dann ein Quadrat, wenn es u, $v \in \mathbf{N}$ gibt mit $a : b = u^2 : v^2$. Sind also k, s, $t \in \mathbf{N}$, ist $t < s$, haben ks und kt die gleiche Parität und setzt man $a := ks^2$ und $b := kt^2$, so ist

$$(x, y, z) := \left(kst, \frac{a - b}{2}, \frac{a + b}{2} \right)$$

ein *pythagoreisches Tripel* und man erhält auf diese Weise auch alle pythagoreischen Tripel.

5. Primzahlen. Ist $1 \neq p \in \mathbf{N}$, so nennen wir p *Primzahl*, falls 1 und p die einzigen Teiler von p sind. Dies ist die klassische Definition von Primzahl, die aber nicht besonders gut ist, da ihre Verallgemeinerung nicht zu den gewünschten Resultaten führt. Bei den natürlichen Zahlen, die wir im Augenblick ja nur betrachten, führt diese Definition jedoch sofort zu der folgenden Eigenschaft der Primzahlen. Ist p eine Primzahl, sind a und b natürliche Zahlen und ist p Teiler von ab, so ist p Teiler von a oder von b. Ist nämlich p kein Teiler von a, so ist $\mathrm{ggT}(p, a)$ ein von p verschiedener Teiler von p, sodass $\mathrm{ggT}(p, a) = 1$ ist. Folglich sind p und a teilerfremd, sodass die Aussage aus Satz 18 von Abschnitt 3 folgt. Dies ist die Eigenschaft, mit der wir später Primelemente in beliebigen kommutativen Ringen definieren werden.

Zahlen, die sofort als Primzahlen zu erkennen sind, sind 2, 3, 5, 7, 11, 13, 17, 19, usw. Es gibt also Primzahlen. Man kann noch mehr sagen. Ist nämlich $n \in \mathbf{N}$, so ist n durch eine Primzahl teilbar. Es ist ja entweder n selbst eine Primzahl, sodass die Behauptung wegen $n = 1 \cdot n$ gilt, oder es gibt zwei natürliche Zahlen a und b mit $n = ab$ und $1 \neq a < n$. Nach Induktionsannahme ist a und dann auch n durch eine Primzahl teilbar.

Ob Euklid den nächsten Satz hatte oder nicht, darüber lässt sich trefflich streiten. Was er aber hatte, war sein Beweis. Dieser Satz ist auch bekannt unter dem Namen „Satz von der eindeutigen Primfaktorzerlegung".

Satz 1. *Ist $n \in \mathbf{N}$, so gibt es Primzahlen p_1, ..., p_t mit*

$$n = \prod_{i:=1}^{t} p_i.$$

Sind auch q_1, ..., q_s Primzahlen und gilt $n = \prod_{i:=1}^{s} q_i$, so ist $s = t$ und es gibt eine Permutation σ der Indizes 1, ..., t mit $p_i = q_{\sigma(i)}$.

Beweis. Ist $n = 1$, so ist nichts zu beweisen. Es sei also $n > 1$. Nach unserer Vorbemerkung gibt es eine Primzahl p_1, die n teilt. Ist $n = p_1$, so sind wir fertig. Ist $p_1 < n$, so gibt es Primzahlen p_2, ..., p_t mit

$$\frac{n}{p_1} = \prod_{i:=2}^{t} p_i.$$

Dies beweist die Existenz der Zerlegung.

Es gelte auch noch $n = \prod_{i:=1}^{s} q_i$. Dann ist p_1 Teiler dieses Produktes. Nach der eingangs gemachten Bemerkung ist p_1 Teiler von q_1 oder von $\prod_{i:=2}^{s} q_i$. Mittels Induktion folgt die Existenz eines j, sodass p_1 Teiler von q_j ist. Weil q_j Primzahl ist, folgt $p_1 = q_j$. Es folgt weiter

$$\prod_{i:=2}^{t} p_i = \prod_{i:=1; i \neq j}^{s} q_i.$$

Nach Induktionsannahme ist dann $t - 1 = s - 1$ und es gibt eine Bijektion σ von $\{2, \ldots, t\}$ auf $\{1, \ldots, t\} - \{j\}$ mit $p_i = q_{\sigma(i)}$ für alle i mit $2 \leq i \leq t$. Setzt man noch $\sigma(1) := j$, so folgt die Gültigkeit auch der Eindeutigkeitsaussage des Satzes.

Was die Anzahl der Primzahlen anbelangt, so gilt der folgende Satz, der sich ebenfalls schon bei Euklid findet.

Satz 2. *Es gibt unendlich viele Primzahlen.*

Beweis. Es seien $p_1, \ldots, p_t$ Primzahlen. Dann ist

$$\prod_{i:=1}^{t} p_i + 1 \geq 2,$$

sodass es eine Primzahl q gibt, die $\prod_{i:=1}^{t} p_i + 1$ teilt. Wäre q gleich einer der Primzahlen p_i, so wäre q Teiler von

$$\prod_{i:=1}^{t} p_i + 1 - \prod_{i:=1}^{t} p_i = 1,$$

was offenbar nicht der Fall ist. Dies zeigt, dass die Anzahl der Primzahlen nicht endlich sein kann.

Aufgaben

1. Zeigen Sie, dass jede nicht leere, beschränkte Teilmenge von $\mathbf{N}$ ein größtes Element enthält.

2. Es sei $n \in \mathbf{N}$. Zeigen Sie, dass es zwischen n und $n+1$ keine natürlichen Zahlen gibt, dass also aus $x \in \mathbf{N}$ und $n \leq x \leq n+1$ folgt, dass $x = n$ oder $x = n+1$ ist.

3. Es ist $a + b \neq 1$ für alle $a, b \in \mathbf{N}$. (Um dies zu beweisen, dürfen Sie nur benutzen, was bis Satz 6 a) einschließlich etabliert war.)

4. Es ist $1 \leq n$ für alle $n \in \mathbf{N}$.

5. Für die in $\mathbf{N}$ definierte partielle Subtraktion gelten die folgenden Rechenregeln:

   a) Sind $a, b, c \in \mathbf{N}$ und gilt $b < a$ und $a - b < c$, so ist $c - (a - b) = (c + b) - a$.

   b) Sind $a, b, c \in \mathbf{N}$ und ist $a + b < c$, so ist $c - (a + b) = (c - a) - b$.

6. Wir definieren auf $\mathbf{N}$ eine Äquivalenzrelation $\sim$ vermöge $(a, b) \sim (c, d)$ genau dann, wenn $a + d = c + b$ ist. Zeigen Sie zunächst, dass $\sim$ wirklich eine Äquivalenzrelation ist. Die Äquivalenzklasse von (a, b) bezeichnen wir mit $\sim(a, b)$. Wir setzen $\mathbf{Z} := \mathbf{N}/\sim$, wobei $\mathbf{N}/\sim$ wie üblich die Menge der Äquivalenzklassen von $\mathbf{N}$ nach der Relation $\sim$ bezeichne.

Sind x, $y \in \mathbf{Z}$, so definieren wir $x + y$ und xy wie folgt: Sind $(a, b) \in x$ und $(c, d) \in y$, so sei $x + y := \sim(a + c, b + d)$ und $xy := \sim(ac + bd, ad + bc)$. Zeigen Sie, dass diese beiden binären Operationen wohldefiniert sind und zeigen Sie ferner, dass $(\mathbf{Z}, +, \cdot)$ ein kommutativer Ring mit Eins ist, dass also Folgendes gilt:

a) $(\mathbf{Z}, +)$ ist eine abelsche Gruppe.

b) Die Multiplikation ist kommutativ und assoziativ.

c) Es gelten beide Distributivgesetze.

d) Es gibt ein Element $e \in \mathbf{Z}$ mit $ae = ea = a$ für alle $a \in \mathbf{Z}$.

Schließlich ist noch zu zeigen, dass $n \to (n+1, 1)$ ein Monomorphismus von $(\mathbf{N}, +, \cdot)$ in $(\mathbf{Z}, +, \cdot)$ ist.

(Man nennt $\mathbf{Z}$ den *Ring der ganzen Zahlen*. Überlegen Sie sich eine Eselsbrücke, wie man diese Konstruktion von $\mathbf{Z}$ rekonstruieren kann, wenn man die Details vergessen hat.)

7. Nach Aufgabe 3 dürfen wir $(\mathbf{N}, +, \cdot)$ als Teilsystem von $(\mathbf{Z}, +, \cdot)$ auffassen. Mithilfe von $\mathbf{N}$ definieren wir wie folgt eine Anordnung $\leq$ auf $\mathbf{Z}$. Sind a, $b \in \mathbf{Z}$, so sei genau dann $a \leq b$, wenn $b - a \in \mathbf{N} \cup \{0\}$ ist. Dann gilt:

a) Es ist $a \leq a$ für alle $a \in \mathbf{Z}$.

b) Sind a, $b \in \mathbf{Z}$ und gilt $a \leq b$ sowie $b \leq a$, so ist $a = b$.

c) Sind a, b, $c \in \mathbf{Z}$ und ist $a \leq b$ sowie $b \leq c$, so ist $a \leq c$.

d) Sind a, $b \in \mathbf{Z}$, so ist $a \leq b$ oder $b \leq a$.

e) Sind a, b, $c \in \mathbf{Z}$, so ist genau dann $a \leq b$, wenn $a + c \leq b + c$ ist.

f) Sind a, $b \in Z$ und ist $c \in \mathbf{N}$, so ist genau dann $a \leq b$, wenn $ac \leq bc$ ist.

8. Sind a, b, $c \in \mathbf{N}$ und ist $a < b$, so ist $(b - a)c = bc - ac$ und $c(b - a) = cb - ca$.

9. Zeigen Sie, dass 503 Teiler von $2^{251} - 1$ ist. (Hat man mehr Maschinerie zur Verfügung, als wir es bislang haben, so ist dies einfach. Versuchen Sie es trotzdem.)

10. Es gibt eine Bijektion von $\mathbf{N}_0$ auf die Menge $E(\mathbf{N}_0)$ aller endlichen Teilmengen von $\mathbf{N}_0$. (Stichwort: Dyadische Darstellung.)

11. Definiere die Abbildung russ von $\mathbf{N}_0 \times \mathbf{N}_0 \times \mathbf{N}_0$ in $\mathbf{N}_0$ durch $\text{russ}(a, b, c) := a + bc$. Dann gelten die Regeln:

a) Es ist $\text{russ}(a, b, cd) = \text{russ}(a, bc, d)$.

b) Es ist $\text{russ}(a, b, 1 + c) = \text{russ}(a + b, b, c)$.

c) Es ist $\text{russ}(0, b, c) = bc$.

d) Es ist $\text{russ}(a, b, 0) = a$.

Zeigen Sie mithilfe von russ, dass der nun folgende Algorithmus der russischen Bauernmultiplikation das Verlangte leistet. (Nicht deklarierte Variablen und der Operator DIV verstehen sich von selbst.)

Eingabe: Nicht negative ganze Zahlen m und n.

Ausgabe: Nicht negative ganze Zahl a mit $a = mn$.

begin $b := m$; $c := n$; $a := 0$;

   while $c > 0$ do

   begin while c is even do

      begin $b := 2b$; $c := c$ DIV 2 end;

     $a := a + b$; $c := c - 1$

   end

end;

(Definiert man pot durch $\mathrm{pot}(a, b, n) := ab^n$, so bekommt man entsprechend der russischen Bauernmultiplikation ein Verfahren zum Potenzieren, das häufig unter dem Stichwort „divide and conquer" abgehandelt wird. Die Anzahl der Rechenschritte reduziert sich drastisch gegenüber der Anwendung der Rekursion $b^n = bb^{n-1}$. Doch das ist eine Milchmädchenrechnung, wenn man in $\mathbf{N}$ rechnet, da die Anzahlen der Bitoperationen, um b^n zu berechnen, bei beiden Verfahren asymptotisch gleich sind (George Collins).)

12. Es ist $\mathrm{ggT}(a_1, \ldots, a_n) = \mathrm{ggT}(a_1, \mathrm{ggT}(a_2, \ldots, a_n))$ für alle $a_1, \ldots, a_n \in \mathbf{N}$.

13. Sind a, b, c, $d \in \mathbf{N}$, so gilt, wie nach Satz 4 in Abschnitt 3 definiert, $a : b = c : d$ genau dann, wenn es m, n, e, $f \in \mathbf{N}$ gibt mit $a = me$, $b = ne$ und $c = mf$, $d = nf$. Zeigen Sie, dass die so auf $\mathbf{N} \times \mathbf{N}$ definierte Relation eine Äquivalenzrelation ist.

14. Es sei $n \in \mathbf{N}$. Zeigen Sie, dass es genau dann ein $k \in \mathbf{N}$ gibt mit $n = k^2$, wenn die Anzahl der Teiler von n ungerade ist.

15. Zeigen Sie, dass der folgende Algorithmus „Lagrange" das Verlangte leistet.

Input: Nicht negative ganze Zahlen a und b.

Output: Ganze Zahlen x, y und g mit $g = \mathrm{ggT}(a, b) = ax + by$.

Variable: r_0, r_1, p_0, p_1, q_0, q_1, u: integer;

begin $r_0 := a$; $r_1 := b$;

  $p_0 := 0$; $p_1 := 1$;

  $q_0 := 1$; $q_1 := 0$;

  % 1) $p_0 r_1 + p_1 r_0 = a$

  % 2) $q_0 r_1 + q_1 r_0 = b$

  % 3) $a q_0 - b p_0 = r_0$

  % 4) $a q_1 - b p_1 = -r_1$

  while $(r_0 > 0)$ and $(r_1 > 0)$ do

  begin $u := r_0$ DIV r_1;

    $r_0 := r_0$ MOD r_1:

    $p_0 := u p_1 + p_0$;

    $q_0 := u q_1 + q_0$;

    % 1') $p_0 r_1 + p_1 r_0 = a$

    % 2') $q_0 r_1 + q_1 r_0 = b$

    % 3') $a q_0 - b p_0 = r_0$

    % 4') $a q_1 - b p_1 = -r_1$

if $r_0 > 0$ then
  begin $u := r_1$ DIV r_0;
    $r_1 := r_1$ MOD r_0:
    $p_1 := up_0 + p_1$;
    $q_1 := uq_0 + q_1$;
    % 1") $p_0r_1 + p_1r_0 = a$
    % 2") $q_0r_1 + q_1r_0 = b$
    % 3") $aq_0 - bp_0 = r_0$
    % 4") $aq_1 - bp_1 = -r_1$
  end
end;
% $p_0r_1 + p_1r_0 = a$
% $q_0r_1 + q_1r_0 = b$
% $aq_0 - bp_0 = r_0$
% $aq_1 - bp_1 = -r_1$
% $r_0 = 0$ oder $r_1 = 0$

if $r_0 = 0$ then
% $p_0r_1 = a$
% $q_0r_1 = b$
% $aq_1 - bp_1 = -r_1$
begin $g := r_1$;
  $x := -q_1; y := p_1$
end else
% $p_1r_0 = a$
% $q_1r_0 = b$
% $q_0 - bp_0 = r_0$
begin $g := r_0$;
  $x := q_0; y := -p_0$
end
end; % Lagrange

II.

Mischbasen

Die Darstellung von natürlichen Zahlen als Dezimalzahlen und von reellen Zahlen als Dezimalbrüche ist uns allen geläufig. Auch mit der dyadischen Darstellung von Zahlen wissen wir wieder umzugehen, seit der Computer in unseren Alltag Einzug gefunden hat. Fragt man innerhalb des Computers die Zeit ab, so erhält man die Anzahl der Minuten, die seit Mitternacht verflossen sind. Diese Angabe entzieht sich aber unserer gewohnten Interpretation, sodass wir sie in Stunden und Minuten umrechnen. Hier werden also die a Minuten in $a = h \cdot 60 + m$ mit $0 \leq m < 60$ zerlegt. Dies ist ein Sechzigersystem. Ließe man h noch über 24 hinauswachsen, so fassten wir je 24 Stunden zu einem Tag zusammen und bekämen ein System, dass man durch ∞, 24, 60 beschreiben könnte. Nähme man noch der feineren Unterscheidung wegen die Sekunden hinzu, so hätte man ein ∞, 24, 60, 60 System. Wollte man nun noch weiter bündeln, so böte sich die Woche an: ∞, 7, 24, 60, 60. Danach aber wird man mit all den Problemen der Kalenderrechnung konfrontiert, da nach 365 Tagen das Jahr noch nicht zu Ende ist und nach 366 Tagen das neue Jahr schon begonnen hat. Da man in diesem System nur selten rechnet und dann wohl auch nur addiert, fällt einem nicht auf, dass hier Zahlen in einer Mischbasis dargestellt werden. Diese Darstellungsmöglichkeiten werden wir nun thematisieren. Es handelt sich dabei um eine Variation über das Thema „Division mit Rest". Ihr wenden wir uns daher als Erstes zu.

1. Division mit Rest. Die in $\mathbf{N}$ mögliche Division mit Rest tauchte bislang nur implizit auf, als wir nämlich bewiesen, dass jede natürlich Zahl von der Form $2n$ oder $2n + 1$ ist. Wie sie bei dezimal dargestellten natürlichen Zahlen auszuführen ist, haben wir alle in frühester Jugend gelernt. Wir lernten sie an Hand von Beispielen und die Vielzahl der Beispiele machte implizit klar, dass sie immer ausführbar ist. In dem hier gewählten Rahmen der Dedekindtripel soll dies nun nachträglich gerechtfertigt werden.

Satz 1. *Sind a, $b \in \mathbf{N}$, so gibt es genau ein Paar q, $r \in \mathbf{N}_0$ mit*

$$a = qb + r$$

und $r < b$.

Beweis. Wir betrachten die Menge

$$Q := \{u \mid u \in \mathbf{N}_0, ub \leq a\}.$$

Dann ist $0 \in Q$, sodass Q nicht leer ist. Ferner ist $a < cb$ für alle $c \geq a+1$, sodass $a+1$ eine obere Schranke für Q ist. Somit enthält Q ein größtes Element q. Setze

$$r := a - qb.$$

Dann ist $a = qb + r$. Wäre $b \leq r$, so gäbe es ein $c \in \mathbf{N}_0$ mit $r = b + c$. Es folgte

$$a = qb + b + c = (q+1)b + c$$

und damit der Widerspruch $q + 1 \in Q$. Also ist $r < b$.

Es seien q' und r' weitere nichtnegative ganze Zahlen mit $a = q'b + r'$ und $r' < b$. Ferner sei o.B.d.A. $q' \leq q$. Dann ist

$$0 \leq (q - q')b = r' - r \leq r' < b.$$

Daher ist $q - q' = 0$, d.h. $q = q'$ und dann auch $r = r'$. Damit ist die Einzigkeit von q und r gezeigt.

Im Folgenden schreiben wir statt q auch a DIV b und für r auch a MOD b. Dann gilt also

$$a = (a \text{ DIV } b)b + a \text{ MOD } b$$

und $0 \leq a$ MOD $b < b$. Für das Rechnen mit diesen beiden Operatoren gelten die folgenden Regeln.

Satz 2. *Sind a, b, $c \in \mathbf{N}$, so gilt*

$$a \text{ DIV } (bc) = (a \text{ DIV } b) \text{ DIV } c$$

und

$$a \text{ MOD } (bc) = ((a \text{ DIV } b) \text{ MOD } c)b + a \text{ MOD } b.$$

Beweis. Setze

$$\begin{array}{ll} q := a \text{ DIV } (bc), & r := a \text{ MOD } (bc) \\ Q := a \text{ DIV } b \quad , & R := a \text{ MOD } b \\ q' := Q \text{ DIV } c \quad , & R' := Q \text{ MOD } c. \end{array}$$

Dann ist $q' = (a$ DIV $b)$ DIV c. Ferner ist $a = q(bc) + r$ und $Q = q'c + R'$. Es folgt

$$a = Qb + R = (q'c + R')b + R = (q'c)b + R'b + R$$
$$= q'(bc) + R'b + R.$$

Wegen $R' < c$ ist sogar $R' \leq c - 1$. Wegen $R < b$ folgt daher

$$R'b + R \leq (c - 1)b + R < (c - 1)b + b = cb.$$

Wegen der Einzigkeit von Quotient und Rest ist also $q = q'$ und $r = R'b + R$, d.h.

$$q = (a \text{ DIV } b) \text{ DIV } c$$

und

$$r = ((a \text{ DIV } b) \text{ MOD } c)b + a \text{ MOD } b,$$

wie behauptet.

Wie man die Division mit Rest bei großen Zahlen zweckmäßiger Weise anlegt, erfährt der Leser aus der Arbeit Lehmer 1938.

2. Darstellungen natürlicher Zahlen in Mischbasen. Es seien $a_0 \in \mathbf{N}_0$ und $b_1 \in \mathbf{N}$ gegeben. Wir setzen $a_1 := a_0$ DIV b_1 und $r_0 := a_0$ MOD b_1. Dann ist insbesondere

$$a_0 = a_1 b_1 + r_0.$$

Ist nun eine zweite Zahl $b_2 \in \mathbf{N}$ gegeben, so setze man $a_2 := a_1$ DIV b_2 und $r_1 := a_1$ MOD b_2. Dann ist

$$a_0 = (a_2 b_2 + r_1) b_1 + r_0 = a_2 b_2 b_1 + r_1 b_1 + r_0.$$

Was haben wir hier gemacht? Nun, versetzen wir uns zurück in die sechziger Jahre des 20. Jahrhunderts als das englische Pfund noch 20 Shilling und der Shilling noch 12 Pence zählte. Wählte man dann $b_1 = 12$ und $b_2 = 20$, so hätten wir die Summe von a_0 Pence in a_2 Pfund, r_1 Shilling und r_0 Pence umgewandelt. Dabei wäre $r_0 < 12$ und $r_1 < 20$ und Satz 2 von Abschnitt 1 garantierte, dass auch $r_1 \cdot 12 + r_0 < 12 \cdot 20 = 240$ wäre. Die Umwandlung wäre also optimal.

In jenen Zeiten war das Pfund noch mehr als zehn DM, d.h. mehr als fünf Euro wert, sodass der Penny vier bis fünf deutsche Pfennige zählte. Es ist also nicht verwunderlich, dass der Penny nicht die kleinste Einheit war. Es gab noch den Halfpenny und ganz früher noch den Farthing, das ist der Viertelpfennig. Will man nun zumindest noch den Halfpenny mit ins Spiel bringen, so muss man statt bei 0 bei -1 beginnen und noch $b_0 = 2$ wählen. Dann erhält man für a_0 Halfpennies

$$a_0 = a_2 b_2 b_1 b_0 + r_1 b_1 b_0 + r_0 b_0 + r_{-1}.$$

Kein Engländer hätte dies natürlich so geschrieben, vielmehr hätte so etwas wie $23l\ 19s$ $7\vartheta\ 1h\vartheta$ auf dem Papier gestanden. Das l steht hier für *libra*. Das ist das lateinische Wort für Pfund, welches wir auch noch in der italienischen *lira* wiederfinden, die es nun auch nicht mehr gibt. Ferner ist das ϑ ein kleines D. Es diente als Abkürzung für *denarius* und wurde in meiner Kindheit auch hierzulande noch als Bezeichnung für den Pfennig benutzt. Das s steht im Übrigen auch für ein lateinisches Wort, nämlich für *solidus*, der Feste. Das System Pfund, Schilling, Pfennig war seit den Zeiten Karls des Großen im ganzen Abendland verbreitet. Daher rühren die Abkürzungen für die lateinischen Wörter. In Frankreich sagt man noch heute, wenn es einem dreckig geht, *je suis sans sou et sans sourire*, d.h. „ich bin ohne Sou (*solidus*) und ohne Lächeln".

Wir haben also Pfennigbeträge in Beträge aus Pfunden, Schillingen und Pfennigen umgewandelt. Das dient im kaufmännischen Verkehr der Übersichtlichkeit, da kleinere Zahlen besser zu lesen und zu begreifen sind. Dabei wurden die Pfennigbeträge zu zwölfen gebündelt, wobei ein vollständiges Zwölferbündel einem Schilling entsprach. Die Schillinge wurden zu zwanzig zusammengefasst, wobei zwanzig Schillinge wiederum ein Pfund ergaben. Man kann dieses System kurz als ein ∞, 20, 12 System bezeichnen, wobei es offen gelassen bleibt, wie die Ziffern dieses Systems zu schreiben sind. Wir werden uns dazu immer des Dezimalsystems bedienen. Das Unendlichzeichen soll andeuten, dass die Pfunde nicht weiter gebündelt werden.

Das Zeichen ∞ wurde schon bei den Römern als Zahlzeichen benutzt. Es stand bei ihnen für 1000. Es ist im Übrigen schnell erklärt, wie es zu ihm kam. Das römische Zeichen für 1000 ist nicht das M, sondern ein Zeichen, das ungefähr so aussah: $(\,|\,)$.

Schrieb man dieses Zeichen von Hand, so verschleifte es sich zu eben dem Zeichen ∞, das man dann auch in in Stein gehauenen Inschriften wiederfand (Menninger 1958, II, S. 51).

Wir werden auf den praktischen Umgang mit Zahlen im täglichen Leben gleich noch einmal zurückkommen. Zuvor wollen wir uns aber mit ein wenig Theorie wappnen.

Satz 1. *Es sei b eine Abbildung von $\mathbf{N}_0$ in $\mathbf{N}$ mit $b_i > 1$ für alle $i \in \mathbf{N}_0$. Ist $a \in \mathbf{N}_0$, so gibt es genau eine Abbildung r von $\mathbf{N}_0$ in sich mit den folgenden Eigenschaften:*

a) Es ist $r_i < b_i$ für alle $i \in \mathbf{N}$.
b) Es gibt ein $N \in \mathbf{N}$ mit $r_k = 0$ für alle $k > N$.
c) Es ist

$$a = \sum_{i:=0}^{N} r_i \prod_{j:=0}^{i-1} b_j.$$

Dabei ist das leere Produkt als 1 zu interpretieren.

Beweis. Dies ist richtig für $a = 0$. Es sei also $a > 0$. Division mit Rest durch b_0 liefert

$$a = a_1 b_0 + r_0$$

mit $r_0 < b_0$. Ist $a_1 = 0$, so ist die Existenz der Zerlegung gezeigt. Es sei also $a_1 > 0$. Wegen $b_0 > 1$ gilt dann $a_1 < a_1 b_0 \leq a$. Wählt man nun statt der Folge b die durch $c_i := b_{i+1}$ definierte Folge c, so liefert Induktion genau eine Folge s, sodass s und c die Eigenschaften a), b) haben und

$$a_1 = \sum_{i:=0}^{N-1} s_i \prod_{j:=0}^{i-1} c_j$$

gilt. Setzt man nun $r_{i+1} := s_i$ für alle $i \in \mathbf{N}_0$, so folgt

$$a_1 = \sum_{i:=0}^{N-1} r_{i+1} \prod_{j:=0}^{i-1} b_{j+1} = \sum_{i:=0}^{N-1} r_{i+1} \prod_{j:=1}^{i} b_j = \sum_{i:=1}^{N} r_i \prod_{j:=1}^{i-1} b_j.$$

Also ist

$$a = \left(\sum_{i:=1}^{N} r_i \prod_{j:=1}^{i-1} b_j \right) b_0 + r_0 = \sum_{i:=0}^{N} r_i \prod_{j:=0}^{i-1} b_j,$$

sodass die Existenz der Darstellung gezeigt ist.

Es gelte darüberhinaus auch

$$a = \sum_{i:=0}^{M} s_i \prod_{j:=0}^{i-1} b_j$$

mit den entsprechenden Nebenbedingungen. Dann folgt

$$r_0 \equiv s_0 \bmod b_0$$

und daher $r_0 = s_0$. Subtraktion von r_0 auf beiden Seiten der Gleichung und nachfolgende Divison durch b_0 liefert

$$\sum_{i:=1}^{N} r_i \prod_{j:=1}^{i-1} b_j = \sum_{i:=1}^{M} s_i \prod_{j:=1}^{i-1} b_j$$

und damit (per Induktion) $r = s$.

Korollar. *Für die in Satz 1 beschriebene Folge r gilt*

$$\sum_{i:=0}^{n} r_i \prod_{j:=0}^{i-1} b_j < \prod_{j:=0}^{n} b_j$$

für alle n.

Dies folgt mittels Induktion unter Zuhilfenahme von Satz 2 von Abschnitt 1.

Wir nennen die Folge b *Mischbasis* von $\mathbf{N}$. Die uns seit unserer Kindheit vertraute Mischbasis ist die durch $b_i := 10$ für alle $i \in \mathbf{N}_0$ definierte Dezimalbasis, die auf die Dezimalschreibweise der natürlichen Zahlen führt. Wählt man $b_i = 2$ für alle $i \in \mathbf{N}_0$, so erhält man die dyadische Darstellung der natürlichen Zahlen.

Eine interessante Mischbasis ist auch die durch $b_i := i+2$ für $i \in \mathbf{N}_0$ definierte *faktorielle Mischbasis b*. Sie unterscheidet sich dadurch von der Dual- und der Dezimalbasis, dass sie nicht *finitär* ist. Bei der Dualbasis gilt ja für alle r_i, dass sie nur die Werte 0 und 1 annehmen können, und bei der Dezimalbasis kommen nur die Werte 0 bis 9 für die r_i infrage. Bei der faktoriellen Basis hingegen nehmen die r_i für wachsendes i auch immer größere Werte an. Der maximale Wert, der von r_i angenommen wird, ist ja $b_{i+1} - 1 = i + 1$.

Hat man es mit nur einer Mischbasis b zu tun, so schreibt man der Kürze halber $a = r_N r_{N-1} \ldots r_0$. Ist $a \neq 0$, so darf man $r_N \neq 0$ annehmen. In diesem Falle nennen wir $N + 1$ die *Länge* der Darstellung von a bezüglich der Mischbasis b und schreiben dafür auch $l_b(a)$. Ferner setzen wir $l_b(0) := 0$. Dann ist 0 die einzige Zahl der Länge 0.

Sind nun $u, v \in \mathbf{N}_0$ und gilt bezüglich der Basis b, dass $u = r_M \ldots r_0$ und $v = s_N \ldots s_0$ ist, so ist sehr einfach zu entscheiden, welche der beiden Zahlen die größere ist. Zunächst einmal dürfen wir annehmen, dass $r_M, s_N \neq 0$ ist. Ist dann $M \neq N$, so ist genau dann $u < v$, wenn $M < N$ ist. Dies hätte natürlich nichts zu bedeuten, wenn nicht $l_b(a) < a$ für $a \in \mathbf{N}$ wäre. Dass dem so ist — mit den Ausnahmen $a = 0$ und $a = 1$ —, folgt aus der für alle $a \in \mathbf{N}$ gültigen Ungleichung

$$l_b(a) \leq \log_2 a + 1.$$

Ist $M = N$, so suche man das größte $i \leq M$ mit $r_i \neq s_i$. Dann ist $u < v$ genau dann, wenn $r_i < s_i$ ist. Um dies zu entscheiden, benötigt man die Anordnung der Ziffernmenge $\{0, \ldots, b_{i+1} - 1\}$.

Auch die Addition und partielle Subtraktion ist sehr einfach durchzuführen. Ist wieder $u = r_M \ldots r_0$ und $v = s_N \cdots s_0$, so dürfen wir, indem wir gegebenenfalls mit führenden Nullen auffüllen, $M = N$ annehmen. Dann ist zunächst

$$u + v = r_M + s_M \ldots r_0 + s_0.$$

Doch dies ist meist noch nicht die Standardform von $u + v$, die wir ja suchen. Was hier passiert, sieht man an jedem Abend, wenn man auf die Tagesschau wartet. Die Uhr zeigt

$$19 : 59 : 59.$$

Da die Zeit aber weiter läuft, wird im nächsten Augenblick zu den 59 Sekunden eine weitere Sekunde hinzugezählt. Da dies im $24 : 60 : 60$ System geschieht, wird aus der Summe $19 : 59 : 59 + 0 : 0 : 1$ die Zeitangabe

$$20 : 00 : 00.$$

Man muss also noch Überträge berücksichtigen. Hier ist ein sehr grober Additionsalgorithmus, der das tut.

$$\ddot{u}_0 := 0;$$
$$\text{for } i := 0 \text{ to } M \text{ do}$$
$$\text{begin } t_i := (r_i + s_i + \ddot{u}_i) \text{ MOD } b_i;$$
$$\ddot{u}_{i+1} := (r_i + s_i + \ddot{u}_i) \text{ DIV } b_i$$
$$\text{end};$$

Dann ist

$$u + v = \ddot{u}_{M+1} t_M \ldots t_0.$$

Grob ist der Algorithmus insbesondere deswegen, weil man die Operatoren DIV und MOD nicht wirklich braucht, da ja für alle i die Ungleichung

$$r_i + s_i + \ddot{u}_i \leq 2b_i - 2 + 1 < 2b_i$$

gilt, der Übertrag also stets höchstens gleich 1 ist. Bei der partiellen Subtraktion muss man gelegentlich borgen. Wie das zu geschehen hat, mag der Leser sich selbst überlegen.

Wer etwas über die Möglichkeit des Addierens ohne Übertrag wissen möchte, lese Kapitel IV von Lüneburg 1989.

Man versuche besser nicht, Zahlen, die in einer beliebigen Mischbasis gegeben sind, miteinander zu multiplizieren, um das Produkt dann wieder in der gleichen Mischbasis darzustellen. Was anderes ist es, wenn die Zahlen q-adisch, d.h. bezüglich der durch $b_i := q$ für alle $i > 0$ gegebenen Basis b dargestellt sind. Hier kommen die Potenzregeln zum Tragen. Es sind dies die für alle q, m, $n \in \mathbf{N}_0$ gültigen Gleichungen

$$q^{m+n} = q^m q^n.$$

Hier kann man sich nun verschiedene Algorithmen für die Multiplikation einfallen lassen. Sei es, dass man den benutzt, den man auf der Schule gelernt hat, sei es, dass man zwei q-adisch dargestellte Zahlen wie Polynome faltet, dabei aber auf Überträge Rücksicht nimmt, wie dies Fibonacci bevorzugte, der im Übrigen beide Verfahren lehrte (Lüneburg 1993, Seite 52 ff.).

Wir haben schon gesehen, dass man unsere Zeitangaben auffassen kann als eine bequeme und übersichtliche Art, Anzahlen von Sekunden darzustellen. Die Mischbasis, die wir hier benutzen, ist ∞, 7, 24, 60, 60. Dabei soll ∞ darauf hinweisen, dass die Wochenanzahlen nicht mehr gebündelt werden. Das Längenmaßsystem, das der amerikanische Schreiner verwendet, ist ein ∞, 3, 12 System. Es ist der Yard zu drei Fuß und der Fuß zu 12 Zoll. Bis in die zweite Hälfte des 19. Jahrhunderts benutzten Tuchhändler und Schneider hierzulande ein ∞, 2, 12 System, nämlich die Elle zu zwei Fuß und den Fuß zu 12 Zoll.

Für das Folgende beachte man auch Friedlein 1869/1982, Moon 1971 und Menninger 1958. Moons Bemerkungen zum elektronischen Rechnen zu Beginn seines hochinteressanten und schönen Buches sind mittlerweile von der Wirklichkeit widerlegt.

Zumindest unter Mathematikern ist der japanische Soroban bekannt, der, wie es scheint, immer noch benutzt wird. Auf ihm ist eine echte Mischbasis realisiert, indem die 10 des Dezimalsystems noch in $2 \cdot 5$ aufgelöst wird. Der japanische Soroban realisiert also ein von rechts (die Einer) nach links zu lesendes 2, 5; 2, 5; ...; 2, 5; 2, 5; 2, 5 System. Realisierungen dieses Gerätes sind unterschiedlich lang. Daher die Punkte in der Beschreibung. Mit diesen Geräten wird auch multipliziert und dividiert.

Beim Soroban gleiten Bambus- bzw. Plastikperlen auf Bambusstäbchen oder auch steifen Drähten. Die Zählmarken sind also mit dem Gerät fest verbunden. Das ist auch bei dem römischen Abacus, dem chinesischen Suanpan und dem russischen Stschoty der Fall, nur dass bei den bekannten römischen Abaci die Rechenmarken Knöpfchen sind, die in Schlitzen gleiten.

An römischen Abaci haben sich mehrere erhalten. Der in der *Bibliothèque Nationale* zu Paris realisiert ein von rechts nach links zu lesendes 2, 5; 2, 5; 2, 5; 2, 5; 2, 5; 2, 5; 2, 5; 2, 6 System. Die 2, 6 rechts zählt die 12 Unzen, in die der As, das ist die Einheit, zerfällt. Die größte Zahl, die hier darzustellen ist, ist also 9 999 999 Asse und 11 Unzen, bzw. $9\,999\,999 \cdot 12 + 11$ Unzen. Die Spalten des Gerätes sind mit den römischen Zahlzeichen für eins, zehn, hundert, etc. versehen. Dabei ist die Tausenderspalte mit dem oben schon erwähnten Zeichen ∞ markiert. Es gibt noch eine gemeinsame Spalte für die halbe, die viertel und die drittel Unze, die ich im System nicht unterzubringen weiß.

Der chinesische Suanpan realisiert ein 3, 6; 3, 6; ...; 3, 6; 3, 6; 3, 6 System. Die Chinesen nutzen ihn aber als 2, 5; 2, 5; ...; 2, 5; 2, 5; 2, 5 und erhalten dadurch eine Mehrdeutigkeit in der Zahlendarstellung, die man gelegentlich mit Vorteil beim Rechnen benutzen kann, da man nicht immer sofort bereinigen muss. Auch mit diesem Gerät wird multipliziert.

Die Russen haben in ihrem Stschoty ein Gerät, das die Basis 11, 11, ..., 11, 5, 11, 11 (von rechts nach links zu lesen. Am Gerät von unten nach oben.) realisiert. Er wird benutzt als 10, 10, ..., 10, 4, 10, 10. Der Vierer trennt die Kopeken von den Rubeln, d.h. die dritte Reihe von unten ist eigentlich als unterste Reihe zu interpretieren. Sie dient dem Rechnen mit Viertelkopeken. Dass sie zwischen den Reihen für die Rubeln und Kopeken angeordnet ist, dient der besseren Lesbarkeit. Auf Fotos sah ich auch die Version 11, 11, ..., 11, 5, 11, 11, 5, natürlich auch dezimal verwendet.

Der Abacus, der Soroban, der Suanpan und der Stschoty sind nicht wirklich Rechenmaschinen. Sie sind vielmehr ausgeklügelte, schnell veränderbare Geräte, um Zahlen zu notieren. Gerechnet wird mit kleinen Zahlen im Kopf, die Zwischenergebnisse werden notiert und immer wieder aktualisiert, bis am Ende das Ergebnis festgehalten ist.

Dies ist anders bei den Rechenbrettern mit freien Zählmarken. Diese waren ursprünglich in der Antike *calculi*, also Steine, später dann im Mittelalter und in der Renaissance Rechenpfennige. Bei ihnen konnte man zum Beispiel auf die Pfenniglinie – die Linien liegen nun waagrecht – neunundneunzig Rechenpfennige legen. Dann jeweils zwölf Rechenpfennige wegnehmen und einen von ihnen auf die Schillinglinie legen, bis keine zwölf mehr übrig blieben. Dann zählte man die Schillinge zu zwanzig ab und legte für je zwanzig einen Rechenpfennig auf die Pfundlinie, usw. Bei diesen Geräten wird das Addieren und das Subtrahieren auf das Zählen zurückgeführt, wobei man aber schon von etablierten Rechengesetzen wie insbesondere dem Distributivgesetz ausgiebig Gebrauch macht.

Die zwei Basler Rechentische realisieren das System 10, 10, 10, 10, 20, 12, das ist *M C X lb s d*. (Menninger 1958, II, S. 154)

Die Dinkelsbühler Rechentische realisieren zwei verschiedene Münzsysteme, einmal das karolingische Pfund-Schilling-Pfennig-Heller-System 10, 10, 10, 10, 10; 20; 12; 2 und das System 10, 10, 10, 10, 10; 2, 2, 2 des Gulden, Halbgulden, Ort und Halbort (Menninger 1958, II, S. 155).

Der Straßburger Rechentisch ist ganz anders eingerichtet. Er realisiert das verfeinerte Dezimalsystem 2, 5; 2, 5; 2, 5; 2, 5; 2, 5; 2, 5. Dabei liegen die Einer wieder unten, die Zehner darüber, usw. Diese Einteilung ist dann noch mit Münzspalten für Pfund, Schilling, Pfennig und Heller versehen (Menninger 1958, II, S. 156).

Wie der Straßburger Rechentisch, so halten es auch Adam Ries (Ries 1574/1978) und Simon Jacob (Jacob 1571). Sie lehren das Rechnen auf den Linien im 2, 5; 2, 5; ..., 2, 5 System mit Münzspalten.

Vor noch nicht allzu langer Zeit entdeckte Menso Folkerts eine Schrift vom Beginn des 14. Jahrhunderts, in der ein Rechenbrett beschrieben wird, das für drei verschiedene Mischbasen benutzt werden kann (Folkerts 1983). Diese sind ∞, 2, 5; 3, 2, 5; 6, 2, 5; 6, 2, 5; 6, 2, 5. Dies dient dem astronomischen Rechnen mit *sigma; gradus; minuta; secunda; tertia*. Dabei gilt 1 *signum* = 30 *gradus*, 1 *gradus* = 60 *minuta*, ein *minutum* = 60 *secunda* und ein *secundum* = 60 *tertia*.

Die zweite Möglichkeit ist die, das Rechenbrett für das dezimale Rechnen zu benutzen und zwar in der verfeinerten 2, 5; 2, 5; 2, 5; 2, 5; 2, 5; Basis.

Die letzte Möglichkeit dient dem kaufmännischen Rechnen. Bei ihr wird die Basis ∞, 2, 5; 5; 2, 2, 5; 2, 2, 5; 2, 6; benutzt. Hier werden also die Denare verfeinert im System 2, 6 und die Schillinge im System 2, 2, 5 dargestellt. Die Pfunde wiederum werden für uns sehr ungewohnt im System ∞, 2, 5; 5; 2, 2, 5; dargestellt. Hier zählen die Rechenpfennige je nach Lage 1 Pfund, 5 Pfund, 10 Pfund, 20 Pfund, 100 Pfund oder 500 Pfund. Im ∞-Bereich zählt jeder Stein 1000 Pfund.

3. Aufsteigende Kettenbrüche. Wir haben gesehen, wie man auf einfache Weise einen größeren Pfennigbetrag in Pfunde und Schillinge umwandeln kann. Es erhebt sich die Frage, ob man jeden Bruchteil eines Pfundes bequem in Schillinge, Pfennige und Bruchteile von Pfennigen verwandeln kann. Hier liegt natürlich die Betonung auf bequem. Man kann dies mithilfe der aufsteigenden Kettenbrüche, die wir nun beschreiben werden.

Wir definieren die *aufsteigenden Kettenbrüche* durch die Rekursion

$$\frac{a_1 \ldots a_n}{b_1 \ldots b_n} := \frac{a_1 \ldots a_{n-1}}{b_1 \ldots b_{n-1}} \cdot \frac{1}{b_n} + \frac{a_n}{b_n}.$$

Für $n = 1$ ist dies als der übliche Bruch $\frac{a_1}{b_1}$ zu interpretieren. Bringt man die rechte

Seite auf einen Nenner, so ergibt sich

$$\frac{a_1 \dots a_n}{b_1 \dots b_n} = \frac{a_n + \dfrac{a_1 \dots a_{n-1}}{b_1 \dots b_{n-1}}}{b_n}.$$

Hieraus erklärt sich der Name aufsteigende Kettenbrüche für dieses Konstrukt. Löst man die Rekursion auf, so ergibt sich

$$\frac{a_1 \dots a_n}{b_1 \dots b_n} = a_n b_n^{-1} + a_{n-1} b_n^{-1} b_{n-1}^{-1} + \dots + a_1 b_n^{-1} \cdots b_1^{-1}.$$

Wir haben hier also wieder eine Mischbasissituation vorliegen, wobei die Glieder der Mischbasis — und das ist neu — Stammbrüche sind.

Hat man z, b_1, ..., $b_n \in \mathbf{N}$ gegeben, so gibt es q_1, $a_1 \in \mathbf{N}_0$ mit $z = q_1 b_1 + a_1$ und $a_1 < b_1$. Es folgt

$$\frac{z}{b_1} = q_1 + \frac{a_1}{b_1}$$

und $\frac{a_1}{b_1} < 1$. (Im Folgenden muss man sorgfältig zwischen $\cdots$ und $\dots$ unterscheiden.) Hat man schon q_{n-1}, a_1, ..., a_{n-1} mit $0 \le a_i < b_i$ für $i := 1, \dots, n-1$ mit

$$\frac{z}{b_1 \cdots b_{n-1}} = q_{n-1} + \frac{a_1 \dots a_{n-1}}{b_1 \dots b_{n-1}},$$

und

$$0 \le \frac{a_1 \dots a_{n-1}}{b_1 \dots b_{n-1}} < 1,$$

gefunden, so liefert Division mit Rest q_n, $a_n \in \mathbf{N}_0$ mit $q_{n-1} = q_n b_n + a_n$ und $0 \le a_n < b_n$. Es folgt

$$\frac{z}{b_1 \cdots b_n} = q_n + \frac{a_n}{b_n} + \frac{a_1 \dots a_{n-1}}{b_1 \dots b_{n-1}} \cdot \frac{1}{b_n}$$
$$= q_n + \frac{a_1 \dots a_n}{b_1 \dots b_m}$$

sowie

$$0 \le \frac{a_1 \dots a_n}{b_1 \dots b_n} < \frac{b_n - 1}{b_n} + \frac{1}{b_n} = 1.$$

Somit ist

$$\frac{a_1 \dots a_n}{b_1 \dots b_n}$$

eine *Darstellung* des gebrochenen Anteils der Zahl

$$\frac{z}{b_1 \cdots b_n}.$$

Diese Darstellung hängt natürlich von der Reihenfolge der Divisionen ab. Man kann die Darstellung aber auch noch auf andere Weise beeinflussen, indem man ausnutzt, dass man Brüche erweitern kann. Wenn z also eine Summe von Pfunden ist, so kann man, indem man gegebenenfalls erweitert, annehmen, dass 12 und 20 unter den b_i vorkommen, genauer, dass $b_{n-1} = 12$ und $b_n = 20$ ist. Dann ist also

$$\frac{z}{S \cdot 12 \cdot 20} = q_n + \frac{a_n}{20} + \frac{a_{n-1}}{12 \cdot 20} + \frac{R}{S \cdot 12 \cdot 20}$$

und $R < S$. Somit ist also die Division z durch $240S$ so ausgeführt, dass man sofort das Ergebnis in Pfunden, Schillingen, Pfennigen und dem Bruchteil eines Pfennigs erhält, nämlich q_n Pfund, a_n Schilling, a_{n-1} Pfennig und $\frac{R}{S}$ Teile eines Pfennigs. Will man die Rechnung auf Heller und Pfennig genau, so kann man dies noch nachträglich erreichen, indem man bei dem Bruch $\frac{R}{S}$ dafür sorgt, dass der Nenner gerade ist, indem man gegebenfalls mit 2 erweitert. Ist dann o.B.d.A. $S = 2T$, so teile man R erst mit Rest durch T und führe dann noch die Division mit 2 aus.

Hier eine Zinsaufgabe aus Fibonaccis *liber abbaci* von 1228 (siehe Lüneburg 1993, S. 184 ff.). Jemand mietet zu Neujahrsbeginn ein Haus zu einem Mietzins von $30l$ im Jahr, der nachträglich wiederum am Neujahrstag fällig wird. Der Mieter zahlt bei Mietantritt dem Vermieter $100l$ bei einem Zinssatz von 4 Pfennig pro Pfund im Monat. Gefragt ist, wie lange der Mieter wohnen bleiben kann. Die Rechnungen bei Fibonacci zeigen, dass der monatliche Zins erst am Jahresende dem Kapital zugeschlagen und dann weiter verzinst wird. Es folgt daher, dass das Pfund im Jahr $12 \cdot 4$ Pfennig an Zinsen bringt. Weil der Schilling gleich 12 Pfennigen ist, bringt das Pfund im Jahr also 4 Schilling an Zinsen, 5 Pfund demnach 20 Schilling, das ist 1 Pfund. Aus 5 Pfund werden also nach einem Jahr 6 Pfund. Ist K_i das Kapital am Neujahrstag des i-ten Jahres, so ist $K_{i+1} = \frac{6}{5}K_i - 30$, da ja 30 Pfund an Mietzins fällig sind. Setze $d_{i+1} := K_i - K_{i+1}$. Dann ist $d_{i+1} = 30 - \frac{1}{5}K_i$. Es folgt

$$d_i : d_{i+1} = (30 - \tfrac{1}{5}K_{i-1}) : (30 - \tfrac{1}{5}K_i).$$

Nun ist $K_i = \frac{6}{5}K_{i-1} - 30$ und daher

$$30 - \tfrac{1}{5}K_i = 36 - \tfrac{1}{5}\tfrac{6}{5}K_{i-1} = \tfrac{6}{5}(30 - \tfrac{1}{5}K_{i-1}).$$

Also ist

$$d_i : d_{i+1} = 5 : 6,$$

bzw. $d_{i+1} = \frac{6}{5}d_i$. Hiermit erhält man nun unter Benutzung der aufsteigenden Kettenbrüche

$$d_1 = 10$$
$$d_2 = 12$$
$$d_3 = \frac{2}{5} + 14$$
$$d_4 = \frac{2\ 1}{5\ 5} + 17$$
$$d_5 = \frac{2\ 3\ 3}{5\ 5\ 5} + 20$$
$$d_6 = \frac{2\ 0\ 2\ 4}{5\ 5\ 5\ 5} + 24.$$

Dies kann man nun so lesen, dass der gebrochene Anteil dieser Zahlen in der Mischbasis $\left(\frac{1}{5}, \frac{1}{5}, \frac{1}{5}, \frac{1}{5}\right)$ dargestellt ist. Da dies eine historische Aufgabe ist, muss man beachten, dass die indischen Ziffern über die Araber zu uns gekommen sind. Dies hat zur Folge, dass die Ausdrücke für die aufsteigenden Kettenbrüche von rechts nach links zu lesen sind. Schreibt man diese Zahlen nun wie gewohnt ohne die vielen Fünfen, so ergibt sich also

$$d_1 = 10.0000$$
$$d_2 = 12.0000$$
$$d_3 = 14.2000$$
$$d_4 = 17.1200$$
$$d_5 = 20.3320$$
$$d_6 = 24.4202.$$

Addiert man diese Zahlen, so muss man die Überträge rechts des Punktes modulo 5 berechnen. Es ergibt sich 99.1222. Der Mieter kann also sechs Jahre und noch ein bisschen länger in dem gemieteten Hause wohnen. Das bisschen länger sind 8 Tage und $5\frac{13}{25}$ Stunden. Dies gilt unter der Annahme, dass das (Bank-)Jahr 360 Tage und der Tag 12 Stunden zählen. Mehr an Einzelheiten in Lüneburg *loc. cit.* Dieses Beispiel zeigt, wie nützlich aufsteigende Kettenbrüche sein können, wenn man nur die Mischbasis dem Problem angemessen wählt.

Ein Zinssatz von 20% war im Mittelalter ein durchaus üblicher Zinssatz, wie aus der Gesetzgebung der Städte hervorgeht.

4. Der cantorsche Algorithmus. Wir haben im letzten Abschnitt die Division von z Pfund durch $240S$ so durchgeführt, dass wir zunächst durch S, dann durch 12 und dann durch 20 dividierten. Es ergab sich

$$\frac{z}{S \cdot 12 \cdot 20} = q_n + \frac{a_n}{20} + \frac{a_{n-1}}{12 \cdot 20} + \frac{R}{S \cdot 12 \cdot 20},$$

d.h. q_n Pfund, a_n Schilling, a_{n-1} Pfennig und der Bruchteil $\frac{R}{S}$ eines Pfennigs. Man kann dieses Ergebnis aber auch auf andere Art erhalten. Setzen wir zunächst $T := 240S$ und vergessen wir, dass 240 Teiler von T ist. Dann ist (mit neuem S)

$$\frac{z}{T} = q + \frac{S}{T}$$

mit q, $S \in \mathbf{N}_0$ und $S < T$. Es folgt

$$\frac{S}{T} = \frac{20S}{T} \cdot \frac{1}{20}.$$

Weiter erhält man

$$\frac{20S}{T} = a_1 + \frac{S_1}{T}$$

mit a_1, $S_1 \in \mathbf{N}_0$ und $S_1 < T$. Daher ist

$$\frac{z}{T} = q + a_1 \cdot \frac{1}{20} + \frac{S_1}{T} \cdot \frac{1}{20}.$$

Dann folgt

$$\frac{12 S_1}{T} = a_2 + \frac{S_2}{T}$$

mit den entsprechenden Nebenbedingungen und weiter

$$\frac{z}{T} = g + a_1 \cdot \frac{1}{20} + a_2 \cdot \frac{1}{20 \cdot 12} + \frac{S_2}{T} \cdot \frac{1}{20 \cdot 12}.$$

Dabei spielen a_1 und a_2 nun die Rollen von a_n bzw. a_{n-1}. Will man auf den Heller genau rechnen, so kann man dies noch weitertreiben, da ja $\frac{2 S_2}{T}$ die Anzahl der Heller ist, die in $\frac{S_2}{T}$ stecken. Wir kennen alle dieses Verfahren, wenn es darum geht, einen Bruch in einen Dezimalbruch zu verwandeln. Hier sehen wir nun, wie man dieses Verfahren verallgemeinern kann. Das nun zu beschreibende Verfahren stammt von G. Cantor 1869.

Um die cantorsche Verallgemeinerung zu etablieren, benötigen wir eine Variante des dedekindschen Rekursionssatzes, die wir zunächst bereitstellen.

Satz 1. *Es sei A eine Menge und a sei ein Element von A. Ferner sei R eine Abbildung von $A \times \mathbf{N}$ in A. Es gibt dann genau eine Abbildung f von $\mathbf{N}$ in A mit $f(1) = a$ und $f(n+1) = R(f(n), n)$.*

Beweis. Dies beweist sich genauso wie der dedekindsche Rekursionssatz, indem man eine entsprechende Menge von Relationen definiert, den Schnitt über alle diese Relationen bildet und zeigt, dass dieser Schnitt die gesuchte Abbildung f ist.

Neben der Fußbodenfunktion $x \to \lfloor x \rfloor$ benötigen wir auch noch die Zimmerdeckenfunktion $x \to \lceil x \rceil$, die für reelle x dadurch definiert ist, dass $\lceil x \rceil \in \mathbf{Z}$ und

$$\lceil x \rceil - 1 < x \leq \lceil x \rceil$$

ist.

Es sei p eine Folge von natürlichen Zahlen mit $p_i > 1$ für alle $i \in \mathbf{N}$. Ferner sei $\mathbf{R}$ die Menge der reellen Zahlen. Für A nehmen wir nun die Menge $\mathbf{R} \times \mathbf{N}$ und definieren R durch

$$R(r, m, n) := \left((r - m) p_{n+1}, \lceil (r - m) p_{n+1} \rceil - 1 \right).$$

Ist $0 < r \in \mathbf{R}$, so gibt es genau ein Paar von Folgen γ und c mit $\gamma_0 = r$ und $c_0 = \lceil r \rceil - 1$ und

$$\begin{aligned}
(\gamma_{n+1}, c_{n+1}) &= R(\gamma_n, c_n, n) \\
&= \left((\gamma_n - c_n) p_{n+1}, \lceil (\gamma_n - c_n) p_{n+1} \rceil - 1 \right) \\
&= \left((\gamma_n - c_n) p_{n+1}, \lceil \gamma_{n+1} \rceil - 1 \right).
\end{aligned}$$

Es ist also

$$\gamma_{n+1} = p_{n+1} (\gamma_n - c_n)$$

und

$$c_{n+1} = \lceil \gamma_{n+1} \rceil - 1,$$

bzw.

$$\gamma_n = c_n + \frac{\gamma_{n+1}}{p_{n+1}}$$

und

$$c_n < \gamma_n \le c_n + 1$$

für alle $n \in \mathbf{N}_0$. Ferner gilt für die Anfangswerte $\gamma_0 = r$ und $c_0 = \lceil \gamma_0 \rceil - 1$. Diese Rekursion wird von Perron cantorscher Algorithmus genannt. Es gilt nun

Satz 2. *Haben* p, r, γ *und* c *die gerade beschriebenen Bedeutungen, so ist*

$$\gamma_0 = c_0 + \sum_{n=1}^{\infty} \frac{c_n}{p_1 p_2 \cdots p_n}.$$

Beweis. Es ist $\gamma_0 = c_0 + \frac{\gamma_1}{p_1}$ und $\gamma_1 \le c_1 + 1$. Es sei $n \ge 1$ und es gelte

$$\gamma_0 = c_0 + \sum_{i:=1}^{n} \frac{c_i}{p_1 p_2 \cdots p_i} + \frac{\gamma_{n+1}}{p_1 p_2 \cdots p_{n+1}}.$$

Wegen

$$\gamma_{n+1} = c_{n+1} + \frac{\gamma_{n+2}}{p_{n+2}}$$

folgt, dass diese Formel auch für $n+1$ gilt. Also gilt sie für alle n. Weil für alle i die Ungleichung $p_i \ge 2$ gilt und außerdem $\gamma_{n+1} = p_{n+1}(\gamma_n - c_n) \le p_{n+1}$ ist, ist

$$0 \le \frac{\gamma_{n+1}}{p_1 p_2 \cdots p_{n+1}} \le \frac{1}{2^n} \frac{\gamma_{n+1}}{p_{n+1}} \le \frac{1}{2^n}.$$

Aus all dem folgt nun die Behauptung.

Die Formel

$$\gamma_0 = c_0 + \sum_{i:=1}^{n} \frac{c_i}{p_1 p_2 \cdots p_i} + \frac{\gamma_{n+1}}{p_1 p_2 \cdots p_{n+1}}$$

zusammen mit den Ungleichungen

$$0 \le c_{n+1} < \gamma_{n+1} \le c_{n+1} + 1$$

zeigt, dass die unendliche Reihe niemals abbricht. Der cantorsche Algorithmus ist also so eingerichtet, dass die 1 dezimal als 0,999... dargestellt wird.

Wegen $c_i < \gamma_i \le c_i + 1$ gilt für die unendliche Reihe

$$0 < \sum_{i:=1}^{\infty} \frac{c_i}{p_1 p_2 \cdots p_i} = \sum_{i:=1}^{n} \frac{c_i}{p_1 p_2 \cdots p_i} + \frac{\gamma_{n+1}}{p_1 p_2 \cdots p_{n+1}} \le 1.$$

Sie ist also *cum grano salis* die Entwicklung des nicht ganzen Teils von γ_0 in der Mischbasis $\frac{1}{p_1}, \frac{1}{p_2}, \frac{1}{p_3}, \dots$.

Satz 3. *Es sei p eine Folge natürlicher Zahlen mit $p_i > 1$ für alle i. Ist $\gamma_0 = \frac{a}{q}$ mit natürlichen Zahlen a und q und ist das Produkt*

$$\prod_{i:=1}^{n} p_i$$

durch q teilbar, ist ferner

$$\gamma_0 = c_0 + \sum_{i:=1}^{\infty} \frac{c_i}{p_1 p_2 \cdots p_i}$$

die oben beschriebene Darstellung von γ_0, so ist

$$c_i = p_i - 1$$

für alle $i \geq n$.

Beweis. Setze $\pi_k := p_1 \cdots p_k$ und definiere μ_k durch

$$c_0 + \sum_{i:=1}^{k} \frac{c_i}{p_1 p_2 \cdots p_i} = \frac{\mu_k}{\pi_k}.$$

Wegen $c_i < \gamma_i = p_i(\gamma_{i-1} - c_{i-1}) \leq p_i$ ist $c_i \leq p_i - 1$ für alle $i \in \mathbf{N}$. Mit der Gleichung

$$\sum_{i:=k+1}^{\infty} \frac{p_i - 1}{p_{k+1} \cdots p_i} = 1$$

ergibt sich

$$0 < \frac{a}{q} - \frac{\mu_k}{\pi_k} \leq \frac{1}{\pi_k} \sum_{i:=k+1}^{\infty} \frac{p_i - 1}{p_{k+1} \cdots p_i} = \frac{1}{\pi_k}.$$

Es folgt

$$0 < a\pi_k - q\mu_k \leq q.$$

Weil q Teiler von π_n ist, ist q Teiler von $a\pi_n - q\mu_n$. Also ist $a\pi_n - q\mu_n = q$. Es folgt

$$\frac{a}{q} = \frac{\mu_n}{\pi_n} + \frac{1}{\pi_n}$$

und damit die Behauptung.

Aus Satz 3 folgt sofort die Irrationalität der eulerschen Zahl e, die sich in der Mischbasis $\frac{1}{2}, \frac{1}{3}, \frac{1}{4}, \ldots$ ja als

$$e = 2 + \sum_{n:=1}^{\infty} \frac{1}{(n+1)!}$$

darstellt. Nun ist aber q stets Teiler von $q!$. Somit kann e nicht von der Form $\frac{a}{q}$ mit $a \in \mathbf{N}$ sein.

Die Bedingung $c_\nu < \gamma_n \leq c_\nu + 1$ bewirkt, wie wir gesehen haben, dass die Reihe

$$\gamma_0 = c_0 + \sum_{\nu=1}^\infty \frac{c_\nu}{p_1 p_2 \cdots p_\nu}$$

niemals abbricht. Will man erreichen, dass diese Reihen unter den Voraussetzungen des Satzes ggf. abbrechen, will man also Dezimalbrüche mit einem Schwanz von lauter Neunen vermeiden, so muss man jene Bedingung durch die Bedingung

$$c_\nu \leq \gamma_n < c_\nu + 1$$

ersetzen. In diesem Fall sind γ und c durch die Rekursion

$$\gamma_{\nu+1} := p_{\nu+1}(\gamma_\nu - c_\nu)$$

und

$$c_{\nu+1} := \lfloor \gamma_{\nu+1} \rfloor$$

mit den Anfangswerten γ_0 und $c_0 = \lfloor \gamma_0 \rfloor$ definiert. Wie berechnen sich nun c und γ, wenn γ_0 rational ist? Um dies zu klären, sei $\gamma_0 = \frac{a}{b}$ mit $a, b \in \mathbf{N}$. Es gibt dann nichtnegative ganze Zahlen q_0 und r_1 mit $a = q_0 b + r_1$ und $r_1 < b$. Es folgt

$$c_0 = \left\lfloor \frac{a}{b} \right\rfloor = q_0 = a \text{ DIV } b$$

und wegen

$$c_0 + \frac{\gamma_1}{p_1} = \frac{a}{b} = q_0 + \frac{r_1}{b} = c_0 + \frac{r_1}{b}$$

ist dann

$$\frac{\gamma_1}{p_1} = \frac{r_1}{b},$$

sodass

$$\gamma_1 = \frac{p_1 r_1}{b}$$

ist. Wir nehmen an, wir hätten γ_ν und $c_{\nu-1}$ und es gelte

$$b\gamma_\nu = p_\nu r_\nu$$

mit einer nichtnegativen ganzen Zahl $r_\nu < b$. Wir setzen

$$c_\nu := p_\nu r_\nu \text{ DIV } b$$

und

$$r_{\nu+1} := p_\nu r_\nu \text{ MOD } b.$$

Dann ist, da ja $p_\nu r_\nu = b\gamma_\nu$ ist,

$$b\gamma_\nu = c_\nu b + r_{\nu+1}.$$

Es folgt

$$\lfloor \gamma_\nu \rfloor = \left\lfloor \frac{b\gamma_\nu}{b} \right\rfloor = c_\nu$$

und weiter

$$\frac{r_{\nu+1}}{b} = \frac{\gamma_{\nu+1}}{p_{\nu+1}}.$$

Damit ist

$$\gamma_{\nu+1} = \frac{p_{\nu+1}r_{\nu+1}}{b}.$$

Es gilt also $b\gamma_{\nu+1} = p_{\nu+1}r_{\nu+1}$ mit einer nichtnegativen ganzen Zahl $r_{\nu+1} < b$. Damit ist die Rekursion eins weiter getrieben.

Ist $p_\nu = 10$ für alle ν, so ist dieser Algorithmus der, den wir auf der Schule lernten, um einen Bruch in einen Dezimalbruch zu verwandeln: Man multipliziere den aktuellen Rest mit 10 und dividiere das Produkt mit Rest durch b.

Aufgaben

1. Es sei p eine Primzahl und $n \in \mathbf{N}$. Ist p^e die höchste Potenz von p, die in $n!$ aufgeht, so ist

$$e = \sum_{i:=1}^{\infty} \left\lfloor \frac{n}{p^i} \right\rfloor.$$

2. Ist $n \in \mathbf{N}$, so ist $\sum_{i:=1}^{n} ii! = (n+1)! - 1$.

3. Es sei b eine Mischbasis. Man gebe ein Verfahren an und verifiziere es, zu entscheiden, welche von zwei Zahlen m und n, die mittels b dargestellt sind, die größere ist.

4. Ist b eine Mischbasis und ist $a \in \mathbf{N}$, so ist

$$l_b(a) \le \lfloor \log_2(a) \rfloor + 1.$$

Ist $b_i = q$ für alle i, so gilt

$$l_b(a) = \lfloor \log_q(a) \rfloor + 1.$$

5. Geben Sie einen Beweis für Satz 1 von Abschnitt 4 des Kapitels II.

6. Es sei A eine Menge und A^n bezeichne das n-fache cartesische Produkt von A mit sich selbst. Setze $B := \bigcup_{n:=1}^{\infty} A^n$. Ist dann R eine Abbildung von B in A und ist $a \in A^n$, so gibt es genau eine Abbildung f von $\mathbf{N}$ in A mit $f_i = a_i$ für $i := 1, \ldots, n$ und $f_{i+1} = R(f_1, \ldots, f_i)$ für alle $i \ge n$ für alle $i \ge n$. (Definiere die Abbildung S von B in B wie folgt: Ist $g \in B$, so gibt es genau ein $n \in \mathbf{N}$ mit $g \in A^n$.

$$S(g) := (g_1, \ldots g_n, R(g)).$$

Der dedekindsche Rekursionssatz hilft dann weiter. Diese Art der Rekursion nennt man *Verlaufsrekursion*.)

7. Es sei p eine Folge natürlicher Zahlen mit $p_n > 1$ für alle n. Beweisen Sie die Gleichung

$$1 = \sum_{n:=1}^{\infty} \frac{p_n - 1}{p_1 \cdots p_n} \; .$$

8. Setze $B(0) := 1$, $B(1) := 1$ und $B(n+1) := \sum_{i:=0}^{n} \binom{n}{i} B(i)$. (Aufgabe 6 rechtfertigt die Definition der $B(n)$. Dies brauchen Sie nicht zu formalisieren.) Die $B(n)$ heißen *Bellzahlen*. Ist e die durch

$$e := \sum_{i:=0}^{\infty} \frac{1}{n!}$$

definierte eulersche Zahl, so gilt

$$B(n+1) = \frac{1}{e} \sum_{i:=0}^{\infty} \frac{(i+1)^n}{i!}.$$

III.

Der größte gemeinsame Teiler

Wichtige Begriffe der Zahlentheorie sind der Begriff des größten gemeinsamen Teilers und der damit zusammenhängende Begriff des kleinsten gemeinsamen Vielfachen. Beiden Begriffen sind wir im ersten Kapitel schon begegnet. Dass zwei Elemente eines Ringes einen größten gemeinsamen Teiler oder ein kleinstes gemeinsames Vielfaches haben, ist nicht selbstverständlich. Das fängt schon damit an, dass man eine geeignete Definition für diese Begriffe finden muss, da Ringe in aller Regel keine Anordnung tragen, von der wir bei ihrer Definition bei den natürlichen Zahlen Gebrauch gemacht haben. In diesem Kapitel geht es also darum, die gegenseitige Bedingtheit dieser beiden Begriffe zu untersuchen, und dann vor allem Ringe kennenzulernen, bei denen zwei Elemente stets einen größten gemeinsamen Teiler haben. Zu diesen Ringen gehören die aus dem Anfängerunterricht bekannten euklidischen Ringe wie auch die Polynomringe in beliebig vielen Unbestimmten über dem Ring der ganzen Zahlen.

1. Der größte gemeinsame Teiler. Wir setzen in diesem Abschnitt meist voraus, dass R ein Integritätsbereich sei. Dabei verstehen wir unter einem *Integritätsbereich* einen nullteilerfreien, kommutativen Ring mit Eins. Hierbei heißt *nullteilerfrei* wiederum, dass für alle a, $b \in R$ aus $ab = 0$ folgt, dass $a = 0$ oder $b = 0$ ist.

Für einen beliebigen Ring R mit Eins setzen wir

$$G(R) := \{x \mid x \in R, \text{ es gibt } y, z \in R \text{ mit } xy = 1 = zx\}.$$

Die Elemente aus $G(R)$ heißen *Einheiten* und $G(R)$ heißt *Gruppe der Einheiten* von R. Dass $G(R)$ bezüglich der in R definierten Multiplikation eine Gruppe ist, ist leicht nachzuweisen.

Ist R ein Ring, so setzen wir $R^* := R - \{0\}$.

Grundlegend für alles Folgende ist der Begriff der *Teilbarkeit*, den wir so fassen, wie wir es bei $\mathbf{N}$ schon taten. Das Element b des kommutativen Ringes R heißt *Teiler* des Elementes $a \in R$, falls es ein $c \in R$ gibt mit $a = bc$. Ist b Teiler von a, so heißt a auch *Vielfaches* von b. Redewendungen wie *gemeinsames Vielfaches* und *gemeinsamer Teiler* haben wir für $\mathbf{N}$ schon definiert und verstehen sich im allgemeineren Fall von selbst. In Integritätsbereichen ist c eindeutig bestimmt, falls $b \neq 0$ ist. In diesem Falle bezeichnen wir c mit $\frac{a}{b}$.

Sind a, b, g Elemente eines Integritätsbereiches R, so heißt g *größter gemeinsamer Teiler* von a und b, falls gilt:

1) g ist gemeinsamer Teiler von a und b.
2) Jeder gemeinsame Teiler von a und b teilt g.

Sind a, b, k Elemente eines Integritätsbereiches, so heißt k *kleinstes gemeinsames Vielfaches* von a und b, falls gilt:

1) k ist gemeinsames Vielfaches von a und b.

2) Jedes gemeinsame Vielfache von a und b ist Vielfaches von k.

Haben zwei Elemente einen größten gemeinsamen Teiler, so haben sie meist mehrere. Daher bezeichnen wir mit $\mathrm{ggT}(a,b)$ die Menge der größten gemeinsamen Teiler von a und b. Diese Menge ist dann in jedem Falle definiert, auch wenn a und b keinen größten gemeinsamen Teiler haben. Entsprechend bezeichnen wir mit $\mathrm{kgV}(a,b)$ die Menge der kleinsten gemeinsamen Vielfachen von a und b. Da die Definitionen des kleinsten gemeinsamen Vielfachen und des größten gemeinsamen Teilers in a und b symmetrisch sind, gilt stets $\mathrm{ggT}(a,b) = \mathrm{ggT}(b,a)$ und $\mathrm{kgV}(a,b) = \mathrm{kgV}(b,a)$. Ferner gilt $a \in \mathrm{ggT}(a,0)$ und $\mathrm{kgV}(a,0) = \{0\}$. Schließlich ist $\mathrm{ggT}(0,0) = \{0\}$ und $\mathrm{kgV}(0,0) = \{0\}$.

Der erste nun zu beweisende Satz gibt Auskunft über die Struktur der Mengen $\mathrm{ggT}(a,b)$ und $\mathrm{kgV}(a,b)$.

Satz 1. *Ist R ein Integritätsbereich und sind a, $b \in R$, so gilt:*

α) *Ist $g \in \mathrm{ggT}(a,b)$, so ist $\mathrm{ggT}(a,b) = gG(R)$.*

β) *Ist $k \in \mathrm{kgV}(a,b)$, so ist $\mathrm{kgV}(a,b) = kG(R)$.*

Beweis. α) Es sei zunächst $a = b = 0$. Dann ist $\mathrm{ggT}(a,b) = \{0\} = 0G(R)$. Es sei also o.B.d.A. $a \neq 0$. Dann ist $g \neq 0$, da g ein Teiler von a ist. Ist nun $h \in \mathrm{ggT}(a,b)$, so ist h insbesondere ein gemeinsamer Teiler von a und b. Es gibt folglich ein $u \in R$ mit $g = hu$. Ebenso gibt es ein $v \in R$ mit $h = gv$. Um dies einzusehen, braucht man ja nur die Rollen von g und h zu vertauschen. Also ist $g = gvu$. Weil R nullteilerfrei ist und $g \neq 0$ gilt, ist daher $1 = vu$. Somit ist $h = gv \in gG(R)$, d.h. es ist $\mathrm{ggT}(a,b) \subseteq gG(R)$.

Es sei umgekehrt $w \in G(R)$. Dann ist jeder Teiler von g auch Teiler von gw, sodass jeder gemeinsame Teiler von a und b Teiler von gw ist. Es gibt ferner c, $d \in R$ mit $a = gc$ und $b = gd$, da g ja gemeinsamer Teiler von a und b ist. Es folgt $a = gww^{-1}c$ und $b = gww^{-1}d$, sodass gw gemeinsamer Teiler von a und b ist. Also gilt auch $gG(R) \subseteq \mathrm{ggT}(a,b)$, sodass α) bewiesen ist.

β) Ist $a = 0$ oder $b = 0$, so ist $\mathrm{kgV}(a,b) = \{0\} = 0G(R)$. Es sei also $a \neq 0 \neq b$. Dann ist $ab \neq 0$, da R ein Integritätsbereich ist. Weil k Teiler von ab ist, ist also auch $k \neq 0$. Es sei nun $l \in \mathrm{kgV}(a,b)$. Es gibt dann u, $v \in R$ mit $k = lu$ und $l = kv$. Es folgt $k = kvu$ und wegen $k \neq 0$ dann $1 = vu$, sodass $v \in G(R)$ gilt. Also ist $\mathrm{kgV}(a,b) \subseteq kG(R)$.

Es sei umgekehrt $w \in G(R)$. Dann ist kw gemeinsames Vielfaches von a und b. Es sei x ein weiteres gemeinsames Vielfaches von a und b. Es gibt dann ein $c \in R$ mit $x = kc$. Hieraus folgt $x = kww^{-1}c$. Dies zeigt, dass $kw \in \mathrm{kgV}(a,b)$ ist, sodass β) bewiesen ist.

Nach diesem technischen Auftakt nun ein Satz, der etwas gehaltvoller ist.

Satz 2. *Sind a und b von null verschiedene Elemente des Integritätsbereiches R und ist $k \in \mathrm{kgV}(a,b)$, so ist*

$$\frac{ab}{k} \in \mathrm{ggT}(a,b).$$

Ist also $\mathrm{kgV}(a,b) \neq \emptyset$, so ist $\mathrm{ggT}(a,b) \neq \emptyset$.

Beweis. Weil ab gemeinsames Vielfaches von a und b ist, gibt es ein $g \in R$ mit $ab = kg$. Weil a Teiler von k ist, ist $k = ac$ mit einem $c \in R$. Es folgt $ab = kg = acg$. Weil a von null verschieden ist, folgt $b = cg$, sodass g Teiler von b ist. Vertauscht man die Rollen von a und b, so sieht man, dass g auch Teiler von a ist. Somit ist g gemeinsamer Teiler von a und b.

Es sei h gemeinsamer Teiler von a und b. Dann ist

$$\frac{a}{h} b = a \frac{b}{h} = \frac{ab}{h},$$

sodass $\frac{ab}{h}$ gemeinsames Vielfaches von a und b ist. Es gibt also ein $m \in R$ mit $\frac{ab}{h} = km$. Es folgt

$$kg = ab = kmh$$

und wegen $k \neq 0$ daher $g = mh$, sodass h Teiler von g ist. Also ist in der Tat $g \in$ ggT(a, b), sodass der Satz bewiesen ist.

Das Gegenstück zu Satz 2 ist falsch. Es gibt Beispiele, wie wir gleich sehen werden, mit ggT$(a, b) \neq \emptyset = $ kgV(a, b).

Ist R ein Integritätsbereich und sind a, $b \in R$, so heißen a und b *teilerfremd*, wenn ggT$(a, b) = G(R)$, wenn also 1 größter gemeinsamer Teiler von a und b ist.

Der nächste Satz verallgemeinert eine wohlbekannte Eigenschaft des Ringes der ganzen Zahlen.

Satz 3. *Es sei R ein Integritätsbereich. Ferner seien a, b, $c \in R$. Sind a und b teilerfremd, ist* kgV$(a, b) \neq \emptyset$ *und ist a Teiler von bc, so ist a Teiler von c.*

Beweis. Wegen ggT$(a, b) = G(R)$ ist $(a, b) \neq (0, 0)$.

Ist $a = 0$, so folgt mit der gerade gemachten Bemerkung, dass $b \neq 0$ ist. Weil a Teiler von bc ist, ist $bc = 0$. Weil R ein Integritätsbereich ist, folgt wegen $b \neq 0$, dass $c = 0$ ist. In diesem Falle ist a also Teiler von c.

Es sei $b = 0$. Dann ist $a \in$ ggT$(a, b) = G(R)$. In diesem Falle ist $c = a(a^{-1}c)$, sodass auch hier die Behauptung gilt.

Es sei schließlich $a \neq 0 \neq b$. Ferner sei $k \in$ kgV(a, b). Dann ist $ab = ku$ mit einem $u \in R$. Mit Satz 2 folgt $u \in$ ggT$(a, b) = G(R)$, sodass nach Satz 1 gilt, dass $ab \in$ kgV(a, b) ist. Nach Voraussetzung ist a Teiler von bc und b ist banalerweise Teiler von bc. Wegen $ab \in$ kgV(a, b) gibt es daher ein $r \in R$ mit $bc = abr$. Weil $b \neq 0$ gilt und R kommutativ ist, ist $c = ar$, womit auch in diesem Falle gezeigt ist, dass a Teiler von c ist.

Es sei $\mathbf{Z}$ der Ring der ganzen Zahlen. Wir setzen

$$\mathbf{Z}[\sqrt{-5}] := \{a + b\sqrt{-5} \mid a, b \in \mathbf{Z}\}.$$

Dann ist $\mathbf{Z}[\sqrt{-5}]$ ein Ring, wie man unschwer nachprüft. Setze $R := \mathbf{Z}[\sqrt{-5}]$ und definiere α durch

$$(a + b\sqrt{-5})^{\alpha} := a - b\sqrt{-5}$$

für alle $a + b\sqrt{-5} \in R$. Dann ist α ein Automorphismus des Ringes R. Auch dies ist banal zu verifizieren. Mittels α definieren wir schließlich N durch

$$N(x) := xx^{\alpha}$$

für alle $x \in R$. Weil α ein Automorphismus ist, folgt, dass $N(xy) = N(x)N(y)$ für alle $x, y \in R$ ist. Ferner ist

$$N(a + b\sqrt{-5}) = a^2 + 5b^2 \in \mathbf{N}_0,$$

wobei $\mathbf{N}_0$ die Menge der nicht negativen ganzen Zahlen bezeichne. Mithilfe der Multiplikativität von N erschließt man, dass u genau dann eine Einheit von R ist, wenn $N(u) = 1$ ist. Dies hat wiederum $G(R) = \{1, -1\}$ zur Folge.

Setze $a := 3$, $b := 2 + \sqrt{-5}$ und $c := 2 - \sqrt{-5}$. Es sei d ein gemeinsamer Teiler von a und b. Dann ist dd^α ein gemeinsamer Teiler von $aa^\alpha = 9$ und $ab^\alpha + ba^\alpha = 12$. Folglich ist dd^α ein Teiler von $12 - 9 = 3$. Weil dd^α eine natürliche Zahl ist, folgt $dd^\alpha = 1$ oder $dd^\alpha = 3$. Ist $d = x + y\sqrt{-5}$ mit $x, y \in Z$, so folgt

$$dd^\alpha = x^2 + 5y^2 \leq 3,$$

sodass $y = 0$ und $x^2 = 1$ ist. Also ist d eine Einheit und daher $\mathrm{ggT}(a, b) = G(R)$. Ebenso folgt $\mathrm{ggT}(a, c) = G(R)$. (Für den Ästheten sei gesagt, dass man dies auch mittels α aus $\mathrm{ggT}(a, b) = G(R)$ erschließen kann.) Wegen $bc = 9$ ist a Teiler von bc. Weil a keine Einheit ist, ist a aber weder ein Teiler von b noch von c. Mit Satz 3 folgt $\mathrm{kgV}(a, b) = \emptyset$. Damit ist gezeigt, dass die Umkehrung von Satz 2 falsch ist, und dass man in Satz 3 nicht darauf verzichten kann, $\mathrm{kgV}(a, b) \neq \emptyset$ zu verlangen.

Satz 4. *Es sei R ein Integritätsbereich. Ferner seien a, b, $c \in R^*$. Genau dann ist $\mathrm{kgV}(a, b) \neq \emptyset$, wenn $\mathrm{kgV}(ca, cb) \neq \emptyset$ ist. Ist dies der Fall, so ist $\mathrm{kgV}(ca, cb) = c\,\mathrm{kgV}(a, b)$.*

Beweis. Es sei $k \in \mathrm{kgV}(a, b)$. Ferner sei v gemeinsames Vielfaches von ca und cb. Dann ist $\frac{v}{c}$ gemeinsames Vielfaches von a und b, also auch Vielfaches von k. Daher ist v Vielfaches von ck. Andererseits ist ck Vielfaches von ca und auch cb. Somit ist $ck \in \mathrm{kgV}(ca, cb)$. Mit Satz 1 folgt

$$\mathrm{kgV}(ca, cb) = ckG(R) = c\,\mathrm{kgV}(a, b).$$

Es sei umgekehrt $\mathrm{kgV}(ca, cb) \neq \emptyset$. Ferner sei $l \in \mathrm{kgV}(ca, cb)$. Dann ist $k := \frac{l}{c}$ gemeinsames Vielfaches von a und b. Sei u gemeinsames Vielfaches von a und b. Dann ist cu gemeinsames Vielfaches von ca und cb und damit Vielfaches von $l = ck$. Weil c nicht null ist, ist folglich k Teiler von u. Somit ist $k \in \mathrm{kgV}(a, b)$, sodass alles bewiesen ist.

Für den ggT können wir nicht so viel beweisen.

Satz 5. *Es sei R ein Integritätsbereich. Ferner seien a, b, $c \in R$ und es gelte $c \neq 0$. Ist $\mathrm{ggT}(ca, cb) \neq \emptyset$, so ist auch $\mathrm{ggT}(a, b) \neq \emptyset$ und es gilt $\mathrm{ggT}(ca, cb) = c\,\mathrm{ggT}(a, b)$.*

Beweis. Es sei $g \in \mathrm{ggT}(ca, cb)$. Weil c gemeinsamer Teiler von ca und cb ist, ist g durch c teilbar. Es folgt, dass $\frac{g}{c}$ gemeinsamer Teiler von a und b ist. Es sei d gemeinsamer Teiler von a und b. Dann ist cd gemeinsamer Teiler von ca und cb. Also ist cd Teiler von g und dann d Teiler von $\frac{g}{c}$. Somit ist $\frac{g}{c} \in \mathrm{ggT}(a, b)$. Hieraus folgt schließlich mittels Satz 1 die Gleichung

$$\mathrm{ggT}(ca, cb) = gG(R) = c\frac{g}{c}G(R) = c\,\mathrm{ggT}(a, b).$$

Eine wichtige Folgerung aus Satz 5 ist

Satz 6. *Es seien a und b Elemente des Integritätsbereiches R. Ist $0 \neq k \in \mathrm{ggT}(a, b)$, so ist $\mathrm{ggT}(\frac{a}{k}, \frac{b}{k}) = G(R)$.*

Beweis. Nach Satz 5 ist $\mathrm{ggT}(\frac{a}{k}, \frac{b}{k}) \neq \emptyset$ und es gilt

$$kG(R) = \mathrm{ggT}(a, b) = k\,\mathrm{ggT}\left(\frac{a}{k}, \frac{b}{k}\right),$$

sodass $G(R) = \mathrm{ggT}(\frac{a}{k}, \frac{b}{k})$ ist, da ja $k \neq 0$ vorausgesetzt wurde.

Wir setzen wieder $R := \mathbf{Z}[\sqrt{-5}]$. Wir haben oben gesehen, dass

$$\mathrm{ggT}(3, 2 + \sqrt{-5}) = G(R)$$

ist. Wir zeigen, dass $\mathrm{ggT}(3 \cdot 3, 3 \cdot (2 + \sqrt{-5})) = \emptyset$ ist. Wäre dies nicht der Fall, so folgte mit Satz 5

$$\mathrm{ggT}\big(3 \cdot 3, 3 \cdot (2 + \sqrt{-5})\big) = 3 \cdot G(R).$$

Nun ist $3^2 = (2 + \sqrt{-5})(2 - \sqrt{-5})$, sodass $2 + \sqrt{-5}$ gemeinsamer Teiler von 3^2 und $3 \cdot (2 + \sqrt{-5})$ wäre. Folglich wäre $2 + \sqrt{-5}$ Teiler von 3. Dies ist aber nicht der Fall, wie rasch zu sehen.

Dieses Beispiel zeigt, dass Satz 5 bestmöglich ist.

Satz 7. *Es sei R ein Integritätsbereich. Ferner seien a, b, c $\in$ R. Ist $\mathrm{ggT}(ab, cb) \neq \emptyset$ und ist $\mathrm{ggT}(a, c) = G(R)$, so ist $\mathrm{ggT}(a, bc) = \mathrm{ggT}(a, b)$.*

Beweis. Nach Satz 5 ist $\mathrm{ggT}(a, c)$ nicht leer, sodass die Forderung $\mathrm{ggT}(a, c) = G(R)$ keine zusätzliche Existenzaussage beinhaltet.

Es sei $g \in \mathrm{ggT}(a, b)$. Dann ist g gemeinsamer Teiler von a und bc. Es sei t gemeinsamer Teiler von a und bc. Dann ist t auch gemeinsamer Teiler von ab und bc. Aufgrund von Satz 5 gilt

$$\mathrm{ggT}(ab, bc) = b\,\mathrm{ggT}(a, c) = bG(R),$$

sodass t gemeinsamer Teiler von a und b und damit Teiler von g ist. Folglich ist $g \in \mathrm{ggT}(a, bc)$. Mittels Satz 1 könnten wir den Beweis des Satzes nun in einer Zeile beenden, wenn wir wüssten, dass $\mathrm{ggT}(a, b)$ nicht leer ist. Da wir dies nicht ausschließen können, bemerken wir hier nur, dass wir die Inklusion $\mathrm{ggT}(a, b) \subseteq \mathrm{ggT}(a, bc)$ bewiesen haben.

Es sei umgekehrt $g \in \mathrm{ggT}(a, bc)$. Dann ist g gemeinsamer Teiler von ab und bc. Wegen

$$\mathrm{ggT}(ab, bc) = bG(R)$$

ist g also gemeinsamer Teiler von a und b. Es sei h gemeinsamer Teiler von a und b. Dann ist h gemeinsamer Teiler von a und bc, also ein Teiler von g. Folglich ist $g \in \mathrm{ggT}(a, b)$, womit alles bewiesen ist.

Haben je zwei Elemente eines Integritätsbereiches ein kleinstes gemeinsames Vielfaches, so haben zwei Elemente auch stets einen größten gemeinsamen Teiler. Hier nun gilt auch die Umkehrung dieses Sachverhaltes.

Satz 8. *Es sei R ein Integritätsbereich und es gelte $\mathrm{ggT}(a,b) \neq \emptyset$ für alle a, $b \in R$. Ist dann $g \in \mathrm{ggT}(a,b)$ und ist $g \neq 0$, so ist $\frac{ab}{g} \in \mathrm{kgV}(a,b)$. Insbesondere ist $\mathrm{kgV}(a,b) \neq \emptyset$ für alle a, $b \in R$.*

Beweis. Sind a und b beide null, so ist nichts zu beweisen. Wir dürfen daher annehmen, dass nicht beide null sind. Aus Symmetriegründen dürfen wir weiter annehmen, dass $a \neq 0$ gilt. Weil g Teiler von a ist, ist dann auch g nicht null.

Es sei V gemeinsames Vielfaches von a und b. Nach Satz 5 ist dann

$$\mathrm{ggT}\left(V, \frac{ab}{g}\right) = a\,\mathrm{ggT}\left(\frac{V}{a}, \frac{b}{g}\right).$$

Nun ist $V = Hb$ mit $H \in R$, sodass $\frac{a}{g}$ Teiler von $H\frac{b}{g}$ ist. Es folgt

$$\frac{a}{g}G(R) = \mathrm{ggT}\left(\frac{a}{g}, H\frac{b}{g}\right) = \mathrm{ggT}\left(\frac{a}{g}, H\right)$$

nach den Sätzen 6 und 7. Also ist $\frac{a}{g}$ Teiler von H. Hieraus folgt mit Satz 5

$$\mathrm{ggT}\left(V, \frac{ab}{g}\right) = a\,\mathrm{ggT}\left(\frac{V}{a}, \frac{b}{g}\right) = a\,\mathrm{ggT}\left(\frac{Hg}{a}\cdot\frac{b}{g}, \frac{b}{g}\right)$$
$$= \frac{ab}{g}\,\mathrm{ggT}\left(H\frac{g}{a}, 1\right) = \frac{ab}{g}G(R).$$

Also ist $\frac{ab}{g}$ Teiler von V, sodass $\frac{ab}{g} \in \mathrm{kgV}(a,b)$ gilt.

Ist R ein Integritätsbereich, in dem je zwei Elemente einen größten gemeinsamen Teiler haben, so nennen wir R einen ggT-*Bereich*.

Satz 9. *Ist R ein ggT-Bereich, so gilt:*

a) Für alle a, b, $c \in R$ ist $\mathrm{ggT}(ac, bc) = c\,\mathrm{ggT}(a,b)$.

b) Sind a, $b \in R$ und sind a und b nicht beide null, ist ferner $g \in \mathrm{ggT}(a,b)$, so ist

$$\mathrm{ggT}\left(\frac{a}{g}, \frac{b}{g}\right) = G(R).$$

c) Sind a, $b \in R$ teilerfremd, ist $c \in R$ und ist a Teiler von bc, so ist a Teiler von c.

d) Sind a, b, $c \in R$ und sind a und c teilerfremd, so ist $\mathrm{ggT}(a, bc) = \mathrm{ggT}(a,b)$.

Dieser Satz ist eine Zusammenfassung früherer Sätze.

Ein wichtige Klasse von ggT-Bereichen wird von den euklidischen Ringen gebildet, die wir jetzt definieren werden. Dazu sei R ein Integritätsbereich und f sei eine Abbildung von R^* in $\mathbf{N}_0$. Genau dann heißt f eine *Euklidfunktion* auf R, wenn es zu a, $b \in R$ mit $b \neq 0$ stets q, $r \in R$ gibt, sodass $a = qb + r$ und $r = 0$ oder $f(r) < f(b)$ gilt. Besitzt der Integritätsbereich R eine Euklidfunktion f, so heißt R *euklidischer Ring* und (R, f) *euklidisches Paar*.

Satz 10. *Es sei* (R, f) *ein euklidisches Paar. Dann ist* R *ein* ggT-*Bereich. Darüber-hinaus gilt:*

a) Es ist $\mathrm{ggT}(a, 0) = aG(R)$ *für alle* $a \in R$.
b) Sind a, b, q, $r \in R$ *und gilt* $a = qb + r$, *so ist*

$$\mathrm{ggT}(a, b) = \mathrm{ggT}(b, r).$$

Beweis. a) und b) gelten in jedem Integritätsbereich, wobei man zum Beweis von b) auch die zu $a = qb + r$ äquivalente Gleichung $a - qb = r$ benutzen muss. Zusammen besagen diese beiden Gleichungen nämlich, dass die gemeinsamen Teiler von a und b genau die gemeinsamen Teiler von b und r sind.

Sind nun q und r speziell so gewählt, dass entweder $r = 0$ oder $f(r) < f(b)$ ist, so folgt mittels Induktion, dass $\mathrm{ggT}(b, r)$ und dann auch $\mathrm{ggT}(a, b)$ nicht leer ist.

Der Ring $\mathbf{Z}$ der ganzen Zahlen ist ein euklidischer Ring, da es zu a, $b \in \mathbf{Z}$ mit $b \neq 0$ stets q, $r \in \mathbf{Z}$ gibt mit $a = qb + r$ und $0 \leq r < |b|$. Der Absolutbetrag ist also eine Euklidfunktion auf $\mathbf{Z}$. Dass euklidische Ringe im Allgemeinen mehr als eine Euklidfunktion besitzen, sieht man daran, dass auch die für $0 \neq z \in \mathbf{Z}$ durch $g(z) := \lfloor \log_2 |z| \rfloor$ definierte Abbildung g eine Euklidfunktion auf $\mathbf{Z}$ ist. Dabei ist $\lfloor x \rfloor$ für reelle Zahlen x diejenige ganze Zahl, für die

$$\lfloor x \rfloor \leq x < \lfloor x \rfloor + 1$$

gilt. In Abschnitt 3 wird etwas mehr zu dieser Euklidfunktion gesagt werden.

Eine weitere sehr wichtige Klasse von euklidischen Ringen bilden die Polynomringe in einer Unbestimmten über kommutativen Körpern. Es ist anzunehmen, dass der Leser zumindest ihre Definition kennt und dass er weiß, was der Grad eines Polynoms ist. Um einzusehen, dass diese Ringe euklidisch sind, sei K ein kommutativer Körper und $K[x]$ sei der Polynomring in der Unbestimmten x über K. Ferner seien f, $g \in K[x]$ und es gelte $g \neq 0$. Wir setzen $m := \mathrm{Grad}(g)$ und, falls f nicht null ist, $n := \mathrm{Grad}(f)$. Mit f_n bezeichnen wir den *Leitkoeffizienten* von f, d.h. den Koeffizienten bei x^n. Entsprechend bezeichnet g_m den Leitkoeffizienten von g. Dann ist $g_m \neq 0$.

Wir definieren nun $f \bmod g$ und $f \mathrm{\,DIV\,} g$ durch

$$f \bmod g := \text{Ist } (f = 0) \text{ oder } (n < m), \text{ so } f$$
$$\text{sonst } (f - f_n g_m^{-1} x^{n-m} g) \bmod g$$

bzw.

$$f \mathrm{\,DIV\,} g := \text{Ist } (f = 0) \text{ oder } (n < m), \text{ so } 0$$
$$\text{sonst } f_n g_m^{-1} x^{n-m} + (f - f_n g_m^{-1} x^{n-m} g) \mathrm{\,DIV\,} g.$$

Dann gilt, wie unschwer einzusehen ist,

Satz 11. *Es sei* K *ein kommutativer Körper und* $K[x]$ *sei der Polynomring in der Unbestimmten* x *über* K. *Sind* f, $g \in K[x]$ *und ist* $g \neq 0$, *so gilt*

$$f = (f \mathrm{\,DIV\,} g)g + f \bmod g$$

und $f \bmod g = 0$ *oder* $\mathrm{Grad}(f \bmod g) < \mathrm{Grad}(g)$. *Insbesondere ist* $(K[x], \mathrm{Grad})$ *also ein euklidisches Paar.*

Damit haben wir im Ring $\mathbf{Z}$ der ganzen Zahlen und in den Polynomringen $K[x]$ erste Beispiele für ggT-Bereiche gefunden.

Der Ring $\mathbf{Z}$ der ganzen Zahlen ist nicht nur ein ggT-Bereich, vielmehr gilt in $\mathbf{Z}$ auch der Satz von der eindeutigen Primfaktorzerlegung. Ringe mit dieser Eigenschaft werden uns im Folgenden ebenfalls interessieren. Daher werden wir hier die Primelemente in ggT-Bereichen charakterisieren.

Es sei R ein kommutativer Ring mit Eins. Sind a, $b \in R$, so heißen a und b genau dann *assoziiert*, wenn es ein $u \in G(R)$ gibt mit $a = bu$. Die Relation des Assoziiertseins ist eine Äquivalenzrelation.

Ist R Integritätsbereich, so sind die Elemente a und b von R genau dann assoziiert, wenn a Teiler von b und b Teiler von a ist.

Es sei R ein Integritätsbereich. Das Element $p \in R$ heißt *irreduzibel*, wenn $p \in R^* - G(R)$ ist und aus $p = ab$ mit a, $b \in R$ stets folgt, dass p zu a oder zu b assoziiert ist, wenn aus $p = ab$ also stets $a \in G(R)$ oder $b \in G(R)$ folgt.

Es sei R weiterhin ein Integritätsbereich. Das Element $p \in R$ heißt *Primelement*, wenn $p \in R^* - G(R)$ gilt und aus der Teilbarkeit von ab mit a, $b \in R$ durch p stets folgt, dass a oder b durch p teilbar ist. Primelemente sind stets irreduzibel. Die Umkehrung gilt nicht, wie folgendes Beispiel zeigt.

Das Element 3 ist irreduzibel in $\mathbf{Z}[\sqrt{-5}]$, und 3 teilt $3^2 = (2 + \sqrt{-5})(2 - \sqrt{-5})$. Aber 3 teilt weder $2 + \sqrt{-5}$ noch $2 - \sqrt{-5}$, wie wir gesehen haben. Also ist 3 kein Primelement in $\mathbf{Z}[\sqrt{-5}]$.

Satz 12. *Es sei R ein Integritätsbereich. Ferner sei $p \in R$. Genau dann ist p Primelement in R, wenn p irreduzibel ist und außerdem $\mathrm{kgV}(a, p) \neq \emptyset$ für alle $a \in R$ gilt.*

Beweis. Es sei p ein Primelement. Dann ist p irreduzibel, wie wir schon bemerkten. Es sei $a \in R$. Ist p Teiler von a, so ist $a \in \mathrm{kgV}(a, p)$, sodass $\mathrm{kgV}(a, p)$ nicht leer ist. Es sei also p kein Teiler von a. Wir zeigen, dass $ap \in \mathrm{kgV}(a, p)$ ist.

Natürlich ist ap gemeinsames Vielfaches von a und p. Es sei v gemeinsames Vielfaches von a und p. Dann ist $v = ab$ mit einem $b \in R$. Weil v auch Vielfaches von p ist, ist p Teiler von ab und damit als a nicht teilendes Primelement von R Teiler von b. Somit ist ap Teiler von $ab = v$. Damit ist gezeigt, dass ap ein kleinstes gemeinsames Vielfaches von a und p ist.

Es sei nun p irreduzibel und es gelte $\mathrm{kgV}(a, p) \neq \emptyset$ für alle $a \in R$. Es sei p Teiler von ab. Weil $\mathrm{kgV}(a, p) \neq \emptyset$ ist, ist nach Satz 2 auch $\mathrm{ggT}(a, p) \neq \emptyset$. Weil p irreduzibel ist, folgt $\mathrm{ggT}(a, p) = pG(R)$ oder $\mathrm{ggT}(a, p) = G(R)$. Im ersten Fall ist p Teiler von a und im zweiten nach Satz 3 Teiler von b. Damit ist alles bewiesen.

Satz 13. *Ist R ein ggT-Bereich, so ist jedes irreduzible Element von R Primelement von R.*

Dies folgt aus den Sätzen 8 und 12.

2. ZPE-Bereiche. Viele interessante Integritätsbereiche haben die Eigenschaft, dass jedes von 0 verschiedene Element, welches keine Einheit ist, Produkt von Primelementen ist. Dazu gehören die euklidischen Ringe, aber nicht nur diese. Diese Ringe werden wir nun etwas näher untersuchen. Zunächst formulieren wir den für Primelemente grundlegenden Satz.

Satz 1. *Es sei R ein Integritätsbereich und $(p_i \mid i \in I)$ und $(q_j \mid j \in J)$ seien zwei endliche Familien von Primelementen von R. Ist dann $u \in G(R)$ und gilt*

$$\prod_{i \in I} p_i = u \prod_{j \in J} q_j,$$

so gibt es eine Bijektion σ von I auf J, sodass p_i und $q_{\sigma(i)}$ für alle $i \in I$ assoziiert sind.

Beweis. Ist $I = \emptyset$, so ist $1 = u \prod_{j \in J} q_j$ und daher $J = \emptyset$, da Teiler der Eins stets Einheiten sind. Ebenso folgt aus $J = \emptyset$, dass $I = \emptyset$ ist. Es sei $I \neq \emptyset$. Dann ist auch $J \neq \emptyset$. Es gibt also ein $a \in I$ und ein $b \in J$. Es folgt, dass p_a Teiler von

$$q_b \prod_{j \in J - \{b\}} q_j$$

und damit von q_b oder von

$$\prod_{j \in J - \{b\}} q_j$$

ist. Mittels Induktion folgt daher, dass es ein $c \in J$ gibt, sodass p_a Teiler von q_c ist.

Es sei $a \in I$. Es gibt dann ein $b \in J$, wie wir gerade gesehen haben, sodass p_a Teiler von q_b ist. Es ist also $q_b = vp_a$ mit $v \in R$. Weil q_b ein Primelement ist, Primelemente aber unzerlegbar sind, folgt, dass $v \in G(R)$ gilt, da ja $p_a \notin G(R)$ ist. Somit ist $uv \in G(R)$. Weiter folgt

$$\prod_{i \in I - \{a\}} p_i = uv \prod_{j \in J - \{b\}} q_j.$$

Nach Induktionsannahme gibt es daher eine Bijektion σ von $I - \{a\}$ auf $J - \{b\}$, sodass p_i und $q_{\sigma(i)}$ für alle $i \in I - \{a\}$ assoziiert sind. Setzt man schließlich $\sigma(a) := b$, so ist σ die gesuchte Bijektion von I auf J.

Ein Integritätsbereich R heißt *ZPE-Bereich*, falls jedes Element aus $R^* - G(R)$ Produkt von Primelementen ist. Ein solches Produkt ist dann nach Satz 1 im Wesentlichen eindeutig. Daher der Name ZPE, d.i., die Zerlegung in Primfaktoren ist eindeutig. Der Name ist nicht sehr gut gewählt, da er nichts über die Existenz der Zerlegung aussagt, die dann die Eindeutigkeit nach sich zieht. Ich vermute, dass diese Namensgebung daher rührt, dass in den Anfängen der Ringtheorie nicht zwischen irreduziblen Elementen und Primelementen unterschieden wurde. Ist die Zerlegung in irreduzible Elemente stets möglich und in obigem Sinne eindeutig, so sind die irreduziblen Elemente Primelemente. Dies zu beweisen, sei dem Leser als Übungsaufgabe überlassen.

Eine triviale, aber nützliche Bemerkung ist der folgende Satz.

Satz 2. *Ist R ein ggT-Bereich und ist jedes Element aus $R^* - G(R)$ Produkt von irreduziblen Elementen, so ist R ein ZPE-Bereich.*

Beweis. Nach 1.13 ist jedes irreduzible Element von R ein Primelement.

Wir streben nun eine Charakterisierung der ZPE-Bereiche an, die uns gestatten wird, Hauptidealbereiche als ZPE-Bereiche zu erkennen.

Es sei R ein kommutativer Ring mit Eins. Das Ideal P von R heißt *Primideal*, falls $P \neq R$ ist und für alle a, $b \in R$ aus $ab \in P$ folgt, dass $a \in P$ oder $b \in P$ ist. Das Ideal P ist also genau dann ein Primideal, wenn R/P ein Integritätsbereich ist. Insbesondere ist R genau dann ein Integritätsbereich, wenn $\{0\}$ ein Primideal ist. Ist P ein Primideal, so ist $R - P$ multiplikativ abgeschlossen.

Ist R ein Integritätsbereich und ist $p \in R^*$, so ist p genau dann ein Primelement, wenn pR ein Primideal ist. Der Begriff des Primideals ist also eine Verallgemeinerung des Begriffs Primelement.

Der folgende von W. Krull stammende Satz ist immer wieder nützlich, wenn es darum geht, Primideale zu konstruieren, wobei das Wort „konstruieren" *cum grano salis* zu verstehen ist, da die fraglichen Konstruktionen stets vom zornschen Lemma Gebrauch machen. Der krullsche Satz ist eine Umkehrung des Sachverhalts, dass das Komplement eines Primideals multiplikativ abgeschlossen ist.

Satz 3. *Es sei R ein kommutativer Ring mit Eins und S sei eine multiplikativ abgeschlossene, nichtleere Teilmenge von R. Ist dann P ein Ideal von R mit den Eigenschaften:*

α) Es ist $P \cap S = \emptyset$,

β) Ist I ein Ideal von R mit $P \subseteq I$ und $P \neq I$, so ist $I \cap S \neq \emptyset$,

so ist P ein Primideal.

Beweis. Es seien a, $b \in R$ und es gelte $ab \in P$, aber a, $b \notin P$. Dann sind $aR + P$ und $bR + P$ Ideale von R, da R ja kommutativ ist. Weil R eine Eins hat, gilt $a \in aR + P$ und $b \in bR + P$. Folglich sind $aR + P$ und $bR + P$ Ideale, die echt oberhalb P liegen. Wegen β) gibt es ein $s \in S \cap (aR + P)$ und ein $t \in S \cap (bR + P)$. Es folgt $s = au + p$ und $t = bv + q$ mit u, $v \in R$ und p, $q \in P$. Daher ist

$$st = abuv + auq + pbv + pq \in S \cap P = \emptyset.$$

Dieser Widerspruch zeigt, dass P doch ein Primideal ist.

Und nun die angekündigte Charakterisierung der ZPE-Bereiche.

Satz 4. *Es sei R ein Integritätsbereich. Genau dann ist R ein ZPE-Bereich, wenn jedes von $\{0\}$ verschiedene Primideal von R ein Primelement enthält.*

Beweis. Es sei R ein ZPE-Bereich. Ferner sei P ein von $\{0\}$ verschiedenes Primideal von R. Ist $0 \neq a \in P$, so ist $a \notin G(R)$, da ja P als Primideal von R verschieden ist. Es gibt also ein Primelement p und ein $b \in R$ mit $a = pb$. Wegen $pb \in P$ ist $p \in P$ oder $b \in P$. Mittels Induktion nach der Anzahl der Primteiler von a folgt hieraus, dass es einen Primteiler q von a gibt, der in P liegt.

Es gelte umgekehrt, dass jedes von $\{0\}$ verschiedene Primideal von R ein Primelement enthält. Es sei S' die Menge der Elemente von R, die Produkte von Primelementen sind. Setze $S := G(R) \cup S'$. Es ist zu zeigen, dass $S = R^*$ ist.

Zunächst zeigen wir: Sind a, $b \in R^*$ und ist $ab \in S$, so sind a, $b \in S$. Dazu dürfen wir annehmen, dass $ab \notin G(R)$ gilt. Dann ist $ab = p_1 \cdots p_t$ mit Primelementen p_i. Es folgt, dass p_t ein Teiler von a oder von b ist. Wir dürfen o.B.d.A. annehmen, dass $b = b'p_t$ ist. Es folgt $ab' = p_1 \cdots p_{t-1} \in S$ und nach Induktionsannahme daher a, $b' \in S$. Dann ist aber auch $b = b'p_t \in S$.

Angenommen $R^* - S$ ist nicht leer. Wähle $a \in R^* - S$. Nach der gerade gemachten Bemerkung ist dann $aR \cap S = \emptyset$. Es sei Φ die Menge der Ideale von R, die mit S leeren Durchschnitt haben und aR enthalten. Dann ist Φ nicht leer, da ja aR zu Φ gehört. Mittels des zornschen Lemmas erschließen wir die Existenz eines P, welches in $(\Phi, \subseteq)$ maximal ist. Dann erfüllt P die Bedingungen $\alpha)$ und $\beta)$ von Satz 3, ist also ein Primideal nach eben diesem Satz. Dann enthält P aber ein Primelement im Widerspruch zu $P \cap S = \emptyset$. Also ist doch $R^* = S$.

Ideale der Form aR eines Ringes R und nur solche heißen *Hauptideale*. Ein Integritätsbereich heißt *Hauptidealbereich*, falls alle seine Ideale Hauptideale sind.

Satz 5. *Jeder Hauptidealbereich ist ZPE-Bereich.*

Beweis. Ist P ein Primideal des Hauptidealbereiches R, welches von $\{0\}$ verschieden ist, so gibt es ein $p \in R$ mit $P = pR$. Es folgt, dass p ein in P liegendes Primelement ist. Nach Satz 4 ist R daher ein ZPE-Bereich.

Zum Schluss dieses Abschnitts beweisen wir noch

Satz 6. *Ist R ein ZPE-Bereich, so ist R ein* ggT-*Bereich.*

Beweis. Es seien a, $b \in R$. Ist $a = 0$ oder $b = 0$, so ist $\text{ggT}(a, b) \neq \emptyset$, wie wir wissen. Es seien also a und b beide von null verschieden. Es gibt dann eine endliche Familie $(p_i \mid i \in I)$ von paarweise nicht assoziierten Primelementen und zwei Familien $(e_i \mid i \in I)$ und $(f_i \mid i \in I)$ von nichtnegativen ganzen Zahlen sowie zwei Einheiten α, $\beta \in G(R)$ mit $a = \alpha \prod_{i \in I} p_i^{e_i}$ und $b = \beta \prod_{i \in I} p_i^{f_i}$. Wir setzen

$$g := \prod_{i \in I} p_i^{\min(e_i, f_i)}.$$

Dann ist g ein größter gemeinsamer Teiler von a und b. Sicherlich ist g ein gemeinsamer Teiler von a und b. Es sei c ein gemeinsamer Teiler von a und b. Ist q ein Primteiler von c, so folgt mit Satz 1, dass q zu einem der p_i assoziiert ist. Hieraus folgt, dass

$$c := \gamma \prod_{i \in I} p_i^{h_i}$$

ist, wobei γ eine Einheit ist und die h_i nichtnegative ganze Zahlen sind. Weil c ein Teiler von a ist, folgt mittels Satz 1 die Ungleichung $h_i \leq e_i$. Entsprechend folgt $h_i \leq f_i$. Daher ist $h_i \leq \min(e_i, f_i)$, sodass c ein Teiler von g ist. Damit ist die Gültigkeit von $g \in \text{ggT}(a, b)$ erkannt.

Weil $e_i + f_i = \max(e_i, f_i) + \min(e_i, f_i)$ ist, folgt mit Satz 8 von Abschnitt 1, dass das Produkt

$$\prod_{i \in I} p_i^{\max(e_i, f_i)}$$

ein kleinstes gemeinsames Vielfaches von a und b ist.

3. Euklidische Ringe. Für euklidische Ringe haben wir bislang nur die externe Beschreibung mittels der Euklidfunktionen. In diesem Abschnitt geben wir nun eine von Motzkin stammende interne Beschreibung der euklidischen Ringe, die wir später benutzen werden, um von einigen Hauptidealbereichen zu erkennen, dass sie keine euklidischen Ringe sind (Motzkin 1949). Zur Vorbereitung hier noch einiges über Euklidfunktionen.

Satz 1. *Es sei f eine Euklidfunktion auf dem Integritätsbereich R. Genau dann gilt $f(a) \leq f(ab)$ für alle $a, b \in R^*$, wenn $f(a) = f(au)$ für alle $a \in R^*$ und alle $u \in G(R)$ gilt.*

Beweis. Es gelte $f(a) \leq f(ab)$ für alle $a, b \in R^*$. Ist dann $u \in G(R)$, so folgt

$$f(au) \leq f(auu^{-1}) = f(a) \leq f(au),$$

sodass $f(au) = f(a)$ gilt.

Es gelte umgekehrt $f(a) = f(au)$ für alle $a \in R^*$ und alle $u \in G(R)$. Banalerweise gilt $f(a \cdot 1) \leq f(a)$. Es gibt daher ein $b \in R^*$ mit $f(ab) \leq f(a)$ und $f(ab) \leq f(ay)$ für alle $y \in R^*$. Es gibt ferner $q, r \in R$ mit $a = qab + r$ und $r = 0$ oder $f(r) < f(ab)$. Wegen $r = a1 - qab = a(1 - qb)$ kann nicht $r \neq 0$ gelten, da sonst

$$f(ab) \leq f\big(a(1 - qb)\big) = f(r) < f(ab)$$

wäre. Es folgt $qb = 1$, sodass b eine Einheit ist. Daher gilt $f(ab) = f(a)$ und weiter $f(a) \leq f(ay)$ für alle $y \in R^*$. Damit ist Satz 1 bewiesen.

Satz 2. *Es sei f eine Euklidfunktion auf dem Integritätsbereich R. Definiert man f' durch*

$$f'(a) := \min\big(f(au) \mid u \in G(R)\big)$$

für alle $a \in R^*$, so ist f' eine Euklidfunktion auf R und es gilt

$$f'(a) \leq f'(ab)$$

für alle $a, b \in R^*$.

Beweis. Es seien $a, b \in R^*$. Es gibt ein $v \in G(R)$ mit $f'(b) = f(vb)$. Es gibt $q, r \in R$ mit $va = qvb + r$ und $r = 0$ oder $f(r) < f(vb)$. Im letzteren Fall ist

$$f'(r) \leq f(r) < f(vb) = f'(b).$$

Nun ist

$$a = qb + v^{-1}r$$

und $v^{-1}r = 0$ oder $f'(v^{-1}r) = f'(r) < f'(b)$, sodass f' eine Euklidfunktion ist.

Es gilt $f'(a) = f'(au)$ für alle $u \in G(R)$ und alle $a \in R^*$, sodass nach Satz 1 stets $f'(a) \leq f'(ab)$ gilt. Damit ist alles bewiesen.

Hat R eine Euklidfunktion, so besagt dieser Satz, dass R auch eine Euklidfunktion f hat, für die $f(a) \leq f(ab)$ für alle $a, b \in R^*$ gilt. Man darf die Gültigkeit dieser Eigenschaft daher immer ohne Einschränkung der Allgemeinheit voraussetzen.

Satz 3. *Es sei R ein Integritätsbereich und f sei eine Euklidfunktion auf R und es gelte $f(a) \leq f(ab)$ für alle $a, b \in R$. Ist $u \in R^*$, so sind äquivalent:*

a) Es ist $u \in G(R)$.
b) Es ist $f(au) = f(a)$ für alle $a \in R^*$.
c) Es gibt ein $a \in R^*$ mit $f(au) = f(a)$.
d) Es ist $f(u) = f(1)$.

Beweis. Nach Satz 1 ist b) eine Folge von a) und c) folgt trivialerweise aus b). Wir zeigen, dass a) eine Folge von c) ist. Es ist $au \in aR$. Andrerseits ist $f(au) = f(a) \leq f(ab)$ für alle $b \in R^*$. Es ist $a = qau + r$ mit $r = 0$ oder $f(r) < f(au) = f(a)$. Es folgt

$$r = a(1 - qu)$$

und daher $r = 0$, da sich sonst der Widerspruch

$$f(r) < f(a) \leq f(a(1 - qu)) = f(r)$$

ergäbe. Also ist $1 = qu$ und folglich $u \in G(R)$.

b) impliziert d) und d) impliziert a), da dies der Spezialfall $a = 1$ von c) ist.

Ist R ein Integritätsbereich und ist $S \subseteq R^*$, so setzen wir

$$S' := \big\{ b \mid b \in S, \text{ es gibt ein } a \in R \text{ mit } a + bR \subseteq S \big\}.$$

Es gilt stets $S' \subseteq S$.

Eine Teilmenge T von R^* heißt *M-Ideal*, falls $Tr \subseteq T$ gilt für alle $r \in R^*$.

Satz 4. *Es sei R ein Integritätsbereich und S und T seien Teilmengen von R^*.*

a) Ist $T \subseteq S$, so ist $T' \subseteq S'$.
b) Ist S ein M-Ideal, so ist auch S' ein M-Ideal.

Beweis. a) Es sei $t \in T'$. Dann ist $t \in T$ und folglich $t \in S$. Es gibt ferner ein $a \in R$ mit $a + tR \subseteq T$. Wegen $T \subseteq S$ ist daher $t \in S'$.

b) Es sei $s \in S'$ und $r \in R^*$. Es folgt $s \in S$ und weiter $sr \in S$. Es gibt außerdem ein $a \in R$ mit $a + sR \subseteq S$. Daher ist

$$a + srR \subseteq a + sR \subseteq S,$$

sodass $sr \in S'$ gilt. Damit ist alles bewiesen.

Satz 5. *Es sei (R, f) ein euklidisches Paar und es gelte $f(a) \leq f(ab)$ für alle $a, b \in R^*$. Ist $i \in \mathbf{N}_0$, so setzen wir*

$$P_i(f) := \{ x \mid x \in R^*, f(x) \geq i \}.$$

Es gilt dann:

a) $P_i(f)$ ist für alle $i \in \mathbf{N}_0$ ein M-Ideal.
b) Es ist $P_{i+1}(f) \subseteq P_i(f)$ für alle $i \in \mathbf{N}_0$.
c) Es ist $P_i(f)' \subseteq P_{i+1}(f)$ für alle $i \in \mathbf{N}_0$.
d) Es ist $\bigcap_{i \in \mathbf{N}_0} P_i(f) = \emptyset$.

Beweis. a) Es sei $a \in P_i(f)$ und $b \in R^*$. Dann ist $f(ab) \geq f(a) \geq i$ und folglich $ab \in P_i(f)$.

b) ist trivial.

c) Es sei $b \in P_i(f)'$. Es gibt dann ein $a \in R$ mit $a + bR \subseteq P_i(f)$. Es gibt ferner q, $r \in R$ mit $a = qb + r$ und $r = 0$ oder $f(r) < f(b)$. Wegen

$$r = a - qb \in a + bR \subseteq P_i(f)$$

ist $r \neq 0$ und daher $i \leq f(r) < f(b)$, sodass $b \in P_{i+1}(f)$ ist.

d) Ist $x \in R^*$, so ist $x \notin P_{f(x)+1}(f)$, sodass auch die letzte Aussage richtig ist.

Satz 6. *Es sei R ein Integritätsbereich und $(S_i | i \in \mathbf{N}_0)$ sei eine Familie von Teilmengen von R^* mit den Eigenschaften:*

a) S_i ist für alle $i \in \mathbf{N}_0$ ein M-Ideal. Ferner ist $S_0 = R^*$.

b) Es ist $S_{i+1} \subseteq S_i$ für alle $i \in \mathbf{N}_0$.

c) Es ist $S_i' \subseteq S_{i+1}$ für alle $i \in \mathbf{N}_0$.

d) Es ist $\bigcap_{i \in \mathbf{N}_0} S_i = \emptyset$.

Ist $x \in R^*$, so gibt es genau ein $i \in \mathbf{N}_0$ mit $x \in S_i - S_{i+1}$. Setzt man dann $f(x) := i$, so ist f eine Euklidfunktion auf R mit $f(a) \leq f(ab)$ für alle a, $b \in R^*$. Überdies gilt $P_i(f) = S_i$.

Beweis. Aus a), b) und d) folgt, dass f in der Tat eine Abbildung von R^* in $\mathbf{N}_0$ ist. Es seien a, $b \in R^*$. Weil $S_{f(a)}$ ein M-Ideal ist und $a \in S_{f(a)}$ gilt, folgt $ab \in S_{f(a)}$ und somit $f(ab) \geq f(a)$.

Es seien a, $b \in R^*$ und es gelte $a \notin bR$. Nach c) ist $S_{f(b)}' \subseteq S_{f(b)+1}$. Aufgrund der Definition von f ist daher $f(b) \notin S_{f(b)}'$. Daher ist $a + bR$ nicht in $S_{f(b)}$ enthalten. Es gibt also q, $r \in R$ mit $r = a - qb \notin S_{f(b)}$. Hieraus folgt, dass $r = 0$ ist oder aber dass $f(r) < f(b)$ gilt. Dies zeigt, dass f eine Euklidfunktion ist.

Die letzte Aussage schließlich, dass $S_i = P_i(f)$ ist, ist trivial, da f gerade so definiert ist, dass diese Gleichungen gelten.

Ist R ein Integritätsbereich, so definieren wir $R^{(i)}$ rekursiv durch $R^{(0)} := R^*$ und $R^{(i+1)} := (R^{(i)})'$.

Satz 7. *Ist (R, f) ein euklidisches Paar, so ist*

$$R^{(i)} \subseteq P_i(f)$$

für alle $i \in \mathbf{N}_0$.

Beweis. Dies ist richtig für $i = 0$. Ist $i \geq 0$ und gilt der Satz für i, so folgt mit Satz 4 a) und Satz 5 c), dass

$$R^{(i+1)} \subseteq P_i'(f) \subseteq P_{i+1}(f)$$

gilt. Damit ist der Satz bewiesen.

Satz 8. *Es sei R ein Integritätsbereich. Genau dann ist R euklidisch, wenn*

$$\bigcap_{i \in \mathbf{N}_0} R^{(i)} = \emptyset.$$

Beweis. Besitzt R eine Euklidfunktion, so besitzt R nach Satz 2 auch eine Euklidfunktion f mit $f(a) \leq f(ab)$ für alle a, $b \in R^*$. Mit den Sätzen 7 und 5 folgt dann, dass

$$\bigcap_{i \in \mathbf{N}_0} R^{(i)} \subseteq \bigcap_{i \in \mathbf{N}_0} P_i(f) = \emptyset.$$

Es sei umgekehrt der Schnitt über die $R^{(i)}$ leer. Mittels Satz 4 und einer einfachen Induktion folgt, dass die $R^{(i)}$ allesamt M-Ideale sind. Damit sind die Bedingungen des Satzes 6 erfüllt, sodass R eine Euklidfunktion f besitzt, für die darüberhinaus noch gilt, dass $P_i(f) = R^{(i)}$ ist.

Für den wichtigsten euklidischen Ring überhaupt, den Ring $\mathbf{Z}$ der ganzen Zahlen, wollen wir nun noch $\mathbf{Z}^{(i)}$ berechnen.

Satz 9. *Es sei $\mathbf{Z}$ der Ring der ganzen Zahlen. Ist $i \in \mathbf{N}_0$, so ist*

$$\mathbf{Z}^{(i)} = \{x \mid x \in \mathbf{Z},\ |x| \geq 2^i\}.$$

Beweis. Der Satz ist richtig für $i = 0$. Es sei $i \geq 0$ und der Satz gelte für i. Es sei $x \in \mathbf{Z}^{(i)}$ und es gelte $|x| < 2^{i+1}$. Wir zeigen, dass $x \notin \mathbf{Z}^{(i+1)}$ gilt. Dazu müssen wir zeigen, dass

$$a + x\mathbf{Z}^{(i)} \not\subseteq \mathbf{Z}^{(i)}$$

für alle $a \in \mathbf{Z}$ gilt. Dazu sei $a \in \mathbf{Z}$. Wegen $x \in \mathbf{Z}^{(i)}$ gilt $|x| \geq 2^i$. Also ist $|x| = 2^i + j$ mit $j < 2^i$.

1. Fall: $x = 2^i + j$. Es gibt dann eine rationale Zahl r mit $0 < r \leq 1$ und ein $k \in \mathbf{Z}$ mit

$$\frac{a + 2^i}{2^i + j} = k + r.$$

Setzt man $z := -k$, so folgt

$$\begin{aligned}
a + xz &= a - (2^i + j)k \\
&= (k + r)(2^i + j) - 2^i - (2^i + j)k \\
&= 2^i(r - 1) + rj.
\end{aligned}$$

Es folgt

$$-2^i < a + xz \leq j < 2^i$$

und damit $a + xz \notin \mathbf{Z}^{(i)}$. Da a beliebig war, folgt weiter, dass $x \notin \mathbf{Z}^{(i+1)}$ ist.

2. Fall: $x = -2^i - j$. Es gibt dann eine rationale Zahl r mit $0 \leq r < 1$ und ein $k \in \mathbf{Z}$, sodass

$$\frac{a - 2^i}{2^i + j} = k + r$$

ist. Wir setzen $z := k + 1$. Dann ist

$$\begin{aligned}
a + xz &= a - (2^i + j)(k + 1) \\
&= (k + r)(2^i + j) + 2^i - (2^i + j)(k + 1) \\
&= r2^i + j(r - 1).
\end{aligned}$$

Also ist

$$-2^i < -j \leq a + xz < 2^i,$$

sodass wiederum $x \notin \mathbf{Z}^{(i+1)}$ folgt.

Wir haben also gezeigt, dass für alle $y \in \mathbf{Z}^{(i+1)}$ die Ungleichung $|y| \geq 2^{i+1}$ gilt.

Es sei umgekehrt $|y| \geq 2^{i+1}$. Dann ist $y \in \mathbf{Z}^{(i)}$. Wir setzen $a := 2^i$. Wäre nun $a + y\mathbf{Z} \not\subseteq \mathbf{Z}^{(i)}$, so gäbe es ein $z \in \mathbf{Z}$ mit $|a + yz| < 2^i$. Es folgte

$$2^i \left(2|z| - 1\right) = 2^{i+1}|z| - 2^i \leq |yz| - a \leq |yz + a| < 2^i.$$

Dies hätte $2|z| - 1 < 1$, d.h. $z = 0$ und damit den Widerspruch $2^i = a = |a + yz| < 2^i$ zur Folge. Also ist doch $a + y\mathbf{Z} \subseteq \mathbf{Z}^{(i)}$ und damit $y \in \mathbf{Z}^{(i+1)}$. Damit ist alles bewiesen.

Die zu der Folge $(\mathbf{Z}^{(i)} \mid i \in \mathbf{N}_0)$ gehörende Euklidfunktion von $\mathbf{Z}$ ist die durch

$$2^{f(a)} \leq |a| < 2^{f(a)+1}$$

definierte Funktion f. Es ist

$$f(a) = \lfloor \log_2(|a|) \rfloor.$$

Sind $a, b \in \mathbf{Z}^*$, so gibt es also $q, r \in \mathbf{Z}$ mit $a = qb + r$ und $r = 0$ oder $f(r) < f(b)$. Wählt man bei der Division mit Rest q und r so, dass r der absolut kleinste Rest modulo b ist, so ist $|r| \leq \frac{1}{2}|b|$ und daher $f(r) < f(b)$. Eine zu f passende Division mit Rest lässt sich also realisieren. Wegen $5 = 2 \cdot 2 + 1 = 3 \cdot 2 - 1$ und, weniger trivial, $15 = 1 \cdot 8 + 7 = 2 \cdot 8 - 1$ gibt es nicht nur eine Realisierung.

Aufgaben

1. Es sei $1 \neq D \in \mathbf{Z}$ und D sei *quadratfrei*, d.h. D sei nicht durch das Quadrat einer Primzahl teilbar. Dann ist

$$\mathbf{Q}[\sqrt{D}] := \{r + s\sqrt{D} \mid r, s \in \mathbf{Q}\}$$

ein Teilkörper von $\mathbf{C}$. Ferner ist $\{1, \sqrt{D}\}$ eine $\mathbf{Q}$-Basis dieses Körpers.

2. Es sei $1 \neq D \in \mathbf{Z}$ und D sei quadratfrei. Dann ist die durch $(r + s\sqrt{D})^\alpha := r - s\sqrt{D}$ definierte Abbildung α ein Automorphismus von $\mathbf{Q}[\sqrt{D}]$.

3. Es sei $1 \neq D \in \mathbf{Z}$ und D sei quadratfrei. Setze $\Delta := \sqrt{D}$, falls $D \not\equiv 1 \bmod 4$ ist, und $\Delta := \frac{1}{2}(1 + \sqrt{D})$, falls $D \equiv 1 \bmod 4$ ist. Zeigen Sie, dass

$$A_D := \{u + v\Delta \mid u, v \in \mathbf{Z}\}$$

ein Ring ist und dass darüber hinaus

$$A_D = \{z \mid z \in \mathbf{Q}[\sqrt{D}], \text{ es gibt } a, b \in \mathbf{Z} \text{ mit } z^2 + az + b = 0\}$$

gilt.

4. Es sei $1 \neq D \in \mathbf{Z}$ und D sei quadratfrei. Bestimmen Sie für $D < 0$ die Einheitengruppe $G(A_D)$ von A_D.
(Ist $e \in G(A_D)$, so betrachte man $N(e) := ee^\alpha$, wobei α der in Aufgabe 2 beschriebene Automorphismus von $\mathbf{Q}[\sqrt{D}]$ ist.)

5. Zeigen Sie, dass die durch $g(z) := \lfloor \log_2 |z| \rfloor$ definierte Abbildung g von $\mathbf{Z}^*$ in $\mathbf{N}_0$ eine Euklidfunktion auf $\mathbf{Z}$ ist.

6. Es sei $1 \neq D \in \mathbf{Z}^*$ und D sei quadratfrei. Zeigen Sie, dass dann jedes Element in $A_D^* - G(A_D)$ Produkt von irreduziblen Elementen ist.

7. Es sei R ein Integritätsbereich. Sind $a,\, b \in R$, so ist genau dann kgV$(a, b) \neq \emptyset$, wenn $aR \cap bR$ ein Hauptideal ist.

8. Es sei R ein Integritätsbereich. Für $a,\, b \in R$ setzen wir

$$\Phi_{a,b} := \{cR \mid c \in R,\, aR + bR \subseteq cR\}.$$

Zeigen Sie, dass ggT(a, b) genau dann nicht leer ist, wenn $\Phi_{a,b}$ ein bezüglich der Inklusion kleinstes Element enthält.
(Die beste aller Welten ist also die, in der $aR + bR \in \Phi_{a,b}$ gilt.)

IIII.

Das quadratische Reziprozitätsgesetz

Im ersten Kapitel tauchte bei der Untersuchung der geraden vollkommenen Zahlen die Frage auf, wie man entscheidet, ob $2^p - 1$ eine Primzahl ist. Zu diesem Zweck gibt es einen einfachen Test, den sogenannten Lucas-Lehmer-Test. Ihn wollen wir in diesem Kapitel vorstellen und seine Gültigkeit nachweisen. Wir werden hier einen von M. I. Rosen stammenden Beweis vorstellen (Rosen 1988). Für diesen benötigen wir das quadratische Reziprozitätsgesetz, das in der Zahlentheorie immer wieder zum Zuge kommt. Außerdem benötigen wir Kenntnisse über die Ringe A_D, insbesondere die, dass A_{-1} und A_3 euklidische Ringe sind. Dabei nutzen wir die Euklidizität von A_{-1} dazu aus, den fermatschen Zwei-Quadrate-Satz zu beweisen, dass sich jede Primzahl, die nicht kongruent 3 modulo 4 ist, als Summe von zwei Quadraten darstellen lässt. Höhepunkte dieses Kapitels sind der chinesische Restsatz, das quadratische Reziprozitätsgesetz mit seinen Ergänzungssätzen, der Lucas-Lehmer-Test und der fermatsche Zwei-Quadrate-Satz. Die letzten beiden Dinge zeigen ganz deutlich, dass es sich lohnt, allgemeinere Integritätsbereiche als den Ring der ganzen Zahlen in die Untersuchungen einzubeziehen, wenn man Resultate über **Z** erhalten will.

1. Der chinesische Restsatz. Der chinesische Restsatz ist für Theorie und Praxis von großer Bedeutung. Sein Name rührt daher, dass sich in einem chinesischen Manuskript aus dem 3. Jahrhundert nach Christus eine Aufgabe fand, die verlangte, eine Zahl n so zu finden, dass

$$n \equiv 2 \bmod 3, \quad n \equiv 3 \bmod 5 \quad \text{und} \quad n \equiv 2 \bmod 7$$

ist. Eine solche Zahl zu finden ist nicht schwierig, wie der Beweis des chinesischen Restsatzes zeigt.

Chinesischer Restsatz. *Es seien m_1, ..., m_t paarweise teilerfremde ganze Zahlen und r_1, ..., r_t seien irgendwelche ganze Zahlen. Es gibt dann eine ganze Zahl n mit*

$$n \equiv r_i \bmod m_i$$

für $i := 1$, ..., t. Ist n' eine weitere Zahl mit $n' \equiv r_i \bmod m_i$ für $i := 1$, ..., t, so ist

$$n \equiv n' \bmod m_1 \cdots m_t.$$

Beweis. Setze $N_1 := r_1$. Dann ist $N_1 \equiv r_1 \bmod m_1$. Es sei $1 \leq k < t$. Ferner sei N_k eine ganze Zahl mit $N_k \equiv r_i \bmod m_i$ für $i := 1$, ..., k. Wegen $\text{ggT}(m_i, m_{k+1}) = 1$ ist auch

$$\text{ggT}(m_1 \cdots m_k, m_{k+1}) = 1.$$

Es gibt daher eine ganze Zahl v mit

$$vm_1 \cdots m_k \equiv 1 \bmod m_{k+1}.$$

Setzt man $N_{k+1} := N_k + (r_{k+1} - N_k)vm_1 \cdots m_k$, so folgt

$$N_{k+1} \equiv N_k \equiv r_i \bmod m_i$$

für $i := 1, \ldots, k$ und

$$N_{k+1} \equiv N_k + (r_{k+1} - N_k) \cdot 1 = r_{k+1} \bmod m_{k+1}.$$

Setzt man $n := N_t$, so ist also $n \equiv r_i \bmod m_i$ für alle i.

Es ist $n \equiv n' \bmod m_i$ für alle i. Daher gilt

$$n \equiv n' \bmod \mathrm{kgV}(m_1, \ldots, m_t).$$

Weil die m_i paarweise teilerfremd sind, gilt aber $\mathrm{kgV}(m_1, \ldots, m_t) = m_1 \cdots m_t$. Damit ist alles bewiesen.

Da der chinesische Restsatz so wichtig ist, wollen wir ihn auch noch auf eine andere Art formulieren.

Korollar. *Es sei* $n = m_1 \cdots m_t$ *mit paarweise teilerfremden ganzen Zahlen* m_i. *Dann ist die durch*

$$\sigma(u + n\mathbf{Z}) := (u + m_1\mathbf{Z}, \ldots, u + m_t\mathbf{Z})$$

definierte Abbildung σ *ein Ring-Isomorphismus von* $\mathbf{Z}/n\mathbf{Z}$ *auf*

$$R := \mathbf{Z}/m_1\mathbf{Z} \oplus \ldots \oplus \mathbf{Z}/m_t\mathbf{Z}.$$

Beweis. Der Homomorphismus $u \to (u+m_1\mathbf{Z}, \ldots, u+m_t\mathbf{Z})$ ist nach dem chinesischen Restsatz ein Epimorphismus von $\mathbf{Z}$ auf R mit dem Kern $n\mathbf{Z}$ ist. Hieraus folgt alles Weitere.

Der Beweis des chinesischen Restsatzes liefert gleichzeitig einen Algorithmus, um eine Lösung n des Problems zu berechnen. Löst man diese Rekursion auf, so sieht man, dass

$$n = a_1 + a_2m_1 + a_3m_1m_2 + \ldots + a_tm_1 \cdots m_{t-1}$$

ist mit

$$a_k \equiv (r_k - N_{k-1})v \bmod m_k,$$

wobei $N_0 := 0$ gesetzt wurde und sich v wiederum aus der Kongruenz

$$vm_1 \cdots m_{k-1} \equiv 1 \bmod m_k$$

bestimmt. Dies erinnert an die Entwicklung von n in der Mischbasis $m_1, m_2, \ldots$ und es ist dies auch, wenn man die a_i so wählt, dass $0 \leq a_i < m_i$ ist. In diesem Falle bekommt man die eindeutig bestimmte Lösung n des Problems mit der Eigenschaft, dass

$$0 \leq n < m_1 \cdots m_t$$

ist. Sind alle m_i ungerade, so kann man die a_i aber auch so wählen, dass $-\frac{m_i}{2} < a_i < \frac{m_i}{2}$ ist. Dann ist

$$-\tfrac{1}{2}m_1 \cdots m_t < n < \tfrac{1}{2}m_1 \cdots m_t$$

und auch diese Lösung ist einzig. Dies macht man sich beim modularen Rechnen zunutze. Dass dieses funktioniert, liegt daran, dass das Reduzieren modulo einer natürlichen Zahl n ein Epimorphismus von $\mathbf{Z}$ auf $\mathbf{Z}/n\mathbf{Z}$ ist. Hier ein Beispiel. Es sei a eine $(n \times n)$-Matrix mit $a_{ij} \in \mathbf{Z}$. Es sei C eine obere Schranke für die Beträge $|a_{ij}|$. Aufgrund der hadamardschen Ungleichung gilt dann (siehe etwa Lüneburg 1993a)

$$\left|\det(a)\right| \leq n^{\frac{n}{2}} C^n.$$

Es seien nun $m_1, \ldots, m_t$ aus einem Vorrat an großen ungeraden Primzahlen so gewählt, dass

$$n^{\frac{n}{2}} C^n < \tfrac{1}{2}m_1 \cdots m_t$$

ist. Diese Ungleichung testet man natürlich durch Logarithmieren. Die Primzahlen m_i seien also so gewählt, dass

$$\tfrac{n}{2} \log n + n \log C + \log 2 < \sum_{i:=1}^{t} \log m_i$$

ist. Für $k := 1, \ldots, m_t$ berechnet man dann die Determinante von a modulo m_k. Ihr Wert sei r_k. Mittels des oben erwähnten, aber nicht explizit formulierten Algorithmus bestimmt man dann z mit $z \equiv r_k \bmod m_k$ für alle k und

$$-\tfrac{1}{2}m_1 \cdots m_t < z < \tfrac{1}{2}m_1 \cdots m_t.$$

Dann ist $\det(a) = z$.

Das modulare Rechnen hat den Vorteil, dass man den Großteil der Rechnungen mit Zahlen beschränkter Länge durchführen kann und erst zum Schluss eine möglicherweise lange Zahl auszurechnen hat.

2. Die eulersche Totientenfunktion. Eine wichtige Funktion der Zahlentheorie ist die *eulersche Totientenfunktion* φ. Sie wird wie folgt definiert. Ist $n \in \mathbf{N}$, so ist $\varphi(n)$ die Anzahl der $k \in \mathbf{N}$ mit $1 \leq k \leq n$ und $\mathrm{ggT}(k, n) = 1$.

Satz 1. *Ist $n \in \mathbf{N}$, so ist $|G(\mathbf{Z}/n\mathbf{Z})| = \varphi(n)$.*

Beweis. Dies folgt aus der Bemerkung, dass genau dann $k + n\mathbf{Z} \in G(\mathbf{Z}/n\mathbf{Z})$ ist, wenn $\mathrm{ggT}(k, n) = 1$ ist.

Satz 2. *Sind m, $n \in \mathbf{N}$ teilerfremd, so ist $\varphi(mn) = \varphi(m)\varphi(n)$.*

Beweis. Dies folgt unmittelbar aus Satz 1 und dem Korollar zum chinesischen Restsatz.

Satz 3. *Ist $n \in \mathbf{N}$ und ist p eine Primzahl, so ist $\varphi(p^n) = p^{n-1}(p - 1)$.*

Beweis. Ist $k \leq p^n$, so gilt genau dann $\mathrm{ggT}(k, p^n) \neq 1$, wenn p Teiler von k ist. Die nicht zu p^n teilerfremden Zahlen unterhalb p^n sind also die Zahlen ip mit $1 \leq i \leq p^{n-1}$. Daher ist

$$\varphi(p^n) = p^n - p^{n-1} = p^{n-1}(p - 1).$$

Mittels der Sätze 2 und 3 lässt sich φ berechnen. So ist zum Beispiel

$$\varphi(60) = \varphi(4)\varphi(3)\varphi(5) = 2 \cdot 2 \cdot 4 = 16.$$

Satz 4. *Ist $n \in \mathbf{N}$, ist $x \in \mathbf{Z}$ und sind x und n teilerfremd, so ist*

$$x^{\varphi(n)} \equiv 1 \bmod n.$$

Beweis. Weil die Anzahl der verschiedenen Reste modulo n endlich ist, gibt es i, $j \in \mathbf{N}$ mit $i < j$ und $x^j \equiv x^i \bmod n$. Weil mit x auch x^i zu n teilerfremd ist, folgt $x^{j-i} \equiv 1 \bmod n$. Es gibt also natürliche Zahlen k mit $x^k \equiv 1 \bmod n$. Es sei d die kleinste unter ihnen. Dann sind 1, x, x^2, $\ldots$, x^{d-1} paarweise inkongruent modulo n. Ist $d = \varphi(n)$, so sind wir fertig. Es sei also $d < \varphi(n)$. Es gibt dann ein $k \in \mathbf{N}$ mit $k \not\equiv x^i \bmod n$ für alle $i := 0$, $\ldots$, $d - 1$. Es folgt $kx^i \not\equiv x^j \bmod n$ für alle i und j, so dass es mindestens $2d$ verschiedene Reste modulo n gibt. Ist $2d = \varphi(n)$, so ist d als Teiler von $\varphi(n)$ erkannt. Ist $2d < \varphi(n)$, so gibt es ein $l \in \mathbf{N}$, sodass l zu keinem der $x^i k^j$ mit $i := 0$, $\ldots$, $d - 1$ und $j := 0$, 1 kongruent ist. Man erhält damit d weitere Reste lx^j modulo n. So fortfahrend — dies ist Eulers Argument — erhält man ein $t \in \mathbf{N}$ mit $td = \varphi(n)$, da es ja nur endlich viele Reste modulo n gibt. Dann ist aber

$$x^{\varphi(n)} - 1 = (x^d - 1)\sum_{i:=0}^{t-1} x^{di} \equiv 0 \bmod n.$$

Damit ist der Satz bewiesen.

Für Primzahlen p lautet der Satz, dass $x^{p-1} \equiv 1 \bmod p$ ist für alle ganzen Zahlen x, die nicht durch p teilbar sind. In dieser Form heißt der Satz auch kleiner Satz von Fermat.

Analysiert man den Beweis von Satz 4, so sieht man, dass er sehr viel mehr liefert.

Satz von Lagrange. *Ist G eine endliche Gruppe und ist U eine Untergruppe von G, so ist $|U|$ Teiler von $|G|$.*

Beweis. Für x, $y \in G$ setzen wir $x \sim y$ genau dann, wenn $xy^{-1} \in U$ ist. Dann ist $\sim$ eine Äquivalenzrelation auf G. Ist $x \sim y$, so ist $xy^{-1} \in U$ und folglich $x \in Uy$. Ist andererseits $x \in Uy$, so folgt $xy^{-1} \in U$ und damit $x \sim y$. Ferner ist $y = y1 \in Uy$. Also ist Uy die Äquivalenzklasse von $\sim$, zu der y gehört. Schließlich ist $u \to uy$ eine Bijektion von U auf Uy, sodass jede Äquivalenzklasse von $\sim$ genau $|U|$ Elemente enthält. Sind nun Uy_1, $\ldots$, Uy_n die Äquivalenzklassen von $\sim$, so ist also

$$|G| = |\bigcup_{i:=1}^{n} Uy_i| = \sum_{i:=1}^{n} |Uy_i| = n|U|.$$

Damit ist der Satz bewiesen.

Es sei G eine Gruppe und $g \in G$. Dann ist die durch $\sigma(z) := g^z$ definierte Abbildung σ ein Homomorphismus von $(\mathbf{Z}, +)$ in G. Es sei K der Kern von σ. Es gibt dann ein $n \in \mathbf{N}_0$ mit $K = n\mathbf{Z}$. Man nennt n die *Ordnung* von g und bezeichnet sie mit $o(g)$.

Ist $o(g) = 0$, so nennt man g auch von *unendlicher Ordnung*, da in diesem Falle $\sigma(\mathbf{Z})$ unendlich ist. Ist $n = o(g) > 0$, so ist

$$\{1, g, g^2, \ldots, g^{n-1}\}$$

eine Untergruppe von G. Mit dem Satz von Lagrange folgt daher

Satz 5. *Ist G eine endliche Gruppe und ist $g \in G$, so ist $o(g)$ Teiler von $|G|$. Überdies gilt $g^{|G|} = 1$.*

Es sei G eine Gruppe. Gibt es ein $g \in G$, sodass der durch $\sigma(z) := g^z$ definierte Homomorphismus von $(\mathbf{Z}, +)$ in G surjektiv ist, so heißt G *zyklisch* und g heißt *Erzeugende* von G. Ist G endlich, so ist G genau dann zyklisch, wenn es ein $g \in G$ gibt mit $o(g) = |G|$. Darauf werden wir gleich zurückkommen.

Zunächst formulieren wir aber noch eine weitere wichtige Eigenschaft der eulerschen Totientenfunktion.

Satz 6. *Für alle $n \in \mathbf{N}$ gilt $n = \sum_{d|n} \varphi(d)$.*

Beweis. Wir betrachten die Brüche

(B)
$$\frac{1}{n}, \frac{2}{n}, \ldots, \frac{n}{n}.$$

Ist in gekürzter Form

$$\frac{n'}{n} = \frac{d'}{d},$$

so ist $dn' = nd'$ und daher d Teiler von n. Ist andererseits d Teiler von n und ist d' teilerfremd zu d, so ist, falls $n = kd$ ist,

$$\frac{d'}{d} = \frac{kd'}{kd} = \frac{n'}{n},$$

sodass d als Nenner unter den gekürzten der Brüche (B) vorkommt. Ferner kommt jeder der Brüche $\frac{d'}{d}$ mit $d' \leq d$ und $\mathrm{ggT}(d', d) = 1$ unter den gekürzten der Brüche (B) vor. Da $\varphi(d)$ die Anzahl dieser Brüche ist, gilt die Behauptung.

Satz 7. *Es sei G eine endliche Gruppe. Hat die Gleichung $x^d = 1$ für alle Teiler d von $|G|$ höchstens d Lösungen in G, so ist G zyklisch.*

Beweis. Es sei $\psi(d)$ die Anzahl der Elemente der Ordnung d in G. Ist $\psi(d) \neq 0$, so gibt es also ein solches g. Dann ist

$$U := \{1, g, g^2, \ldots, g^{d-1}\}$$

eine Untergruppe der Ordnung d von G und g^i ist Lösung von $x^d = 1$ in G für alle i. Es folgt zum einen, dass d Teiler von $|G|$ ist und dann zum andern, dass $x^d = 1$ in G genau d Lösungen hat, nämlich die Elemente von U. Da U zyklisch ist, hat U genau $\varphi(d)$ Elemente der Ordnung d (Beweis!). Es folgt $\psi(d) = \varphi(d)$. Es folgt weiter

$$|G| = \sum_{d \,|\, |G|} \psi(d) = \sum_{d \,|\, |G|} \varphi(d) = |G|.$$

Wegen $\psi(d) \leq \varphi(d)$ für alle Teiler d von $|G|$ ist also $\psi(d) = \varphi(d)$ für alle diese d. Insbesondere folgt

$$\psi(|G|) = \varphi(|G|) \geq 1$$

und damit die Behauptung.

Der Beweis dieses Satzes stammt von Gauß. Formuliert hat er den Satz aber nur für die Einheitengruppe von $\mathbf{Z}/p\mathbf{Z}$. Diesen Satz verallgemeinernd formulieren wir

Korollar. *Ist K ein kommutativer Körper und ist G eine endliche Untergruppe der multiplikativen Gruppe von K, so ist G zyklisch.*

Dies folgt sofort aus Satz 7, da das Polynom $x^d - 1$ in K höchstens d Nullstellen hat.

3. Das quadratische Reziprozitätsgesetz. Wir beginnen mit der folgenden Bemerkung.

Satz 1. *Ist K ein kommutativer Körper und ist $f \in K[x]$ ein irreduzibles Polynom, so ist $L := K[x]/fK[x]$ ein Körper, der K enthält, und $x + fK[x]$ ist eine Nullstelle von f in L. Ferner gilt*

$$[L : K] := \dim_K(L) = \mathrm{Grad}(f).$$

Beweis. Es ist klar, dass L ein Ring ist. Überdies ist $k \to k + fK[x]$ ein Monomorphismus von K in L, sodass wir K als Teilkörper von L auffassen dürfen. Setze $n := \mathrm{Grad}(f)$. Division mit Rest zeigt, dass

$$1 + fK[x], \ x + fK[x], \ x^2 + fK[x], \ \ldots, \ x^{n-1} + fK[x]$$

eine K-Basis des K-Vektorraumes L ist.

Weiterhin gilt $f(x + fK[x]) = f + fK[x] = fK[x]$, sodass $x + fK[x]$ Nullstelle von f in L ist.

Es bleibt zu zeigen, dass jedes von 0 verschiedene Element von L ein Inverses hat. Dazu sei $g + fK[x]$ ein von 0 verschiedenes Element von L. Weil f irreduzibel ist, ist $\mathrm{ggT}(f, g) = 1$ oder $\mathrm{ggT}(f, g) = f$. Letzteres kann aber nicht sein, da $g + fK[x]$ von 0 verschieden ist. Es gibt also $u, v \in K[x]$ mit $1 = ug + vf$. Es folgt

$$\big(u + fK[x]\big)\big(g + fK[x]\big) = 1 + fK[x],$$

sodass $u + fK[x]$ das Inverse von $g + fK[x]$ ist.

Ist K ein kommutativer Körper und ist $\alpha \in K$ Nullstelle von $x^n - 1$, so heißt α n-te *Einheitswurzel*. Die n-ten Einheitswurzeln bilden eine Untergruppe der multiplikativen Gruppe von K. Da $x^n - 1$ höchstens n Nullstellen in K hat, ist die Gruppe der n-ten Einheitswurzeln nach den Entwicklungen des letzten Abschnitts zyklisch. Hat sie die Ordnung n, so heißt jedes Element der Ordnung n *primitive n-te Einheitswurzel*. In $\mathbf{C}$ ist

$$e^{\frac{2\pi i}{n}}$$

eine primitive n-te Einheitswurzel. Dabei ist e die Eulerzahl, π die ludolphsche Zahl und i die imaginäre Einheit.

Satz 2. *Es seien p und q verschiedene Primzahlen. Sei $K := \mathrm{GF}(q) := \mathbf{Z}/q\mathbf{Z}$ der endliche Körper mit q Elementen. Es gibt dann einen Erweiterungskörper L von K, dessen Gruppe von p-ten Einheitswurzeln die Ordnung p hat.*

Beweis. Wir betrachten das Polynom

$$f := \sum_{i:=0}^{p-1} x^i \in K[x].$$

Wegen $p \neq q$ ist dann $f(1) = p \neq 0$. Es gibt ein irreduzibles Polynom $g \in K[x]$, welches f teilt. Da f Teiler von $x^p - 1$ ist, ist g Teiler von $x^p - 1$. Wegen $f(1) \neq 0$ ist auch $g(1) \neq 0$. Daher ist $g \neq x - 1$. Setze $L := K[x]/gK[x]$ und $\alpha := x + gK[x]$. Dann ist α Nullstelle von g und folglich Nullstelle von $x^p - 1$. Andererseits ist $\alpha \neq 1$. Weil p Primzahl ist, ist α folglich primitive p-te Einheitswurzel von L. Hieraus folgt die Behauptung.

Es seien a und b teilerfremde Zahlen. Es heißt a *quadratischer Rest modulo b*, wenn es ein $r \in \mathbf{Z}$ gibt mit $r^2 \equiv a \bmod b$. Ist p eine ungerade Primzahl und ist p kein Teiler von $a \in \mathbf{Z}$, so setzen wir

$$\left(\frac{a}{p}\right) := \begin{cases} -1, & \text{falls } a \text{ nicht quadratischer Rest} \\ 1, & \text{falls } a \text{ quadratischer Rest} \end{cases}$$

modulo p ist. Es gilt dann $\left(\frac{a}{p}\right) = \left(\frac{b}{p}\right)$, falls $a \equiv b \bmod p$ ist. Ferner gilt

$$\left(\frac{ab}{p}\right) = \left(\frac{a}{p}\right)\left(\frac{b}{p}\right).$$

Eulersches Kriterium. *Es sei p eine ungerade Primzahl. Ist a eine nicht durch p teilbare ganze Zahl, so ist*

$$\left(\frac{a}{p}\right) = a^{\frac{p-1}{2}} \bmod p.$$

Beweis. Nach dem Korollar zu Satz 7 von Abschnitt 2 ist die multiplikative Gruppe von $\mathrm{GF}(p)$ zyklisch. Es sei w ein primitives Element dieser Gruppe. Es gibt dann ein $t \in \mathbf{N}$ mit $a \equiv w^t \bmod p$. Weil p ungerade ist, ist w kein quadratischer Rest modulo p. Ferner gilt, da $w^{\frac{p-1}{2}}$ eine primitive 2-te Einheitswurzel ist,

$$w^{\frac{p-1}{2}} \equiv -1 \bmod p.$$

Es folgt

$$\left(\frac{a}{p}\right) = \left(\frac{w^t}{p}\right) = \left(\frac{w}{p}\right)^t = (-1)^t \equiv w^{\frac{t(p-1)}{2}} \equiv a^{\frac{p-1}{2}} \bmod p.$$

Es seien weiterhin p und q verschiedene ungerade Primzahlen. Ferner sei $K := \mathrm{GF}(q)$ und L sei eine nach Satz 2 existierende Erweiterung von K, die eine primitive p-te

Einheitswurzel ζ enthalte. Für $a \in \mathbf{Z}$ setzen wir $\bar{a} := a + p\mathbf{Z}$ und $\zeta^{\bar{a}} := \zeta^a$. Wegen $\zeta^{a+pz} = \zeta^a$ ist $\zeta^{\bar{a}}$ wohldefiniert. Setze

$$\tau(\bar{a}) := \sum_{x:=1}^{p-1} \left(\frac{x}{p}\right) \zeta^{\overline{ax}}.$$

Man nennt $\tau(\bar{a})$ die zu $\bar{a}$ gehörende *gaußsche Summe* über K.

Satz 3. *Ist $\bar{a} \neq \bar{0}$, so ist $\tau(\bar{a}) = \left(\frac{a}{p}\right)\tau(\bar{1})$.*

Beweis. Dass $\bar{a} \neq \bar{0}$ ist, braucht man dafür, dass $\left(\frac{a}{p}\right)$ definiert ist. Es ist

$$\left(\frac{a}{p}\right)\tau(\bar{a}) = \sum_{i:=1}^{p-1} \left(\frac{a}{p}\right)\left(\frac{x}{p}\right)\zeta^{\overline{ax}} = \sum_{i:=1}^{p-1} \left(\frac{ax}{p}\right)\zeta^{\overline{ax}} = \tau(\bar{1}).$$

Wegen $\left(\frac{a}{p}\right)^2 = 1$ folgt hieraus die Behauptung.

Im Folgenden bezeichnen wir mit $\tilde{1}$ die Eins von L.

Satz 4. *Es ist $\tau(\bar{1})^2 = (-1)^{\frac{p-1}{2}}p\tilde{1}$. Insbesondere ist $\tau(\bar{1}) \neq 0$.*

Beweis. Es ist

$$\tau(\bar{1})^2 = \sum_{x:=1}^{p-1}\sum_{y:=1}^{p-1} \left(\frac{xy}{p}\right)\zeta^{\bar{x}+\bar{y}}.$$

Wegen $\bar{x} \neq \bar{0}$ gibt es ein $\bar{t}$ mit $\bar{y} = \bar{t}\bar{x}$. Es folgt

$$\sum_{y:=1}^{p-1} \left(\frac{xy}{p}\right)\zeta^{\bar{x}+\bar{y}} = \sum_{t:=1}^{p-1} \left(\frac{x^2 t}{p}\right)\zeta^{\bar{x}(\bar{1}+\bar{t})} = \sum_{t:=1}^{p-1} \left(\frac{t}{p}\right)\zeta^{\bar{x}(\bar{1}+\bar{t})}.$$

Hieraus folgt wiederum

$$\tau(\bar{1})^2 = \sum_{t:=1}^{p-1} \left(\frac{t}{p}\right)\sum_{x:=1}^{p-1}\zeta^{\bar{x}(\bar{1}+\bar{t})} = \sum_{t:=1}^{p-1} \left(\frac{t}{p}\right)\sum_{x:=1}^{p-1}\zeta^{x(1+t)}.$$

Ist nun $t \not\equiv -1 \bmod p$, so ist

$$\sum_{x:=1}^{p-1}\zeta^{x(1+t)} = -\tilde{1} \bmod p.$$

Ist $t \equiv -1 \bmod p$, so ist

$$\sum_{x:=1}^{p-1}\zeta^{x(1+t)} = (p-1)\tilde{1}.$$

Daher ist

$$\tau(\bar{1})^2 = \left(\frac{-1}{p}\right)(p-1)\tilde{1} - \sum_{t:=1}^{p-2} \left(\frac{t}{p}\right)\tilde{1} = \left(\frac{-1}{p}\right)p\tilde{1} - \left[\sum_{t:=1}^{p-1} \left(\frac{t}{p}\right)\right]p\tilde{1} = \left(\frac{-1}{p}\right)p\tilde{1},$$

da es ja wegen der Zyklizität von $\mathrm{GF}(p)^*$ ebenso viele quadratische Reste wie Nichtreste modulo p gibt. Hieraus folgt mittels des eulerschen Kriteriums die Behauptung.

Satz 5. *Sind p und q verschiedene ungerade Primzahlen, so ist*

$$\tau(\bar{1})^{q-1} = \left(\frac{q}{p}\right)\tilde{1}.$$

Beweis. Weil q ungerade ist, ist $\left(\frac{x}{p}\right)^q = \left(\frac{x}{p}\right)$ für alle nicht durch p teilbaren x. Also ist

$$\tau(\bar{1})^q = \left[\sum_{x:=1}^{p-1}\left(\frac{x}{p}\right)\zeta^x\right]^q = \sum_{x:=1}^{p-1}\left(\frac{x}{q}\right)\zeta^{xq} = \left(\frac{q}{p}\right)\sum_{x:=1}^{p-1}\left(\frac{qx}{p}\right)\zeta^{qx} = \left(\frac{q}{p}\right)\tau(\bar{1})\tilde{1}.$$

Nach Satz 4 ist $\tau(\bar{1}) \neq 0$ und folglich $\tau(\bar{1})^{q-1} = \left(\frac{q}{p}\right)\tilde{1}$. Damit ist alles bewiesen.

Nun sind wir in der Lage, das von Gauß stammende quadratische Reziprozitätsgesetz zu beweisen. Es besagt, dass man $\left(\frac{p}{q}\right)$ kennt, wenn man $\left(\frac{q}{p}\right)$ kennt, falls nur p und q ungerade Primzahlen sind.

Quadratisches Reziprozitätsgesetz. *Sind p und q verschiedene ungerade Primzahlen, so ist*

$$\left(\frac{p}{q}\right)\left(\frac{q}{p}\right) = (-1)^{\frac{p-1}{2}\cdot\frac{q-1}{2}}.$$

Beweis. Aufgrund der Sätze 5 und 4 ist

$$\left(\frac{q}{p}\right)\tilde{1} = \tau(\bar{1})^{q-1} = \left(\tau(\bar{1})^2\right)^{\frac{q-1}{2}} = (-1)^{\frac{p-1}{2}\cdot\frac{q-1}{2}}p^{\frac{q-1}{2}}\tilde{1}.$$

Aufgrund des eulerschen Kriteriums ist

$$p^{\frac{q-1}{2}} \equiv \left(\frac{p}{q}\right) \bmod q.$$

Also ist

$$\left(\frac{q}{p}\right)\tilde{1} = (-1)^{\frac{p-1}{2}\frac{q-1}{2}}\left(\frac{p}{q}\right)\tilde{1}.$$

Hieraus folgt die Behauptung.

1. Ergänzungssatz. *Ist p eine ungerade Primzahl, so ist*

$$\left(\frac{-1}{p}\right) = (-1)^{\frac{p-1}{2}}.$$

Dies folgt unmittelbar mittels des eulerschen Kriteriums.

2. Ergänzungssatz. *Ist p eine ungerade Primzahl, so ist*

$$\left(\frac{2}{p}\right) = (-1)^{\frac{p^2-1}{8}}.$$

Beweis. Es sei w eine Primitivwurzel modulo p. Dann ist w kein quadratischer Rest modulo p, sodass das Polynom $x^2 - w$ über $\mathrm{GF}(p)$ irreduzibel ist. Nach Satz 1 gibt es also eine quadratische Erweiterung L von $\mathrm{GF}(p)$. Wegen $|L^*| = p^2 - 1 \equiv 0 \bmod 8$ gibt es eine primitive 8-te Einheitswurzel ζ in L. Es folgt

$$\zeta^2 + \zeta^{-2} = \zeta^2 + \zeta^8 \zeta^{-2} = \zeta^2 - \zeta^2 = 0,$$

da ja $\zeta^4 = -1$ ist. Es folgt weiter

$$(\zeta + \zeta^{-1})^2 = \zeta^2 + 2\zeta\zeta^{-1} + \zeta^{-2} = 2.$$

Hieraus folgt, dass 2 genau dann quadratischer Rest modulo p ist, wenn $\zeta + \zeta^{-1} \in \mathrm{GF}(p)$ ist. Dies ist genau dann der Fall, wenn

$$(\zeta + \zeta^{-1})^p = \zeta + \zeta^{-1}$$

d.h. genau dann, wenn

$$\zeta^p + \zeta^{-p} = \zeta + \zeta^{-1}$$

ist. Weil p ungerade ist, sind die Reste von p modulo 8 gleich 1, 3, -3, -1. Im ersten und letzten Fall ist die Gleichheit gegeben. Im zweiten und dann auch im dritten Fall folgt

$$\zeta^3 + \zeta^{-3} = -(\zeta^{4+3} + \zeta^{4-3}) = -(\zeta^{-1} + \zeta).$$

Im ersten und vierten Fall ist 2 also quadratischer Rest modulo p, im zweiten und dritten nicht. Im ersten und dritten Fall ist aber $\frac{p^2-1}{8}$ gerade, in den andern beiden Fällen aber nicht. Damit ist auch dieser Satz bewiesen.

Hier ist eine hübsche Anwendung des quadratischen Reziprozitätsgesetzes. Für $x := 0, 1, \ldots, 9$ ist $x^2 + x + 11$ eine Primzahl. Angenommen dies sei nicht der Fall. Es gibt dann einen Primteiler p dieser Zahl mit

$$p^2 \le x^2 + x + 11 \le 9 \cdot 10 + 11 = 101.$$

Weil $x^2 + x + 11$ ungerade ist, ist $p = 3, 5, 7$. Darüber hinaus ist p Teiler von

$$4x^2 + 4x + 44 = (2x+1)^2 + 43,$$

sodass -43 quadratischer Rest modulo p ist. Also ist $(\frac{-43}{p}) = 1$. Ist $p = 3$, so folgt $1 = (\frac{-1}{3})(\frac{43}{3}) = (-1) \cdot 1 = -1$, ein Widerspruch. Ist $p = 5$, so folgt $1 = (\frac{-1}{5})(\frac{43}{5}) = 1 \cdot (-1)$, ein Widerspruch. Ist schließlich $p = 7$, so folgt $1 = (\frac{1}{7})(\frac{43}{7}) = (-1) \cdot 1$, ein letzter Widerspruch. Also ist doch $x^2 + x + 11$ eine Primzahl.

Hier noch eine andere Lösung für Aufgabe 9 von Kapitel I. Nach dem eulerschen Kriterium und dem zweiten Ergänzungssatz gilt

$$2^{251} \equiv \left(\frac{2}{503}\right) = (-1)^{\frac{503^2-1}{8}} = 1 \bmod 503.$$

Dieser Ein-Zeilen-Beweis bedurfte aber einiger Vorbereitung. Er ist also nicht einfacher als der, den der Leser sich für diese Aufgabe hat einfallen lassen.

4. Ganze Elemente. Wichtig für die Zahlentheorie ist der Begriff des Ganz-seins bezüglich eines Ringes. Wir werden diesen Begriff nun einführen und dann insbesondere die Ringe der in Bezug auf $\mathbf{Z}$ ganzen Zahlen in quadratischen Erweiterungen von $\mathbf{Q}$ etwas näher untersuchen.

Es sei R ein Integritätsbereich und S sei ein Teilring von R mit $1 \in S$. Wir nennen $r \in R$ *ganz über* S, wenn es ein Polynom $f = x^n + \sum_{i:=0}^{n-1} a_i x^i \in S[x]$ gibt mit $f(r) = 0$.

Satz 1. *Es sei R ein Integritätsbereich und S sei ein Teilring von R mit $1 \in S$. Ist $r \in R$, so sind die folgenden Bedingungen äquivalent:*

a) r ist ganz über S.

b) Die additive Gruppe des von S und r erzeugten Teilrings von R ist ein endlich erzeugter S-Modul.

c) Es gibt einen Teilring T von R mit $S \subseteq T$ und $r \in T$, dessen additive Gruppe ein endlich erzeugter S-Modul ist.

Beweis. a) impliziert b): Es gibt ein $f = x^n + \sum_{i:=0}^{n-1} a_i x^i \in S[x]$ mit $f(r) = 0$. Dann ist

$$T := S + rS + r^2 S + \ldots + r^{n-1} S$$

additiv abgeschlossen. Wegen $r^n = -\sum_{i:=0}^{n-1} a_i r^i$ gilt $Tr \subseteq T$. Hieraus folgt, dass T ein Teilring von R ist. Weil die additive Gruppe von T ein endlich erzeugter S-Modul ist, ist b) eine Folge von a).

b) impliziert natürlich c).

c) impliziert a): Es sei $T = b_1 S + \ldots + b_n S$ der fragliche Teilring von R. Es gibt dann $a_{ik} \in S$ mit

$$b_i r = \sum_{k:=1}^{n} a_{ik} b_k$$

für $i := 1, \ldots, n$. Bezeichnet δ das Kroneckerdelta, d.h. die Einheitsmatrix, so ist also

$$\sum_{k:=1}^{n} (a_{ik} - r\delta_{ik}) b_k = 0$$

für alle i. Weil S in T enthalten ist, sind nicht alle b_k gleich null. Daher ist $\det(a - r\delta) = 0$. Setzt man nun $f := (-1)^n \det(a - x\delta)$, so ist der Leitkoeffizient von f gleich 1. Ferner gilt $f \in S[x]$ und $f(r) = 0$, sodass a) in der Tat eine Folge von c) ist.

Satz 2. *Es sei R ein Integritätsbereich und S sei ein Teilring von R mit $1 \in S$. Ist $A_{R,S}$ die Menge der über S ganzen Elemente von R, so ist $A_{R,S}$ ein Teilring von R mit $S \subseteq A_{R,S}$.*

Beweis. Es sei $s \in S$. Dann ist $x - s \in S[x]$ und s ist Nullstelle dieses Polynoms. Also ist $s \in A_{R,S}$.

Es seien $a, b \in A_{R,S}$. Nach Satz 1 gibt es Teilringe U und V von R, die beide S enthalten und für die $a \in U$ und $b \in V$ gilt, sodass die additiven Gruppen von U und V endlich erzeugte S-Moduln sind. Es sei $U = \sum_{i:=1}^{m} \beta_i S$ und $V = \sum_{i:=1}^{n} \gamma_i S$. Wir setzen

$$W := \sum_{i:=1}^{m} \sum_{j:=1}^{n} \beta_i \gamma_j S.$$

Dann ist $uv \in W$ für alle $u \in U$ und alle $v \in V$. Dann ist W aber ebenfalls multiplikativ abgeschlossen, sodass W ein Ring ist. Wegen $1 \in U \cap V$ ist also auch U, $V \subseteq W$ und damit a, $b \in W$. Weil W ein Ring ist, ist dann auch $a + b$, $ab \in W$. Es ist klar, dass die additive Gruppe von W ein endlich erzeugter S-Modul ist. Nach Satz 1 ist daher $a + b$, $ab \in A_{R,S}$. Damit ist der Satz bewiesen.

Satz 3. *Es sei R ein Integritätsbereich und S sei ein Teilring von R. Ist R ganz über S und ist I ein von $\{0\}$ verschiedenes Ideal von R, so ist $I \cap S \neq \{0\}$.*

Beweis. Es sei $0 \neq u \in I$. Es gibt dann ein $f = x^n + \sum_{i:=0}^{n-1} a_i x^i \in S[x]$ mit $f(u) = 0$. Es sei f so gewählt, dass n minimal ist. Dann ist

$$0 \neq a_0 = -(u^{n-1} + \ldots + a_1)u \in I \cap S.$$

Mit Satz 2 haben wir insbesondere, dass $A_{\mathbf{C},\mathbf{Z}}$ ein Ring ist. Er heißt *Ring aller ganzen algebraischen Zahlen.* Ihn werden wir in Zukunft mit $\mathbf{A}$ bezeichnen. Ist D eine quadratfreie ganze Zahl, so ist

$$A_D = \mathbf{A} \cap \mathbf{Q}[\sqrt{D}].$$

Die Ringe A_D wurden in Aufgabe 3 von Kapitel III definiert. Die Gleichheitsaussage zu beweisen sei dem Leser als Übungsaufgabe überlassen.

Ist $x = a + b\sqrt{D}$ mit a, $b \in \mathbf{Q}$, so setzen wir

$$N(x) := (a + b\sqrt{D})(a - b\sqrt{D}) = a^2 - Db^2.$$

Man nennt $N(x)$ *Norm* von x. Es gilt $N(xy) = N(x)N(y)$ für alle x, $y \in \mathbf{Q}[\sqrt{D}]$ (siehe Aufgabe 4 von Kapitel III).

Satz 4. *Es sei $1 \neq D \in \mathbf{Z}$ und D sei quadratfrei. Dann ist $N(x) \in \mathbf{Z}$ für alle $x \in A_D$. Genau dann ist $N(x) = 0$, wenn $x = 0$ ist.*

Beweis. Wir setzen wieder $\Delta := \sqrt{D}$, falls $D \not\equiv 1 \bmod 4$ ist, andernfalls setzen wir $\Delta := \frac{1}{2}(1 + \sqrt{D})$. Ist dann $x \in A_D$, so ist $x = a + b\Delta$ mit a, $b \in \mathbf{Z}$ (Kapitel III, Aufgabe 3). Im ersten Fall ist klar, dass $N(x) \in \mathbf{Z}$ ist. Ferner folgt aus $0 = N(x)$, dass $0 = a^2 - Db^2$ ist. Weil D quadratfrei ist, folgt weiter $a = b = 0$ und damit $x = 0$.

Es sei $D \equiv 1 \bmod 4$. Dann ist

$$x = a + b \cdot \frac{1}{2}(1 + \sqrt{D}) = \frac{1}{2}(2a + b + b\sqrt{D}).$$

Hieraus folgt

$$N(x) = \frac{1}{4}\big((2a + b)^2 - Db^2\big).$$

Nun ist

$$(2a + b)^2 - Db^2 \equiv 4a^2 + 4ab + b^2 - Db^2 \equiv b^2 - b^2 \equiv 0 \bmod 4.$$

Also ist auch hier $N(x) \in \mathbf{Z}$. Ferner gilt $N(x) = 0$ genau dann, wenn $2a + b = 0$ und $b = 0$ ist, da ja D quadratfrei ist. Somit ist $N(x) = 0$ genau dann, wenn $x = 0$ ist.

Ist I ein Ideal von A_D, sind β_1 und β_2 Elemente von I und gilt $I = \beta_1\mathbf{Z} + \beta_2\mathbf{Z}$, so heißt $\{\beta_1, \beta_2\}$ *Ganzheitsbasis* von I. Offenbar ist $\{1, \Delta\}$ eine Ganzheitsbasis von A_D.

Satz 5. *Es sei D eine quadratfreie ganze Zahl und I sei ein von $\{0\}$ verschiedenes Ideal von A_D. Setze $I_1 := I \cap \mathbf{Z}$ und I_2 sei die Menge der $v \in \mathbf{Z}$, für die es ein $u \in \mathbf{Z}$ gibt mit $u + v\Delta \in I$. Dann sind I_1 und I_2 von $\{0\}$ verschiedene Ideale von $\mathbf{Z}$. Ist $I_1 = a_{11}\mathbf{Z}$, $I_2 = a_{22}\mathbf{Z}$ und ist $a_{21} \in \mathbf{Z}$ mit $a_{21} + a_{22}\Delta \in I$, so ist $\{a_{11}, a_{21} + a_{22}\Delta\}$ eine Ganzheitsbasis von I. Überdies ist*

$$|A_D/I| = |a_{11}a_{22}|$$

und

$$a_{11} \equiv a_{21} \equiv 0 \bmod a_{22}.$$

Beweis. Nach Satz 3 ist $I_1 \neq \{0\}$. Ferner ist $I_1\Delta \subseteq I$, da ja $I_1 \subseteq I$ ist. Dies hat $I_1 \subseteq I_2$ zur Folge. Die Zahlen a_{11} und a_{22} sind also von 0 verschieden. Wir dürfen daher annehmen, dass sie zu $\mathbf{N}$ gehören. Wegen $I_1 \subseteq I_2$ ist $a_{11} \equiv 0 \bmod a_{22}$.

Ist $\Delta = \sqrt{D}$, so ist

$$a_{21}\Delta + a_{22}D = (a_{21} + a_{22}\Delta)\Delta \in I$$

und damit $a_{21} \in I_2$. Ist $\Delta = \frac{1}{2}(1 + \sqrt{D})$, so ist

$$(a_{21} + a_{22})\Delta + \tfrac{1}{4}(D-1)a_{22} = (a_{21} + a_{22}\Delta)\Delta \in I$$

und folglich $a_{21} + a_{22} \in I_2$. In beiden Fällen ist also $a_{21} \in I_2$, sodass a_{21} durch a_{22} teilbar ist.

Es ist $a_{11}\mathbf{Z} + (a_{21} + a_{22}\Delta)\mathbf{Z} \subseteq I$. Es sei $c \in I$. Es gibt dann $u, v \in \mathbf{Z}$ mit $c = u + v\Delta$. Hieraus folgt $v \in I_2$. Es gibt also ein $y \in \mathbf{Z}$ mit $v = ya_{22}$. Damit folgt

$$c - (a_{21} + a_{22}\Delta)y = u + a_{22}y\Delta - a_{21}y - a_{22}y\Delta$$
$$= u - a_{21}y \in \mathbf{Z} \cap I = I_1.$$

Also ist $I = a_{11}\mathbf{Z} + (a_{21} + a_{22}\Delta)\mathbf{Z}$.

Setze

$$M := \{x + y\Delta \mid 0 \le x < a_{11}, 0 \le y < a_{22}\}.$$

Dann ist $|M| = a_{11}a_{22}$, da 1 und Δ über $\mathbf{Q}$ linear unabhängig sind. Es seien $x + y\Delta$, $x' + y'\Delta \in M$ und es gelte $x + y\Delta - x' - y'\Delta \in I$. Dann folgt $y - y' \in I_2 = a_{22}\mathbf{Z}$ und damit $y = y'$. Hieraus folgt $x - x' \in I \cap \mathbf{Z} = I_1$ und damit $x = x'$. Daher ist

$$|A_D/I| \ge |M| = a_{11}a_{22}.$$

Es sei nun $u + v\Delta \in A_D$. Division mit Rest liefert $l, y \in \mathbf{Z}$ mit $v = la_{22} + y$ und $0 \le y < a_{22}$. Nochmalige Division mit Rest liefert $k, x \in \mathbf{Z}$ mit $u - la_{21} = ka_{11} + x$ und $0 \le x < a_{11}$. Dann ist $x + y\Delta \in M$ und

$$u + v\Delta - x - y\Delta = ka_{11} + l(a_{21} + a_{22}\Delta) \in I.$$

Also ist $|A_D/I| = |M| = a_{11}a_{22}$. Damit ist alles bewiesen.

Satz 6. *Es sei D eine quadratfreie ganze Zahl. Ferner sei $n \in \mathbf{N}$. Ist dann $I := nA_D$ und haben I_1 und I_2 die gleiche Bedeutung wie in Satz 5, so ist $I_1 = n\mathbf{Z}$ und $I_2 = n\mathbf{Z}$. Überdies kann $a_{21} = 0$ gewählt werden.*

Beweis. Ist $x \in I$, so gibt es ein $u + v\Delta \in A_D$ mit

$$x = n(u + v\Delta) = nu + nv\Delta.$$

Weil 1 und Δ über $\mathbf{Q}$ linear unabhängig sind, folgt, dass

$$x \in I_1 = I \cap \mathbf{Q}$$

genau dann gilt, wenn $x = nu$ ist. Folglich ist $I_1 = n\mathbf{Z}$.

Wegen $n + n\Delta = n(1 + \Delta) \in I$ ist $n \in I_2 = a_{22}$. Andererseits gibt es $u, v \in \mathbf{Z}$ mit

$$a_{21} + a_{22}\Delta = n(u + v\Delta) = nu + nv\Delta.$$

Es folgt $a_{22} = nv \in n\mathbf{Z}$. Also ist $I_2 = n\mathbf{Z}$.

Schließlich ist $0 + n\Delta = n\Delta \in I$. Daher kann in der Tat $a_{21} = 0$ gewählt werden.

Aus den letzten beiden Sätzen folgt unmittelbar

Korollar. *Die Voraussetzungen seien wie bei Satz 6. Dann ist $|A_D/nA_D| = n^2$.*

Satz 7. *Ist $D \in \{-11, -7, -3, -2, -1, 2, 3, 5\}$ und definiert man f durch $f(a) := |N(a)|$ für alle $a \in A_D$, so ist (A_D, f) ein euklidisches Paar. Überdies gilt $f(a) \le f(ab)$ für alle $a, b \in A_D^*$.*

Beweis. Wegen $f(ab) = f(a)f(b)$ folgt die letzte Aussage aus Satz 3, nach dem ja $f(b) \ge 1$ gilt.

Es sei $D \not\equiv 1 \bmod 4$. Dann ist $D = -2, -1, 2$ oder 3. Es seien $a, b \in A_D^*$. Es gibt dann $x, y \in \mathbf{Q}$ mit $\frac{a}{b} = x + y\sqrt{D}$. Es gibt $u, v \in \mathbf{Z}$ mit $|x - u| \le \frac{1}{2}$ und $|y - v| \le \frac{1}{2}$. Setze $q := u + v\sqrt{D}$ und $r := a - qb$. Dann ist $a = qb + r$ und $q, r \in A_D$. Ferner gilt

$$\left|N(r)\right| = |N(b)|\left|N\left(\tfrac{a}{b} - q\right)\right| = |N(b)|\left|(x - u)^2 - D(y - v)^2\right|$$

$$= |N(b)|\left[(x - r)^2 + |D|(y - v)^2\right]$$

$$\le |N(b)|\left(\tfrac{1}{4} + \tfrac{1}{4}|D|\right) \le |N(b)|,$$

da ja $|D| \le 3$ ist. Wäre $|N(r)| = |N(b)|$, so folgte $|x - u| = \frac{1}{2} = |y - s|$ und $D = 3$. Hieraus folgte

$$|N(b)| = |N(r)| = |N(b)|\left|\tfrac{1}{4} - \tfrac{3}{4}\right| = \tfrac{1}{2}|(b)|.$$

Dieser Widerspruch zeigt, dass $|N(r)| < |N(b)|$ ist. Folglich ist (A_D, f) in diesen Fällen ein euklidisches Paar.

Es sei $D \equiv 1 \bmod 4$. Dann ist $|D| \le 11$. Wir setzen wieder $\Delta := \frac{1}{2}(1 + \sqrt{D})$.

Es seien $a, b \in A^*$. Es gibt dann $x, y \in \mathbf{Q}$ mit $\frac{a}{b} = x + y\sqrt{D}$. Es gibt ein $v \in \mathbf{Z}$ mit $|2y - v| \le \frac{1}{2}$ und ein $u \in \mathbf{Z}$ mit $|x - \frac{v}{2} - u| \le \frac{1}{2}$. Setze $q := u + v\Delta$ und $r := a - qb$.

Dann sind q, $r \in A_D$. Ferner gilt

$$|N(r)| = |N(b)||N(\frac{a}{b} - q)|$$

$$= |N(b)||(x - u - \frac{v}{2})^2 - D(y - \frac{v}{2})^2|$$

$$\leq |N(b)|(\frac{1}{4} + \frac{1}{16}|D|) \leq \frac{15}{16}|N(b)| < |N(b)|,$$

weil ja $|D| \leq 11$ ist. Damit ist (A_D, f) auch in diesem Falle als euklidisches Paar erkannt.

5. Der Test von Lucas-Lehmer. Bei der Beschreibung der geraden vollkommenen Zahlen in Kapitel I blieb die Frage offen zu entscheiden, ob $2^p - 1$ eine Primzahl ist, wenn p eine solche ist. Diesem Zweck dient der Test, der von Lucas formuliert und von Lehmer bewiesen wurde.

Betrachten wir im Folgenden Elemente a, b, c aus dem Quotientenkörper von **A**, so bedeute

$$a \equiv b \bmod c,$$

dass es ein $r \in$ **A** gibt mit $a - b = rc$.

Wir definieren die Folgen M und S durch $M_p := 2^p - 1$ und $S_1 := 4$ und $S_n := S_{n-1}^2 - 2$ für $n \geq 2$. Es gilt

Lucas-Lehmer-Test. *Es sei p eine Primzahl. Genau dann ist M_p eine Primzahl, wenn M_p Teiler von S_{p-1} ist.*

Beweis. Wir setzen

$$\tau := \frac{1 + \sqrt{3}}{\sqrt{2}} \quad \text{und} \quad \bar{\tau} := \frac{1 - \sqrt{3}}{\sqrt{2}},$$

ferner

$$\omega := \tau^2 \quad \text{und} \quad \bar{\omega} := \bar{\tau}^2.$$

Dann gehören τ und ω zum Quotientenkörper von **A**. Ferner gilt $\omega = 2 + \sqrt{3}$ und $\bar{\omega} = 2 - \sqrt{3}$, sowie $\tau\bar{\tau} = -1$ und $\omega\bar{\omega} = 1$. Ferner gilt

Es ist $S_m = \omega^{2^{m-1}} + \bar{\omega}^{2^{m-1}}$.

Um dies zu beweisen, sei $T_m := \omega^{2^{m-1}} + \bar{\omega}^{2^{m-1}}$. Dann ist $T_1 = \omega + \bar{\omega} = 4 = S_1$. Ist $T_m = S_m$, so folgt

$$T_{m+1} = T_m^2 - 2 = S_m^2 - 2 = S_{m+1}.$$

Damit ist die Zwischenbehauptung bewiesen.

Es sei p eine Primzahl. Ist auch M_p eine Primzahl, so ist $\tau^{M_p+1} \equiv -1 \bmod M_p$.

Setze $q := M_p$. Dann ist q also eine Primzahl, sodass die Binomialkoeffizienten $\binom{q}{i}$ für $i := 1, \ldots, q - 1$ durch q teilbar sind. Es ist $\sqrt{2}\tau = 1 + \sqrt{3}$. Es folgt

$$\tau^q 2^{\frac{q-1}{2}} \sqrt{2} \equiv 1 + 3^{\frac{q-1}{2}} \sqrt{3} \bmod q.$$

Es ist $q = 2^p - 1 \equiv -1 \bmod 8$. Also ist $\frac{q^2-1}{8}$ gerade. Nach dem eulerschen Kriterium und dem 2. Ergänzungssatz ist daher

$$2^{\frac{q-1}{2}} \equiv \left(\frac{2}{q}\right) = 1 \bmod q.$$

Es ist

$$q = 2^p - 1 = 2 \cdot 4^{\frac{q-1}{2}} - 1 \equiv 1 \bmod 3,$$

sodass q quadratischer Rest modulo 3 ist. Mittels des eulerschen Kriteriums, des quadratischen Reziprozitätsgesetzes und der Bemerkung, dass $q - 1 = 2(2^{p-1} - 1)$ ist, folgt daher

$$3^{\frac{q-1}{2}} \equiv \left(\frac{3}{q}\right) = \left(\frac{e}{q}\right)\left(\frac{q}{3}\right) = (-1)^{\frac{3-1}{2}\frac{q-1}{2}} = -1 \bmod q.$$

Dies impliziert $\tau^q \sqrt{2} \equiv 1 - \sqrt{3} \bmod q$ und weiter

$$\tau^q \equiv \bar{\tau} \bmod q,$$

das heißt

$$\tau^{q+1} \equiv \tau\bar{\tau} \equiv -1 \bmod q.$$

Es sei nun M_p eine Primzahl. Dann ist, da ja $q = M_p$ ist,

$$\tau^{M_p+1} \equiv -1 \bmod M_p,$$

d.h. es ist

$$\tau^{2^p} + 1 \equiv 0 \bmod M_p.$$

Hieraus folgt wegen $\tau^2 = \omega$, dass

$$\omega^{2^{p-1}} + 1 \equiv 0 \bmod M_p.$$

Multipliziert man diese Kongruenz mit $\bar{\omega}^{2^{p-2}}$ und beachtet, dass $\omega\bar{\omega} = 1$ ist, so folgt

$$S_{p-1} = \omega^{2^{p-2}} + \bar{\omega}^{2^{p-2}} \equiv 0 \bmod M_p.$$

Also ist $\frac{S_{p-1}}{M_p} \in \mathbf{A}$. Eine einfache Übungsaufgabe zeigt dann, dass $\frac{S_{p-1}}{M_p} \in \mathbf{N}$ gilt.

Es sei umgekehrt M_p Teiler von $S_{p-1} = \omega^{2^{p-2}} + \bar{\omega}^{2^{p-2}}$. Dann ist

$$\omega^{2^{p-1}} \equiv -1 \bmod M_p$$
$$\omega^{2^p} \equiv 1 \bmod M_p.$$

Es sei u eine M_p teilende Primzahl. Es sei ferner $R := A_3$. Dann ist $\omega + uR$ eine Einheit in R/uR der Ordnung 2^p, wie die vorstehenden Kongruenzen zeigen. Weil R nach Satz 7 von Abschnitt 4 ein ZPE-Bereich ist, ist u Produkt von Primelementen $\pi_1, \ldots, \pi_s$. Wegen $u^2 = N(u) = N(\pi_1) \cdots N(\pi_s)$ und $N(\pi_i) \in \mathbf{Z}$ sowie $|N(\pi_i)| > 1$ ist $s \leq 2$.

Es sei $s = 2$ und $\pi_1 = a + b\sqrt{3}$. Dann ist auch $\bar{\pi}_1$ ein Primelement und es gilt $N(\pi_1) = N(\bar{\pi}_1) = u$ oder $-u$. In jedem Fall gilt

$$N(\pi_1)N(\bar{\pi}_1) = u^2 = N(u) = N(\pi_1)N(\pi_2).$$

Es folgt

$$\pi_1\bar{\pi}_1 = N(\bar{\pi}_1) = N(\pi_2) = \pi_2\bar{\pi}_2.$$

Wiederum weil R ein ZPE-Bereich ist, folgt (bis aufs Vorzeichen) $\pi_1 = \pi_2$ oder $\pi_1 = \bar{\pi}_2$. Wäre $\pi_1 = \pi_2$, so folgte

$$u = (a + b\sqrt{3})^2 = a^2 + 3b^2 + 2ab\sqrt{3}.$$

Hieraus folgt $2ab = 0$. Mit $b = 0$ folgte der Widerspruch $u = a^2$ und mit $a = 0$ folgte $u = 3b^2$ und damit $u = 3$. Dann wäre aber

$$0 \equiv 2^p - 1 = 2 \cdot 4^{\frac{p-1}{2}} - 1 \equiv 1 \bmod 3.$$

Also ist $\pi_1 = \bar{\pi}_2$ und weiter $\pi_1 \neq \bar{\pi}_1 = \pi_2$. Mit dem chinesischen Restsatz folgte die Isomorphie von R/uR und $R/\pi_1 R \oplus R/\pi_2 R$ und damit die Isomorphie von $G(R/uR)$ und $G(R/\pi_1 R) \times G(R/\pi_2 R)$. Wegen $|R/uR| = u^2$ wäre $|R/\pi_1| = |R/\pi_2| = u$, sodass $R/\pi_1 R$ und $R/\pi_2 R$ zu $\mathrm{GF}(u)$ isomorph wären. Insbesondere hätten die Einheitengruppen dieser Körper die Ordnung $u - 1$. Hieraus folgte, dass jedes Element von $G(R/uR)$ eine Ordnung hätte, die $u - 1$ teilte. Weil nun $\omega + uR$ die Ordnung 2^p hat, folgt, dass 2^p Teiler von $u - 1$ wäre. Nun ist aber u Teiler von $2^p - 1$, sodass $2^p \leq 2^p - 2$ wäre. Dieser Widerspruch zeigt, dass $u = \pi_1$ auch in A_3 Primelement ist.

Es folgt, dass R/uR ein Körper mit u^2 Elementen ist. Folglich hat die Einheitengruppe von R/uR die Ordnung $u^2 - 1$. Somit ist 2^p Teiler von $u^2 - 1 = (u - 1)(u + 1)$. Wäre $u \equiv 1 \bmod 4$, so wäre 2^{p-1} Teiler von $u - 1$, sodass $u = 1 + k2^{p-1}$ wäre mit einem $k \in \mathbf{N}$. Hieraus folgte

$$2u \geq 2 + 2^p > M_p,$$

sodass u kein echter Teiler von M_p wäre. Das ergäbe aber den Widerspruch

$$1 \equiv u = M_p \equiv -1 \bmod 8.$$

Also ist $u \equiv 3 \bmod 4$. Dann ist 2^{p-1} Teiler von $u + 1$. Es folgt

$$u = -1 + 2^{p-1}k$$

mit $k \in \mathbf{N}$. Wäre $k = 1$, so wäre $2^{p-1} - 1$ Teiler von $2^p - 1$, was nicht der Fall ist. Also ist $k \geq 2$. Aus

$$-1 + 2^{p-1}k \leq M_p = -1 + 2^p$$

folgt dann $k = 2$, sodass $u = M_p$ ist. Damit ist alles bewiesen.

6. Der fermatsche Zwei-Quadrate-Satz. In diesem Abschnitt sehen wir ein weiteres Mal, dass man sich mit Vorteil der Ringe A_D bedienen kann, um Aussagen über $\mathbf{Z}$ zu machen.

Im Folgenden betrachten wir den Ring A_{-1}. Statt Δ schreiben wir in diesem Zusammenhang i, sodass also $i = \sqrt{-1}$ ist.

Satz 1. *Es sei p eine Primzahl. Dann ist p entweder ein Primelement von A_{-1} oder es ist $p = (a+ib)(a-ib) = a^2 + b^2$ mit Primelementen $a+ib$ und $a-ib$ aus A_{-1}.*

Beweis. Übungsaufgabe (siehe Beweis des Lucas-Lehmer-Testes).

Satz 2. *Es sei p eine Primzahl. Genau dann ist p Primelement in A_{-1}, wenn $p \equiv 3 \bmod 4$ ist.*

Beweis. Es ist $2 = 1^2 + 1^2 = (1-i)(1+i)$. Wir dürfen daher im Folgenden annehmen, dass p ungerade ist. Ist p kein Primelement, so gibt es nach Satz 1 natürliche Zahlen a und b mit $p = a^2 + b^2$. Weil p eine Primzahl ist, ist $\mathrm{ggT}(a,p) = 1$. Es gibt also ein $c \in N$ mit $ac \equiv 1 \bmod p$. Es folgt

$$(bc)^2 \equiv -1 \bmod p,$$

sodass es in $\mathrm{GF}(p)^*$ ein Element der Ordnung 4 gibt. Folglich ist $p \equiv 1 \bmod 4$.

Es sei $p \not\equiv 3 \bmod 4$. Weil p ungerade ist, ist dann $p \equiv 1 \bmod 4$. Es gibt daher ein $x \in \mathbf{N}$ mit $x^2 \equiv -1 \bmod p$. Es gibt also ein $k \in \mathbf{N}$ mit

$$kp = x^2 + 1 = (x-i)(x+i).$$

Wäre p Primelement, so wäre p Teiler von $x-i$ oder von $x+i$, was offensichtlich nicht der Fall ist. Damit ist der Satz bewiesen.

Fermatscher Zwei-Quadrate-Satz. *Ist p eine Primzahl und ist $p \not\equiv 3 \bmod 4$, so gibt es natürliche Zahlen a und b mit $p = a^2 + b^2$.*

Beweis. Dies folgt unmittelbar aus den Sätzen 1 und 2.

Aufgaben

1. Bestimmen Sie n mit dem im Beweise des chinesischen Restsatzes etablierten Algorithmus so, dass

$$n \equiv 2 \bmod 3, \quad n \equiv 3 \bmod 5 \quad \text{und} \quad n \equiv 2 \bmod 7$$

ist. Lassen Sie beim Aufschreiben den Gang der Rechnung erkennen.

2. Es sei K ein kommutativer Körper und $t \in \mathbf{N}_0$. Ferner seien $a_0, \ldots, a_t$ paarweise verschiedene Elemente aus K. Sind dann $r_0, \ldots, r_t$ irgendwelche Elemente aus K, so gibt es genau ein Polynom $f \in K[x]$ mit $\mathrm{Grad}(f) < t$ und $f(a_i) = r_i$ für $i := 0, \ldots, t$. (Verallgemeinern Sie den chinesischen Restsatz!)

3. Es sei R ein nicht notwendig kommutativer Ring mit 1 und I und J seien zwei Ideale von R mit $R = I + J$. Zeigen Sie, dass die durch

$$\sigma(r) := (r+I, r+J)$$

definierte Abbildung σ von R in $R/I \oplus R/J$ surjektiv ist. (Dass σ ein Homomorphismus ist, versteht sich von selbst. Dies brauchen Sie nicht zu beweisen.)

4. Zeigen Sie, dass eine zyklische Gruppe der Ordnung n genau $\varphi(n)$ erzeugende Elemente hat. (Die Ordnung einer endlichen Gruppe ist die Anzahl ihrer Elemente.)

5. Ist $a \in \mathbf{Q}$ ganz über $\mathbf{Z}$, so ist $a \in \mathbf{Z}$.

6. Es sei R ein Integritätsbereich und S sei ein Teilring von R mit $1 \in S$. Ist $A_{R,S}$ ein Körper, so ist auch S ein Körper. (Ist $0 \neq u \in S$, so ist $u^{-1} \in A_{R,S}$, usw. Die Umkehrung ist übrigens auch richtig: Ist S ein Körper, so ist auch $A_{R,S}$ ein Körper.)

7. Es sei p eine Primzahl und P sei ein maximales Ideal des Ringes $\mathbf{A}$ aller ganzen algebraischen Zahlen mit $p \in P$. Dann ist $\mathbf{A}/P$ ein algebraisch abgeschlossener Körper, d.h. jedes $f \in (\mathbf{A}/P)[x]$ mit $\mathrm{Grad}(f) \geq 1$ hat eine Nullstelle in $\mathbf{A}/P$.
(Sie dürfen unterstellen, dass $\mathbf{A}/P$ ein Körper ist. Sie dürfen auch benutzen, dass $\mathbf{C}$ algebraisch abgeschlossen ist. Bemerkungen: Ist die Primzahl p gegeben, so kann man sich P mittels des zornschen Lemmas verschaffen. Man kann sich einen zu $\mathbf{A}/P$ isomorphen Körper auch rekursiv erzeugen, ohne das zornsche Lemma oder ein äquivalentes transfinites Werkzeug zu benutzen. Dieser Weg ist sehr detailreich.)

8. Sind a, b, c, $d \in \mathbf{N}$, so ist

$$(a^2 + b^2)(c^2 + d^2) = (ac - bd)^2 + (ad + bd)^2.$$

9. Es sei $n \in \mathbf{N}$. Es gibt k, $n^* \in \mathbf{N}$ mit $n = k^2 n^*$, sodass n^* quadratfrei ist. Zeigen Sie, dass es genau dann a, $b \in \mathbf{N}_0$ gibt mit $n = a^2 + b^2$, wenn für jeden ungeraden Primteiler p von n^* gilt, dass $p \equiv 1 \bmod 4$ ist.

V.

Kettenbrüche

Kettenbrüche sind ein faszinierendes Werkzeug. Wir werden sie in diesem Buche benutzen, um mehr über die Struktur der Ringe der ganzen algebraischen Zahlen in quadratischen Erweiterungen von $\mathbf{Q}$ herauszufinden.

Zunächst aber werden wir die Kettenbruchentwicklung der eulerschen Zahl bestimmen, die einen sehr effizienten Algorithmus liefert, diese Zahl zu approximieren. Ferner werden wir in dem serretschen Zwei-Quadrate-Algorithmus ein Verfahren kennenlernen, um Primzahlen, die kongruent 1 modulo 4 sind, in die Summe von zwei Quadraten zu zerlegen. Gleichzeitig bekommen wir mit diesem Algorithmus einen neuen Beweis für den fermatschen Zwei-Quadrate-Satz. Schließlich werden wir einen Überblick über die periodischen Kettenbrüche gewinnen. Es sind dies genau die quadratischen Irrationalitäten über $\mathbf{Q}$.

1. Kettenbrüche. Um Kettenbrüche zu definieren, bedient man sich zweckmäßiger Weise der Polynome und deren Quotienten, da man bei diesen keine Schwierigkeiten mit dem Nullwerden von Nennern zu befürchten hat. Wir bedienen uns also der Polynomringe $\mathbf{Z}[x_0, x_1, \ldots]$ und $\mathbf{Q}[x_0, x_1, \ldots]$ in abzählbar vielen Unbestimmten x_0, x_1, $\ldots$ über dem Ring $\mathbf{Z}$ der ganzen Zahlen und dem Körper $\mathbf{Q}$ der rationalen Zahlen, sowie des Quotientenkörpers $\mathbf{Q}(x_0, x_1, \ldots)$ dieser beiden Polynomringe.

Wir definieren rekursiv Polynome p_n und q_n in $\mathbf{Z}[x_0, x_1, \ldots]$ vermöge

$$p_{-2} := 0, \quad p_{-1} := 1, \quad q_{-2} := 1, \quad q_{-1} := 0 \quad \text{und}$$
$$p_n := x_n p_{n-1} + p_{n-2}$$
$$q_n := x_n q_{n-1} + q_{n-2}$$

für $n \geq 0$. Es ist dann $p_0 = x_0$, $p_1 = x_1 x_0 + 1$ und $q_0 = 1$, $q_2 = x_2 x_1 + 1$. Man beachte, dass x_0 in keinem der q_n vorkommt. Diese Bemerkung wird in Satz 1 präzisiert.

Mit $p_{m-1}(x_{n+1}, \ldots, x_{n+m})$ bezeichnen wir das Polynom, das aus p_{m-1} entsteht, wenn man in p_{m-1} die Unbestimmten x_0, $\ldots$, x_{m-1} durch x_{n+1}, $\ldots$, x_{n+m} ersetzt. Entsprechende Bezeichnungen benutzen wir, wenn wir die x_i durch Elemente aus $\mathbf{Z}$ oder $\mathbf{R}$ ersetzen. Dass wir bei den qs genauso verfahren, braucht nicht eigens gesagt zu werden.

Satz 1. *Ist $n \geq -1$, so ist $q_n = p_{n-1}(x_1, \ldots, x_n)$.*

Beweis. Es ist $q_{-1} = 0 = p_{-2}$ und $q_0 = 1 = p_{-1}$. Es sei also $n \geq 1$ und der Satz gelte für $n - 1$. Dann ist

$$
\begin{aligned}
q_n &= x_n q_{n-1} + q_{n-2} \\
&= x_n p_{n-2}(x_1, \ldots, x_{n-1}) + p_{n-3}(x_1, \ldots, x_{n-2}) \\
&= p_{n-1}(x_1, \ldots, x_n).
\end{aligned}
$$

Satz 2. *Für $m, n \in \mathbf{N}$ gilt*

$$
p_{n+m} = p_n p_{m-1}(x_{n+1}, \ldots, x_{n+m}) + p_{n-1} q_{m-1}(x_{n+1}, \ldots, x_{n+m})
$$

und

$$
q_{n+m} = q_n p_{m-1}(x_{n+1}, \ldots, x_{n+m}) + q_{n-1} q_{m-1}(x_{n+1}, \ldots, x_{n+m}).
$$

Beweis. Wir setzen $p'_{m-1} := p_{m-1}(x_{n+1}, \ldots, x_{n+m})$. Dann ist der Satz gleichbedeutend mit der Aussage

$$
\begin{pmatrix} p_n & p_{n-1} \\ q_n & q_{n-1} \end{pmatrix} \begin{pmatrix} p'_{m-1} & p'_{m-2} \\ q'_{m-1} & q'_{m-2} \end{pmatrix} = \begin{pmatrix} p_{n+m} & p_{n+m-1} \\ q_{n+m} & q_{n+m-1} \end{pmatrix}.
$$

Nun ist

$$
\begin{pmatrix} p_n & p_{n-1} \\ q_n & q_{n-1} \end{pmatrix} \begin{pmatrix} x_{n+1} & 1 \\ 1 & 0 \end{pmatrix} = \begin{pmatrix} p_{n+1} & p_n \\ q_{n+1} & q_n \end{pmatrix}.
$$

Wegen

$$
\begin{pmatrix} x_{n+1} & 1 \\ 1 & 0 \end{pmatrix} = \begin{pmatrix} p'_0 & p'_{-1} \\ q'_0 & q'_{-1} \end{pmatrix}
$$

gilt die Aussage also für $m = 1$. Sie gelte für m. Wegen

$$
\begin{pmatrix} p_{n+m} & p_{n+m-1} \\ q_{n+m} & q_{n+m-1} \end{pmatrix} \begin{pmatrix} x_{n+m+1} & 1 \\ 1 & 0 \end{pmatrix} = \begin{pmatrix} p_{n+m+1} & p_{n+m} \\ q_{n+m+1} & q_{n+m} \end{pmatrix}
$$

und

$$
\begin{pmatrix} p'_{m-1} & p'_{m-2} \\ q'_{m-1} & q'_{m-2} \end{pmatrix} \begin{pmatrix} x_{n+m+1} & 1 \\ 1 & 0 \end{pmatrix} = \begin{pmatrix} p'_m & p'_{m-1} \\ q'_m & q'_{m-1} \end{pmatrix}
$$

folgt aufgrund der Assoziativität der Matrizenmultiplikation die Behauptung von Satz 2.

Weitere wichtige Identitäten werden in den nächsten beiden Sätzen ausgesprochen.

Satz 3. *Für alle $n \geq -1$ gilt*

$$
p_n q_{n-1} - p_{n-1} q_n = (-1)^{n-1},
$$

bzw.

$$
\frac{p_n}{q_n} - \frac{p_{n-1}}{q_{n-1}} = \frac{(-1)^{n-1}}{q_{n-1} q_n}.
$$

Beweis. Es ist

$$p_n q_{n-1} - p_{n-1} q_n = (x_n p_{n-1} + p_{n-2}) q_{n-1} - p_{n-1} (x_n q_{n-1} + q_{n-2})$$
$$= -(p_{n-1} q_{n-2} - p_{n-2} q_{n-1}),$$

sodass wegen $p_{-2} q_{-1} - p_{-1} q_{-2} = -1$ Induktion zum Ziele führt.

Satz 4. *Es ist*

$$p_n q_{n-2} - p_{n-2} q_n = (-1)^n x_n \quad bzw. \quad \frac{p_n}{q_n} - \frac{p_{n-2}}{q_{n-2}} = \frac{(-1)^n x_n}{q_{n-2} q_n}.$$

Beweis. Satz 3 liefert

$$p_n q_{n-2} - p_{n-2} q_n = (x_n p_{n-1} + p_{n-2}) q_{n-2} - p_{n-2} (x_n q_{n-1} + q_{n-2})$$
$$= x_n (p_{n-1} q_{n-2} - p_{n-2} q_{n-1}) = (-1)^{n-2} x_n$$

und damit die Behauptung.

Satz 5. *Es ist $p_n = p_n(x_n, x_{n-1}, \ldots, x_0)$ für alle $n \in \mathbf{N}_0$.*

Beweis. Wegen $p_{-2} = 0$, $p_{-1} = 1$, $p_0 = x_0$ und $p_1 = x_1 x_0 + 1$ gilt der Satz für $n \leq 1$. Es sei $n > 1$ und der Satz gelte für alle $m < n$. Dann ist

$$p_n = x_n p_{n-1} + p_{n-2}$$
$$= x_n p_{n-1}(x_{n-1}, \ldots, x_0) + p_{n-2}(x_{n-2}, \ldots, x_0)$$
$$= x_n x_0 p_{n-2}(x_{n-1}, \ldots, x_1) + x_n p_{n-3}(x_{n-1}, \ldots, x_2)$$
$$+ \ x_0 p_{n-3}(x_{n-2}, \ldots, x_1) + p_{n-4}(x_{n-2}, \ldots, x_2)$$
$$= x_n x_0 p_{n-2}(x_{n-1}, \ldots, x_1) + x_n p_{n-3}(x_{n-1}, \ldots, x_2)$$
$$+ \ x_0 p_{n-3}(x_1, \ldots, x_{n-2}) + p_{n-4}(x_{n-2}, \ldots, x_2).$$

Ersetzt man hierin x_i durch x_{n-i} für $i := 0, \ldots, n$, so erhält man

$$p_n(x_n, \ldots, x_0) = x_0 x_n p_{n-2}(x_1, \ldots, x_{n-1}) + x_0 p_{n-3}(x_1, \ldots, x_{n-2})$$
$$+ \ x_n p_{n-3}(x_{n-1}, \ldots, x_2) + p_{n-4}(x_2, \ldots, x_{n-2}).$$

Nochmalige Anwendung der Induktionsannahme auf den ersten und den letzten Term der rechten Seite liefert schließlich die Behauptung.

Mit $\mathbf{R}_>$ bezeichnen wir die Menge der positiven reellen Zahlen und mit $\mathbf{R}_>^\infty$ die Menge aller Abbildungen a von $\mathbf{N}$ nach $\mathbf{R}_>$. Weiter bezeichne $\mathbf{R} \times \mathbf{R}_>^\infty$ die Menge aller Folgen a mit $a_0 \in \mathbf{R}$ und $a_n \in \mathbf{R}_>$ für alle $n \in \mathbf{N}$.

Satz 6. *Ist $a \in \mathbf{R} \times \mathbf{R}_>^\infty$, so ist $q_n(a_0, \ldots, a_n) > 0$ für alle $n \in \mathbf{N}$. Gilt $a_i \in \mathbf{N}$ für $i \in \mathbf{N}$, so ist*

$$q_n(a_0, \ldots, a_n) < q_{n+1}(a_0, \ldots, a_{n+1})$$

für alle $n \in \mathbf{N}$. In diesem Falle ist also $\lim_{n \to \infty} q(a_0, \ldots, a_n) = \infty$.

Beweis. Dies folgt mittels Induktion aus der Rekursionsformel für q_n.

Dieser Satz erlaubt es uns, auf folgende Weise eine Abbildung $\langle . , \ldots , . \rangle$ von $\mathbf{R} \times \mathbf{R}_{>}^{n}$ in $\mathbf{R}$ zu definieren:

$$\langle a_0, a_1, \ldots, a_n \rangle := \frac{p_n(a_0, a_1, \ldots, a_n)}{q_n(a_0, a_1, \ldots, a_n)}.$$

Für diese Abbildungen gilt folgende Rekursion.

Satz 7. *Es ist* $\langle a_0, \ldots, a_{n+m} \rangle = \langle a_0, \ldots, a_n, \langle a_{n+1}, \ldots, a_{n+m} \rangle \rangle$.

Beweis. Wegen $a_{n+i} > 0$ für alle $i \in \mathbf{N}$ ist $\langle a_{n+1}, \ldots, a_{n+m} \rangle > 0$. Folglich ist $\langle a_0, \ldots, a_n, \langle a_{n+1}, \ldots, a_{n+m} \rangle \rangle$ definiert. Nun ist

$$\frac{p_{n+1}(a_0, \ldots, a_n, \langle a_{n+1}, \ldots, a_{n+m} \rangle)}{q_{n+1}(a_0, \ldots, a_n, \langle a_{n+1}, \ldots, a_{n+m} \rangle)}$$

$$= \frac{\langle a_{n+1}, \ldots, a_{n+m} \rangle p_n(a_0, \ldots, a_n) + p_{n-1}(a_0, \ldots, a_{n-1})}{\langle a_{n+1}, \ldots, a_{n+m} \rangle q_n(a_0, \ldots, a_n) + q_{n-1}(a_0, \ldots, a_{n-1})}.$$

Hieraus folgt mit Satz 2 die Behauptung.

Satz 8. *Es ist* $\langle a_0, a_1, \ldots, a_n \rangle = \langle a_0, \ldots, a_{n-1} + a_n^{-1} \rangle$.

Beweis. Nach Satz 7 ist $\langle a_0, \ldots, a_n \rangle = \langle a_0, \ldots, \langle a_{n-1}, a_n \rangle \rangle$. Ferner ist

$$\langle a_{n-1}, a_n \rangle = \frac{p_1(a_{n-1}, a_n)}{q_1(a_{n-1}, a_n)} = \frac{a_n a_{n-1} + 1}{a_n} = a_{n-1} + a_n^{-1}.$$

Damit ist alles bewiesen.

Iteriert man das, so erhält man zum Beispiel

$$\langle a_0, a_1, a_2, a_3 \rangle = a_0 + \left(a_1 + (a_2 + a_3^{-1})^{-1} \right)^{-1}.$$

Daher erklärt sich der Name *Kettenbruch* für $\langle a_0, \ldots, a_n \rangle$.

Ist $a \in \mathbf{Z} \times \mathbf{N}^n$, so ist der Kettenbruch $\langle a_0, \ldots, a_n \rangle$ eine rationale Zahl. Wie man umgekehrt eine rationale Zahl in einen Kettenbruch verwandelt, sagt der nächste Satz.

Satz 9. *Ist* $a \in \mathbf{Z}$ *und* $b \in \mathbf{N}$ *und sind* a_0, ..., a_n *und* r_0, ..., r_{n-1} *gemäß dem euklidischen Algorithmus*

$$a = a_0 b + r_0$$

$$b = a_1 r_0 + r_1$$

$$r_0 = a_2 r_1 + r_2$$

$$\cdots$$

$$r_{n-3} = a_{n-1} r_{n-2} + r_{n-1}$$

$$r_{n-2} = a_n r_{n-1}$$

bestimmt, wobei $r_i \in \mathbf{N}$ *gelten möge, so ist* $\frac{a}{b} = \langle a_0, \ldots, a_n \rangle$.

Beweis. Setzt man $r_{-2} := a$ und $r_{-1} := b$ sowie $r_n := 0$, so gilt also $r_{j-2} = a_j r_{j-1} + r_j$ für $j := 0, \ldots, n$ und $0 < r_j < r_{j-1}$ für $j := 0, \ldots, n-1$. Es folgt weiter, wenn man statt $p_j(a_0, \ldots, a_n)$ nur p_j schreibt,

$$p_j r_{j+1} + p_{j+1} r_j = p_j(-a_{j+1} r_j + r_{j-1}) + (a_{j+1} p_j + p_{j-1}) r_j$$

$$= p_{j-1} r_j + p_j r_{j-1}.$$

Ebenso folgt die Gleichung $q_j r_{j+1} + q_{j+1} r_j = q_{j-1} r_j + q_j r_{j-1}$. Mittels Induktion folgt

$$p_j r_{j+1} + p_{j+1} r_j = a$$
$$q_j r_{j+1} + q_{j+1} r_j = b.$$

Mit $j = n-1$ folgen schließlich wegen $r_n = 0$ die Gleichungen $p_n r_{n-1} = a$ und $q_n r_{n-1} = b$. Also ist

$$\frac{a}{b} = \frac{p_n(a_0, \ldots, a_n)}{q_n(a_0, \ldots, a_n)} = \langle a_0, \ldots, a_n \rangle,$$

was zu beweisen war.

Weil $r_{n-1} < r_{n-2}$ ist, ist $a_n \geq 2$. Mit Satz 8 folgt daher, dass $\langle a_0, \ldots, a_n \rangle = \langle a_0, \ldots, a_n - 1, 1 \rangle$ ist. Zu einer rationalen Zahl gibt es also immer zwei verschiedene endliche Kettenbrüche, die diese Zahl darstellen. Dazu gleich mehr. Zunächst wenden wir uns jedoch den unendlichen Kettenbrüchen zu.

Satz 10. *Ist $a \in \mathbf{Z} \times \mathbf{N}^\infty$, so existiert*

$$\langle a_0, a_1, \ldots \rangle := \lim_{n \to \infty} \langle a_0, \ldots, a_n \rangle.$$

Beweis. Anstelle von $p_n(a_0, \ldots, a_n)$ und $q_n(a_0, \ldots, a_n)$ schreiben wir wieder nur p_n und q_n. Wir setzen $\nu_n := \frac{p_n}{q_n}$. Nach Satz 4 ist dann

$$\nu_{2n} - \nu_{2n-2} = \frac{(-1)^{2n} a_{2n}}{q_{2n-2} q_{2n}} > 0.$$

Also ist $n \to \nu_{2n}$ eine monoton steigende Folge. Ebenso sieht man, dass $n \to \nu_{2n+1}$ eine monoton fallende Folge ist. Mit Satz 3 folgt

$$\nu_{2n+1} - \nu_{2n} = \frac{(-1)^{2n}}{q_{2n} q_{2n+1}} > 0.$$

Also ist $\nu_{2n+1} > \nu_{2m}$ für alle $m \leq n$. Wäre nun $\nu_{2n+1} < \nu_{2m}$, so folgte $n < m$ und damit

$$\nu_{2n+1} < \nu_{2m} < \nu_{2m+1} < \nu_{2n+1}.$$

Dieser Widerspruch zeigt, dass $\nu_{2m} < \nu_{2n+1}$ ist für alle m und n. Aus all diesem folgt, dass die Grenzwerte $\alpha := \lim_{n \to \infty} \nu_{2n}$ und $\beta := \lim_{n \to \infty} \nu_{2n+1}$ existieren und dass $\alpha \leq \beta$ gilt. Nach den Sätzen 2 und 4 gilt

$$\lim_{n \to \infty} |\nu_{2n} - \nu_{2n-1}| = \lim_{n \to \infty} \frac{1}{q_{2n-1} q_{2n}} = 0,$$

sodass $\alpha = \beta$ ist. Damit ist alles bewiesen.

Wir nennen auch $\langle a_0, a, \ldots \rangle$ *Kettenbruch* bzw. *unendlichen Kettenbruch*, falls es nötig ist, darauf hinzuweisen, dass der Kettenbruch nicht abbricht.

Korollar. *Es sei $a \in \mathbf{Z} \times \mathbf{N}^\infty$. Ist dann $r := \langle a_0, a_1, \ldots \rangle$, so gilt für alle $n \in \mathbf{N}$*

$$\langle a_0, \ldots, a_{2n} \rangle < r < \langle a_0, \ldots, a_{2n+1} \rangle.$$

Satz 11. *Es seien a, $b \in \mathbf{Z} \times \mathbf{N}^\infty$. Genau dann ist $\langle a_0, a_1, \ldots \rangle = \langle b_0, b_1, \ldots \rangle$, wenn $a = b$ ist.*

Beweis. Setze $a'_n := \langle a_n, a_{n+1}, \ldots \rangle$. Es folgt

$$a'_n = \lim_{m \to \infty} \langle a_n, \ldots, a_{n+m} \rangle.$$

Nach Satz 8 ist

$$\langle a_n, \ldots, a_{n+m} \rangle = a_n + \langle a_{n+1}, \ldots, a_{n+m} \rangle^{-1}$$

und daher $a'_n = a_n + (a'_{n+1})^{-1}$. Hieraus folgt $a'_n > a_n \geq 1$ und weiter $(a'_n)^{-1} < 1$ für alle n. Insbesondere folgt, dass $a_n = \lfloor a'_n \rfloor$ ist.

Es sei nun $x := \langle a_0, a_1, \ldots \rangle = \langle b_0, b_1, \ldots \rangle$. Dann ist $a_0 = \lfloor x \rfloor = b_0$. Es sei $n \in \mathbf{N}_0$ und es gelte $a_0 = b_0$, ..., $a_n = b_n$. Dann ist

$$\langle a_0, a_1, \ldots, a_n, a'_{n+1} \rangle = x = \langle a_0, a_1, \ldots, a_n, b'_{n+1} \rangle.$$

Es folgt

$$\frac{a'_{n+1} p_n + p_{n-1}}{a'_{n+1} q_n + q_{n-1}} = \frac{b'_{n+1} p_n + p_{n-1}}{b'_{n+1} q_n + q_{n-1}}$$

und weiter

$$a'_{n+1}(p_n q_{n-1} - p_{n-1} q_n) = b'_{n+1}(p_n q_{n-1} - p_{n-1} q_n).$$

Weil der Ausdruck in der Klammer nach Satz 3 von null verschieden ist, ist also $a'_{n+1} = b'_{n+1}$. Hieraus folgt schließlich

$$a_{n+1} = \lfloor a'_{n+1} \rfloor = \lfloor b'_{n+1} \rfloor = b_{n+1}.$$

Damit ist der Satz bewiesen.

Korollar. *Ist $a \in \mathbf{Z} \times \mathbf{N}^\infty$, so ist $a_n = \lfloor a'_n \rfloor$ für alle $n \in \mathbf{N}_0$.*

Dies wurde beim Beweise von Satz 11 mitbewiesen.

Satz 12. *Es sei $a \in \mathbf{Z} \times \mathbf{N}^n$. Setze $a'_i := \langle a_i, \ldots, a_n \rangle$. Ist $a_n > 1$, so ist $a_i = \lfloor a'_i \rfloor$ für $i := 0, \ldots,$. Ist $a_n = 1$, so ist $a_i = \lfloor a'_i \rfloor$ für $i := 0, \ldots, n-2$ und $a'_{n-1} = a_{n-1} + a_n$.*

Beweis. Wie beim Beweise von Satz 11 erhalten wir

$$a'_i = a_i + (a'_{i+1})^{-1}$$

für $i := 0, \ldots, n-1$. Hieraus folgt weiter $a'_i > 1$ für $i := 0, \ldots, n-1$. Dies hat $a_i = \lfloor a'_i \rfloor$ für $i := 0, \ldots, n-2$ zur Folge. Ist nun $a_n > 1$, so ist auch noch $a_{n-1} = \lfloor a'_{n-1} \rfloor$. Ist $a_n = 1$, so ist

$$a'_{n-1} = a_{n-1} + (a'_n)^{-1} = a_{n-1} + 1 = a_{n-1} + a_n.$$

Damit ist alles bewiesen.

Satz 13. *Ist $r \in \mathbf{R}$ irrational, so gibt es ein $a \in \mathbf{Z} \times \mathbf{N}^\infty$ mit $r = \langle a_0, a_1, \ldots \rangle$.*

Beweis. Es bezeichne $\mathbf{I}$ die Menge der irrationalen Zahlen. Wir definieren eine Abbildung R von $\mathbf{Z} \times \mathbf{I}$ in sich durch

$$R(a, \xi) := \left(\lfloor \xi^{-1} \rfloor, \xi^{-1} - \lfloor \xi^{-1} \rfloor \right).$$

Weil ξ irrational ist, ist R wirklich eine Abbildung von $\mathbf{Z} \times \mathbf{I}$ in sich. Nach dem dedekind-schen Rekursionssatz gibt es zwei Folgen a und ξ mit $a_0 := \lfloor r \rfloor$ und $\xi_0 = r - a_0$ und

$$(a_{n+1}, \xi_{n+1}) = R(a_n, \xi_n) = \left(\lfloor \xi_n^{-1} \rfloor, \xi_n^{-1} - \lfloor \xi_n^{-1} \rfloor \right).$$

Es folgt

$$\xi_n^{-1} = a_{n+1} + \xi_{n+1} = \langle a_{n+1}, \xi_{n+1} \rangle.$$

Wir zeigen, dass $r = \langle a_0, a_1, \ldots \rangle$ ist. Es ist

$$r = a_0 + \xi_0 = \langle a_0, \xi_0^{-1} \rangle.$$

Es sei $n \in \mathbf{N}_0$ und es gelte $r = \langle a_0, \ldots, a_n, \xi_n^{-1} \rangle$. Dann ist

$$r = \langle a_0, \ldots, a_n, \langle a_{n+1}, \xi_{n+1} \rangle \rangle.$$

Es gilt also

$$r = \langle a_0, \ldots, a_n, \xi_n^{-1} \rangle$$

für alle $n \in \mathbf{N}_0$. Daher ist

$$r = \frac{p_n \xi^{-1} + p_{n-1}}{q_n \xi^{-1} + q_{n-1}} = \frac{p_n(a_{n+1} + \xi_{n+1}) + p_{n-1}}{q_n(a_{n+1} + \xi_{n+1}) + q_{n-1}} = \frac{p_{n+1} + p_n \xi_{n+1}}{q_{n+1} + q_n \xi_{n+1}}$$

für alle n. Hieraus folgt

$$\left| r - \frac{p_{n+1}}{q_{n+1}} \right| = \frac{1}{q_{n+1}(q_{n+1}\xi_{n+1}^{-1} + q_n)} < \frac{1}{q_n q_{n+1}}.$$

Mit Satz 6 folgt nun die Behauptung.

Satz 14. *Es sei $r \in \mathbf{R}$. Genau dann hat r zwei und dann auch nur zwei Darstellungen als Kettenbruch, wenn r rational ist.*

Dies ist eine einfache Übungsaufgabe nach all dem, was wir bislang gemacht haben.

2. Der Kettenbruch der eulerschen Zahl. Von Euler stammt die Entwicklung der eulerschen Zahl e in einen Kettenbruch. Ob die Methode der Entwicklung, die ich hier vortrage, die eulersche ist, weiß ich jedoch nicht. Wir beginnen mit einem Ergebnis von Johann Heinrich Lambert (1728–1777). Es ist

$$\frac{e^{\frac{2}{k}} + 1}{e^{\frac{2}{k}} - 1} = \langle k, 3k, 5k, 7k, 9k, 11k, \ldots \rangle$$

für alle $k \in \mathbf{N}$.

Beweis. Die Reihe

$$\varphi_\nu := \sum_{n:=0}^{\infty} \frac{2^\nu (\nu + n)!}{n!(2\nu + 2n)!} \left(\frac{1}{k} \right)^{\nu + 2n}$$

hat die Majorante

$$\sum_{n:=0}^{\infty} \frac{2^{\nu}}{n!} \left(\frac{1}{k}\right)^{\nu+2n} = \left(\frac{2}{k}\right)^{\nu} e^{k^{-2}}.$$

Folglich ist φ_{ν} konvergent und damit absolut konvergent. Ferner ist $\varphi_{\nu} > 0$. Da φ_{ν} für alle ν absolut konvergent ist, kann man φ_{ν} und $(2\nu+1)k\varphi_{\nu+1}$ koeffizientenweise von einander subtrahieren. Man erhält auf diese Weise

$$\varphi_{\nu} - (2\nu+1)k\varphi_{\nu+1} = \sum_{n:=1}^{\infty} \frac{2^{\nu+1}(\nu+n)!}{(n-1)!(2\nu+1+2n)!} \left(\frac{1}{k}\right)^{\nu+2n}.$$

Mit $m := n - 1$ folgt

$$\frac{2^{\nu+1}(\nu+n)!}{(n-1)!(2\nu+1+2n)!} = \frac{2^{\nu+1}(\nu+m+1)!}{m!(2\nu+3+2m)!} = \frac{2^{\nu+2}(\nu+m+2)!}{m!(2\nu+4+2m)!}.$$

Daher ist $\varphi_{\nu} - (2\nu+1)k\varphi_{\nu+1} = \varphi_{\nu+2}$.

Setze $\zeta_{\nu} := \frac{\varphi_{\nu}}{\varphi_{\nu+1}}$. Dann ist

$$\zeta_{\nu} = (2k+1)k + \zeta_{\nu+1}^{-1}.$$

Hieraus folgt, dass $\zeta_{\nu} > 1$ ist für alle ν. Daher ist $\lfloor \zeta_{\nu} \rfloor = (2\nu+1)k$ und folglich

$$\zeta_0 = \langle k, 3k, 5k, 7k, \ldots \rangle.$$

Nun ist

$$\varphi_0 = \sum_{n:=0}^{\infty} \frac{n!}{n!(2n)!} \left(\frac{1}{k}\right)^{2n} = \sum_{n:=0}^{\infty} \frac{1}{(2n)!} \left(\frac{1}{k}\right)^{2n} = \tfrac{1}{2}(e^{\frac{1}{k}} + e^{-\frac{1}{k}})$$

und

$$\varphi_1 = \sum_{n:=0}^{\infty} \frac{2(1+n)!}{n!(2+2n)!} \left(\frac{1}{k}\right)^{1+2n} = \sum_{n:=0}^{\infty} \frac{1}{(1+2n)!} \left(\frac{1}{k}\right)^{1+2n} = \tfrac{1}{2}(e^{\frac{1}{k}} - e^{-\frac{1}{k}}).$$

Hieraus folgt die Behauptung.

Da der Kettenbruch unendlich ist, folgt einmal mehr, dass e irrational ist.

Und nun das eulersche Resultat. Es ist

$$e = \langle 2; 1, 2, 1; 1, 4, 1; 1, 6, 1; 1, 8, 1; 1, 10, 1; \ldots \rangle.$$

Beweis. Es sei zunächst $\frac{p_n}{q_n}$ der n-te Näherungsbruch für $\frac{e+1}{e-1}$. Nach dem lambertschen Ergebnis für $k = 2$ ist dann

$$p_n = (4n+2)p_{n-1} + p_{n-2}$$
$$q_n = (4n+2)q_{n-1} + q_{n-2}.$$

Es sei $\frac{p'_n}{q'_n}$ der n-te Näherungsbruch für $\langle 2; 1, 2, 1; 1, 4, 1; \ldots \rangle$. Es ist $a_k = 1$ für $k \not\equiv$ 2 mod 3 und $a_{3n-1} = 2n$. Ist dann $n \geq 2$, so ist also

$$p'_{3n-3} = p'_{3n-4} + p'_{3n-5}$$
$$p'_{3n-2} = p'_{3n-3} + p'_{3n-4}$$
$$p'_{3n-1} = 2np'_{3n-2} + p'_{3n-3}$$
$$p'_{3n} = p'_{3n-1} + p'_{3n-2}$$
$$p'_{3n+1} = p'_{3n} + p'_{3n-1}.$$

Hieraus folgt

$$p'_{3n+1} + p'_{3n} + 2p'_{3n-1} - p'_{3n-2} + p'_{3n-3}$$
$$= p'_{3b} + 2p'_{3n-1} + (4n+1)p'_{3n-2} + p'_{3n-3} + p'_{3n-5}.$$

Also ist

$$p'_{3n+1} = (4n+2)p'_{3n-2} + p'_{3n-5}$$

für alle $n \geq 2$. Ebenso folgt

$$q'_{3n+1} = (4n+2)q'_{3n-2} + q'_{3n-5}$$

für alle $n \geq 2$. Somit genügen die Folgen $n \to p'_{3n+1}$ und $n \to q'_{3n+1}$ sowie p und q der gleichen Rekursion.

Nun ist $p'_1 = 3 = p_0 + q_0$, $p'_4 = 19 = p_1 + q_1$, $q'_1 = 1 = p_0 - q_0$ und $q'_4 = 7 = p_1 - q_1$. Mit den bereits etablierten Rekursionsformeln folgt daher $p'_{3n+1} = p_n + q_n$ und $q'_{3n+1} = p_n - q_n$. Hiermit folgt weiter

$$\lim_{n \to \infty} \frac{p'_{3n+1}}{q'_{3n+1}} = \lim_{n \to \infty} \frac{p_n + q_n}{p_n - q_n}$$
$$= \lim_{n \to \infty} \frac{p_n q_n^{-1} + 1}{p_n q_n^{-1} - 1}$$
$$= \frac{(e+1)(e-1)^{-1} + 1}{(e+1)(e-1)^{-1} - 1}$$
$$= e.$$

Da die Folge $\frac{p'}{q'}$ konvergiert und Teilfolgen konvergenter Folgen den gleichen Grenzwert wie die Folge selbst haben, gilt die Behauptung.

Mittels der Anfangswerte und der Rekursionsformel erhält man sehr rasch $p'_{13} = 49171$, $q'_{13} = 18089$, $p'_{16} = 1084483$ und $q'_{16} = 398959$. Mittels des Korollars zu Satz 9 von Abschnitt 1 folgt

$$2,7182818284 < \frac{1084483}{398959} < e < \frac{49172}{18089} < 2,718281288.$$

3. Nochmals der Zwei-Quadrate-Satz. Die Theorie der Kettenbrüche liefert eine Möglichkeit, zu einer Primzahl $p \equiv 1 \bmod 4$ natürliche Zahlen a und b zu finden mit $p = a^2 + b^2$. Dieses von J. A. Serret (1819–1885) stammende Verfahren werden wir nun vorstellen.

Satz 1. *Ist* $a \in \mathbf{N}^{n+1}$, *so ist*

$$\langle a_n, \ldots, a_0 \rangle = \frac{p_n(a_0, \ldots, a_n)}{p_{n-1}(a_0, \ldots a_{n-1})}.$$

Beweis. Wegen $a_i \in \mathbf{N}$ für alle i ist der Kettenbruch definiert. Es ist

$$\langle a_n, \ldots, a_0 \rangle = \frac{p_n(a_n, \ldots, a_0)}{q_n(a_n, \ldots, a_0)}.$$

Nach Satz 1 von Abschnitt 1 ist $q_n(a_n, \ldots, a_0) = p_{n-1}(a_{n-1}, \ldots, a_0)$. Mit Satz 5 von Abschnitt 1 folgt daher die Behauptung.

Der Kettenbruch $\langle a_0, \ldots, a_n \rangle$ heißt *symmetrisch*, falls

$$\langle a_0, a_1, \ldots, a_n \rangle = \langle a_n, \ldots, a_1, a_0 \rangle$$

gilt. Mittels der Sätze 12 und 14 von Abschnitt 1 folgt im Falle der Symmetrie, dass $a_i = a_{n-i}$ ist für alle i.

Satz 2. *Es sei* $n \in \mathbf{N}$ *und* $a \in \mathbf{N}^{n+1}$. *Genau dann ist der Kettenbruch* $\langle a_0, \ldots, a_n \rangle$ *symmetrisch, wenn*

$$q_n(a_0, \ldots, a_n)^2 + (-1)^{n-1} \equiv 0 \bmod p_n(a_0, \ldots, a_n)$$

ist.

Beweis. Nach Satz 3 von Abschnitt 1 gilt

$$q_n(a_0, \ldots, a_n) p_{n-1}(a_0, \ldots, a_{n-1}) + (-1)^{n-1} \equiv 0 \bmod p_n(a_0, \ldots, a_n).$$

Es sei nun $\langle a_0, \ldots, a_n \rangle$ symmetrisch. Mit Satz 1 folgt dann, dass

$$\frac{p_n(a_0, \ldots, a_n)}{q_n(a_0, \ldots, a_n)} = \langle a_0, \ldots, a_n \rangle = \langle a_n, \ldots, a_0 \rangle = \frac{p_n(a_0, \ldots, a_n)}{p_{n-1}(a_0, \ldots, a_{n-1})}$$

ist. Also ist $p_{n-1}(a_0, \ldots, a_{n-1}) = q_n(a_0, \ldots, a_n)$ und folglich

$$q_n(a_0, \ldots, a_n)^2 + (-1)^{n-1} \equiv 0 \bmod p_n(a_0, \ldots, a_n).$$

Es gelte umgekehrt diese Kongruenz. Wie zu Anfang bemerkt gilt

$$q_n(a_0, \ldots, a_n) p_{n-1}(a_0, \ldots, a_{n-1}) + (-1)^{n-1} \equiv 0 \bmod p_n(a_0, \ldots, a_n).$$

Daher ist

$$q_n(a_0, \ldots, a_n)^2 \equiv q_n(a_0, \ldots, a_n) p_{n-1}(a_0, \ldots, a_{n-1}) \bmod p_n(a_0, \ldots, a_n).$$

Wegen der Teilerfremdheit von p_n und q_n folgt weiter

$$q_n(a_0, \ldots, a_n) \equiv p_{n-1}(a_0, \ldots, a_n) \bmod p_n(a_0, \ldots, a_n).$$

Nun ist

$$1 \leq a_0 < \langle a_0, \ldots, a_n \rangle = \frac{p_n(a_0, \ldots, a_n)}{q_n(a_0, \ldots, a_n)},$$

also $q_n(a_0, \ldots, a_n) < p_n(a_0, \ldots, a_n)$. Ferner gilt $p_{n-1}(a_0, \ldots, a_{n-1}) < p_n(a_0, \ldots, a_n)$. Die gerade bewiesene Kongruenz liefert also, dass

$$q_n(a_0 \ldots, a_n) = p_{n-1}(a_0, \ldots, a_{n-1})$$

ist. Mittels Satz 1 dieses Abschnitts folgt nun

$$\langle a_0, \ldots, a_n \rangle = \frac{p_n(a_0, \ldots, a_n)}{q_n(a_0, \ldots, a_n)} = \frac{p_n(a_0, \ldots, a_n)}{p_{n-1}(a_0, \ldots, a_{n-1})} = \langle a_n, \ldots, a_0 \rangle,$$

sodass $\langle a_0, \ldots, a_n \rangle$ symmetrisch ist.

Serretscher Zwei-Quadrate-Algorithmus.

Input: Natürliche Zahlen P und Q mit $Q^2 + 1 \equiv 0 \bmod P$.
Output: Natürliche Zahlen a, b mit $\mathrm{ggT}(a, b) = 1$ und $P = a^2 + b^2$.

Variable: n, a_0, a_1, ...: integer;

begin $Q := Q \bmod P$;
    if $Q > P - Q$ then $Q := P - Q$.
    $(* Q^2 \equiv 1 \bmod P$ und $P \operatorname{DIV} Q \geq 2$

    Lagranges Kettenbruchalgorithmus liefert n und a_0, ..., a_n mit $\frac{P}{Q} = \langle a_0, \ldots, a_n \rangle$

    $(*$ Ist $n \geq 1$, so ist $a_n \geq 2$. Ist $n = 0$, so ist $a_0 = \frac{P}{Q} \geq 2$.
    $(*$ Also ist stets $a_n \geq 2$.

    if n ist gerade then

    $(*$ Es ist $a_n \geq 2$ und
    $(* \frac{P}{Q} = \langle a_0, \ldots, a_n - 1, 1 \rangle$.
    begin $a_n := a_n - 1$;
       $a_{n+1} := 1$;
       $n := n + 1$
    end;
    $(* \frac{P}{Q} = \langle a_0, \ldots, a_n \rangle$ und n ist ungerade.
    $k := n \operatorname{DIV} 2$;
    $(*$ Es ist $n = 2k + 1$.
    $a := p_k(a_0, \ldots, a_k)$;
    $b := p_{k-1}(a_0, \ldots, a_{k-1})$
end; $(*$ Serretscher Zwei-Quadrate-Algorithmus

Korrektheitsbeweis. Die Kongruenz $Q^2 + 1 \equiv 0 \bmod P$ hängt nur vom Rest von Q modulo P ab. Ferner gilt

$$Q^2 \equiv (-Q)^2 \equiv (P - Q)^2 \bmod P.$$

Daher ist der erste Kommentar korrekt.

Beim zweiten ist die Begründung gleich mitgeliefert, wenn man nur beachtet, dass der euklidische Algorithmus im Falle $n \geq 1$ ein a_n mit $a_n \geq 2$ liefert. Also gilt auch der zweite Kommentar.

Die Kommentare 3, 4 und 5 verstehen sich wieder von selbst.

Es bleibt zu beweisen, dass a und b das Verlangte leisten. Aus $Q^2 + 1 \equiv 0 \bmod P$ folgt $\mathrm{ggT}(P, Q) = 1$. Wegen

$$\frac{P}{Q} = \frac{p_n(a_0, \ldots, a_n)}{q_n(a_0, \ldots, a_n)}$$

zieht dies $P = p_n(a_0, \ldots, a_n)$ und $Q = q_n(a_0, \ldots, a_n)$ nach sich. Weil n ungerade ist, folgt

$$q_n(a_0, \ldots, a_n)^2 + (-1)^{n-1} = Q^2 + 1 \equiv 0 \bmod P.$$

Also ist $\langle a_0, \ldots, a_n \rangle$ nach Satz 2 symmetrisch. Hieraus folgt $a_i = a_{n-i}$ für $0 \leq i \leq n$. Nach Satz 2 von Abschnitt 1 und wegen $n = k + k + 1$ gilt

$$\begin{aligned}
P &= p_n(a_0, \ldots, a_n) \\
&= p_k(a_0, \ldots, a_k) p_k(a_{k+1}, \ldots, a_n) \\
&\quad + p_{k-1}(a_0, \ldots, a_{k-1}) q_k(a_{k+1}, \ldots, a_n) \\
&= a p_k(a_k, \ldots, a_0) + b q_k(a_k, \ldots, a_0).
\end{aligned}$$

Mit Satz 5 von Abschnitt 1 folgt $p_k(a_k, \ldots, a_0) = a$ und mit den Sätzen 1 und 5 von Abschnitt 1 folgt

$$\begin{aligned}
q_k(a_k, \ldots, a_0) &= p_{k-1}(a_{k-1}, \ldots, a_0) \\
&= p_{k-1}(a_0, \ldots, a_{k-1}) \\
&= b.
\end{aligned}$$

Also ist in der Tat $P = a^2 + b^2$. Dass a und b teilerfremd sind, folgt unmittelbar aus Satz 3 von Abschnitt 1.

Der allereinfachste unendliche Kettenbruch ist der, für den $a_n = 1$ für alle $n \in \mathbf{N}_0$ gilt. Wir setzen

$$F_n := p_n(1, 1, \ldots, 1).$$

Dann ist $F_{-2} = 0$, $F_{-1} = 1$, $F_0 = 1$, $F_1 = 2$ und es gilt

$$F_{n+1} = F_n + F_{n-1}.$$

Es ist also F die Folge der Fibonaccizahlen, und zwar im Sinne von Fibonacci indiziert und nicht im Sinne der Zeitschrift „The Fibonacci Quarterly" (Lüneburg 1993, S. 197f.). Weiter gilt

$$F_{n-1} = q_n(1, 1, \ldots, 1).$$

Also ist
$$\frac{F_n}{F_{n-1}} = \langle 1, 1, \ldots, 1 \rangle.$$

Dieser Kettenbruch ist symmetrisch. Also gilt
$$F_{n-1}^2 + (-1)^{n-1} \equiv 0 \bmod F_n.$$

Ist $n = 2k + 1$, so folgt also mittels des serretschen Zwei-Quadrate-Algorithmus, dass
$$F_{2k+1} = F_k^2 + F_{k-1}^2 .$$

Es sei P eine Primzahl mit $P \equiv 1 \bmod 4$. Ist dann u ein Nicht-Quadrat modulo P, so ist
$$Q := u^{\frac{P-1}{4}} \bmod P$$

ein Element der Ordnung 4 in der multiplikativen Gruppe von GF(P); siehe Aufgabe 3. Also ist $Q^2 \equiv -1 \bmod P$. Der serretsche Zwei-Quadrate-Algorithmus liefert dann a und b mit $P = a^2 + b^2$. Auf diese Weise erhält man also aufs Neue den fermatschen Zwei-Quadrate-Satz.

Um ein u zu bestimmen, das kein Quadrat modulo P ist, greife man zufällig einen Rest modulo P. Die Wahrscheinlichkeit, dass dieser kein Quadrat ist, ist $\frac{1}{2}$, sodass man im Schnitt zweimal zugreifen muss, um ein Nicht-Quadrat zu erhalten.

4. Die modulare Gruppe. Wir bezeichnen mit $\mathcal{G}$ die Gruppe aller Matrizen $A := \begin{pmatrix} a & b \\ c & d \end{pmatrix}$ mit a, b, c, $d \in \mathbf{Z}$ und $\det(A) = 1$ oder -1. Es sei ferner $\mathbf{I} := \mathbf{C} - \mathbf{Q}$ die Menge aller Irrationalzahlen und $\mathbf{I}_0 := \mathbf{R} - \mathbf{Q}$ die Menge aller reellen Irrationalzahlen. Wir machen die *modulare Gruppe* $\mathcal{G}$ zur Operatorgruppe auf $\mathbf{I}$ durch die Vorschrift
$$A(\beta) := \frac{a\beta + b}{c\beta + d}$$

für alle $A \in \mathcal{G}$ und alle $\beta \in \mathbf{I}$. Weil A regulär und weil β irrational ist, ist $c\beta + d \neq 0$, sodass $A(\beta)$ definiert ist. Wegen der Irrationalität von β gilt weiter $A(\beta) \in \mathbf{I}$, d.h. $A(\mathbf{I}) \subseteq \mathbf{I}$. Ist $E \in \mathcal{G}$ die Einheitsmatrix, so folgt $E(\mathbf{I}) = \mathbf{I}$. Sind A, $B \in \mathcal{G}$, so ist $AB(\beta) = A(B(\beta))$. Hieraus folgt mit $AA^{-1} = E = A^{-1}A$, dass A bijektiv auf $\mathbf{I}$ operiert. Folglich ist $\mathcal{G}$ wirklich eine Operatorgruppe auf $\mathbf{I}$. Weiter folgt, dass $\mathcal{G}$ die Teilmenge $\mathbf{I}_0$ von $\mathbf{I}$ invariant lässt.

Satz 1. *Es seien α, $\beta \in \mathbf{I}_0$. Ferner seien a, $b \in \mathbf{Z} \times \mathbf{N}^\infty$ und es gelte $\alpha = \langle a_0, a_1, \ldots \rangle$ sowie $\beta = \langle b_0, b_1, \ldots \rangle$. Genau dann liegen α und β in der gleichen Bahn von $\mathcal{G}$, wenn es m, $n \in \mathbf{N}_0$ gibt mit*
$$\langle a_m, a_{m+1}, \ldots \rangle = \langle b_n, b_{n+1}, \ldots \rangle.$$

Beweis. Wir setzen wieder $a_k' := \langle a_k, \ldots \rangle$ und entsprechend sei b_l' definiert. Ferner schreiben wir p_k anstelle von $p_k(a_0, \ldots, a_k)$ und p_k^* anstelle von $p_n(b_0, \ldots, b_k)$. Entsprechend für q.

Es sei $a_m' = b_n'$. Dann ist
$$\alpha = \frac{a_{m+1}' p_m + p_{m-1}}{a_{m+1}' q_m + q_{m-1}}$$

und

$$\beta = \frac{b'_{n+1}p^*_n + p^*_{n-1}}{b'_{n+1}q^*_n + q^*_{n-1}} = \frac{a'_{m+1}p^*_n + p^*_{n-1}}{a'_{m+1}q^*_n + q^*_{n-1}}.$$

Setze

$$A := \begin{pmatrix} p_m & p_{m-1} \\ q_m & q_{m-1} \end{pmatrix}$$

und

$$B := \begin{pmatrix} p^*_n & p^*_{n-1} \\ q^*_n & q^*_{n-1} \end{pmatrix}.$$

Dann ist $\alpha = A(a'_{m+1})$ und $\beta = B(a'_{m+1})$. Aufgrund von Satz 3 von Abschnitt 1 gilt A, $B \in \mathcal{G}$. Also ist $\beta = BA^{-1}(\alpha)$, sodass α und β in der gleichen Bahn von $\mathcal{G}$ liegen.

Es sei umgekehrt $A \in \mathcal{G}$ und $A(\alpha) = \beta$. Ferner sei $A = \begin{pmatrix} a & b \\ c & d \end{pmatrix}$ und $\frac{p_n}{q_n}$ bezeichne den n-ten Näherungsbruch von α. Dann ist

$$\alpha = \frac{a'_{n+1}p_n + p_{n-1}}{a'_{n+1}q_n + q_{n+1}}.$$

Setze

$$B := \begin{pmatrix} p_n & p_{n-1} \\ q_n & q_{n-1} \end{pmatrix}.$$

Dann ist auch $B \in \mathcal{G}$ und es gilt

$$\beta = AB(a'_{n+1}).$$

Setze

$$\begin{pmatrix} r_n & r_{n-1} \\ s_n & s_{n-1} \end{pmatrix} := AB = \begin{pmatrix} ap_n + bq_n & ap_{n-1} + bq_{n-1} \\ cp_n + dq_n & cp_{n-1} + dq_{n-1} \end{pmatrix}.$$

Dann ist

$$r_n s_{n-1} - r_{n-1} s_n = \det(AB) = \det(A)(-1)^{n-1}.$$

Es ist

$$s_n = q_n \left(c\frac{p_n}{q_n} + d \right)$$

und $q_n > 0$ für alle $n \in \mathbf{N}$. Ferner ist

$$\lim_{n \to \infty} \left(c\frac{p_n}{q_n} + d \right) = c\alpha + b.$$

Also haben s_n und $c\alpha + b$ für alle großen n das gleiche Vorzeichen. Wegen $A(\alpha) = (-A)(\alpha)$ dürfen wir $c\alpha + d > 0$ annehmen. Dann ist also $s_n > 0$ für alle hinreichend großen n. Wir entwickeln $\frac{r_n}{s_n}$ in den Kettenbruch

$$\frac{r_n}{s_n} = \langle c_0, \dots, c_m \rangle.$$

und bezeichnen mit $\frac{r'}{s'}$ seinen vorletzten Näherungsbruch. Wegen $r_n s_{n-1} - r_{n-1} s_n = (-1)^{n-1} \det(A)$ sind r_n und s_n teilerfremd. Daher und wegen $s_n > 0$ ist $\frac{r_n}{s_n}$ der letzte Näherungsbruch von $\langle c_0, \ldots, c_m \rangle$. Also ist $r_n s' - r' s_n = (-1)^{m-1}$. Da eine rationale Zahl sich stets in zwei Kettenbrüche entwickeln lässt, deren Länge sich um 1 unterscheiden, können wir m so wählen, dass $(-1)^{m-1} = \det(A)(-1)^{n-1}$ ist. Dann ist $r_n s_{n-1} - r_{n-1} s_n = r_n s' - s_n r'$. Es folgt $r_n s_{n-1} \equiv r_n s'$ mod s_n und wegen der Teilerfremdheit von r_n und s_n dann auch $s_{n-1} \equiv s'$ mod s_n. Hieraus folgt wegen $0 < s_{n-1} < s_n$ und $0 \leq s' \leq s_n$, dass $s' = s_{n-1}$ ist. Dann ist aber auch $r' = r_{n-1}$. Also ist

$$\langle c_0, \ldots, c_m, a'_{n+1} \rangle = \frac{a'_{n+1} r_n + r_{n-1}}{a'_{n+1} s_n + s_{n-1}} = AB(a'_{n+1}) = \beta.$$

Mit der Einzigkeit der Kettenbrüche von irrationalen Zahlen folgt $c_0 = b_0, \ldots, c_m = b_m$ und $a'_{n+1} = b'_{m+1}$. Damit ist alles bewiesen.

5. Periodische Kettenbrüche. Die periodischen Kettenbrüche, die diesem Abschnitt ihren Namen gaben, tauchen erst etwas später auf. Um nämlich zu beweisen, dass die periodischen Kettenbrüche genau die quadratischen reellen Irrationalitäten sind, bedarf es der Vorbereitung. Zunächst möchten wir etwas mehr darüber erfahren, wie die modulare Gruppe auf der Menge der quadratischen Irrationalitäten wirkt. Dabei dürfen diese zunächst auch komplex sein.

Es sei $f = cx^2 - bx - a \in \mathbf{Q}[x]$. Da es uns nur auf die Nullstellen von f ankommt, dürfen wir annehmen, dass sogar $f \in \mathbf{Z}[x]$ ist und dass die Koeffizienten von f teilerfremd sind. In diesem Falle nennen wir f *primitiv*. Die Zahl $D := b^2 + 4ac$ heißt *Diskriminante* von f und auch Diskriminante der Nullstellen von f. Wir setzen

$$\alpha := \frac{1}{2c}\left(\sqrt{D} + b\right)$$

und

$$\beta := \frac{1}{2c}\left(-\sqrt{D} + b\right).$$

Dann ist $f(\alpha) = f(\beta) = 0$. Ist $D \neq 0$, so sind α und β also die beiden Wurzeln von f. Wir werden im Folgenden voraussetzen, dass $\sqrt{D} \notin \mathbf{Q}$ ist, da wir uns nur für irrationale Zahlen interessieren. Dann ist

$$\mathbf{Q}[\sqrt{D}] := \{r + s\sqrt{D} \mid r, s \in \mathbf{Q}\}$$

ein Körper der Dimension 2 über $\mathbf{Q}$, und die Abbildung $r + s\sqrt{D} \rightarrow \overline{r + s\sqrt{D}} := r - s\sqrt{D}$ ist ein Automorphismus von $\mathbf{Q}[\sqrt{D}]$. Ist dann α Nullstelle von $f := cx^2 - bx - a$, so ist auch $\bar{\alpha}$ Nullstelle von f.

Die einzigen Quadrate modulo 4 sind 0 und 1. Folglich gilt $D \equiv 0$ mod 4 oder $D \equiv 1$ mod 4. Dies behalte man im Folgenden stets im Sinn.

Es sei $f = cx^2 - bx - a \in \mathbf{Z}[x]$ ein primitives, irreduzibles Polynom und ω sei eine Nullstelle von f. Ferner bezeichne $\mathcal{G}$ wieder die modulare Gruppe, die wir schon im vorigen Abschnitt betrachtet haben. Es sei $A \in \mathcal{G}$ und $\eta := A^{-1}(\omega)$. Ist $A = \left(\begin{smallmatrix} u & v \\ s & t \end{smallmatrix}\right)$, so ist

$$0 = c\omega^2 - b\omega - a = c\left(\frac{u\eta + v}{s\eta + t}\right)^2 - b\frac{u\eta + v}{s\eta + t} - a.$$

Setze

$$c' := -as^2 - bus + cu^2$$
$$b' := 2ast + b(tu + vs) - 2cuv$$
$$a' := at^2 + bvt - cv^2.$$

Es folgt $c'\eta^2 - b'\eta - a' = 0$. Weiter ist

$$\det \begin{pmatrix} -s^2 & -us & u^2 \\ 2st & tu + vs & -2uv \\ t^2 & vt & -v^2 \end{pmatrix} = -\det(A)^3 \in \{1, -1\}.$$

Mithilfe der cramerschen Regel folgt daher, dass a, b und c ganzzahlige Linearkombinationen von a', b' und c' sind. Somit ist jeder gemeinsame Teiler von a', b', c' auch gemeinsamer Teiler von a, b und c. Hieraus folgt $\mathrm{ggT}(a', b', c') = 1$, sodass auch das Polynom

$$f^A := c'x^2 - b'x - a'$$

primitiv ist. Schließlich zeigt eine einfache Rechnung, die wie alle vorherigen Rechnungen dem Leser durchzuführen überlassen bleibe, dass

$$b'^2 + 4a'c' = b^2\big(\det(A)\big)^2 + 4ac\big(\det(A)\big)^2 = b^2 + 4ac$$

ist. Es gilt also

Satz 1. *Ist ω Nullstelle des primitiven Polynoms $f = cx^2 - bx - a$ und ist ω irrational, ist ferner $A = \left(\begin{smallmatrix} u & v \\ s & t \end{smallmatrix}\right) \in \mathcal{G}$, so ist $A^{-1}(\omega)$ Nullstelle des Polynoms $f^A := c'x^2 - b'x - a'$. Dabei ist*

$$c' = -as^2 - bus + cu^2$$
$$b' = 2ast + b(tu + vs) - 2cuv$$
$$a' = at^2 + bvt - cv^2.$$

Das Polynom f^A ist ebenfalls primitiv und es gilt $b'^2 + 4a'c' = b^2 + 4ac$, d.h. f und f^A, bzw. ω und $A^{-1}(\omega)$, haben die gleiche Diskriminante.

Es sei f ein primitives und irreduzibles Polynom vom Grade 2 und ω sei eine reelle Nullstelle von f. Dann ist auch $\bar\omega$ reell. Man nennt ω *reduziert*, falls $0 < -\bar\omega < 1 < \omega$ ist. Weil f irreduzibel ist, ist ω irrational. Ist ω reduziert, so ist $\bar\omega$ nicht reduziert.

Satz 2. *Ist ω reduzierte Nullstelle eines irreduziblen Polynoms vom Grad 2 über $\mathbf{Z}$, so ist auch $-\bar\omega^{-1}$ reduziert.*

Beweis. Mit $A := \left(\begin{smallmatrix} 0 & 1 \\ -1 & 0 \end{smallmatrix}\right)$ erhält man aus Satz 1, dass $-\omega^{-1}$ und damit auch $-\bar\omega^{-1}$ Nullstelle eines primitiven und irreduziblen Polynoms vom Grade 2 ist. Aus $0 < -\bar\omega < 1$ folgt $1 < -\bar\omega^{-1}$ und aus $1 < \omega$ folgt $0 < \omega^{-1} < 1$. Da $-\overline{(-\bar\omega^{-1})} = \omega^{-1}$ ist, folgt die Behauptung.

Satz 3. *Es sei ω reduziert und es sei $a \in \mathbf{Z}$. Ferner sei ω_1 durch die Gleichung $\omega = a + \omega_1^{-1}$ definiert. Genau dann ist auch ω_1 reduziert, wenn $a = \lfloor \omega \rfloor$ ist.*

Beweis. Es sei $a = \lfloor \omega \rfloor$. Dann ist $\omega_1 = (\omega - a)^{-1} > 1$. Hieraus folgt $\bar{\omega}_1 = (\bar{\omega} - a)^{-1}$. Wegen $1 < \omega$ ist $1 \leq a$, d.h. $-a \leq -1$. Weil ω reduziert ist, ist $\bar{\omega} < 0$ und folglich $\bar{\omega} - a < -1$. Es folgt

$$-1 < (\bar{\omega} - a)^{-1} = \bar{\omega}_1 < 0$$

und weiter $0 < -\bar{\omega}_1 < 1 < \omega_1$, sodass ω_1 reduziert ist.

Ist $a > \omega$, so ist $\omega_1 = (\omega - a)^{-1} < 0$. Folglich ist ω_1 nicht reduziert. Ist $a + 1 \leq \omega$, so ist $1 \leq \omega - a$ und daher $\omega_1 \leq 1$, sodass ω_1 auch in diesem Falle nicht reduziert ist. Mit andern Worten, ist ω_1 reduziert, so ist $a \leq \omega < a + 1$, d.h. es ist $a = \lfloor \omega \rfloor$.

Satz 4. *Ist ω reduziert und ist $\omega = \langle a_0, a_1, \ldots \rangle$, so ist*

$$a_i' = \langle a_i, a_{i+1}, \ldots \rangle$$

für alle $i \in \mathbf{N}_0$ reduziert.

Die Diskriminante von a_i' ist gleich der Diskriminanten von ω.

Beweis. Wegen $a_0' = \omega$ gilt der Satz für $i = 0$. Es ist $a_i' = a_i + (a_{i+1}')^{-1}$ und $a_i = \lfloor a_i' \rfloor$. Nach Satz 3 ist daher mit a_i' auch a_{i+1}' reduziert. Die restlichen Aussagen folgen aus Satz 1 wegen

$$a_i' = \frac{a_i a_{i_1}' + 1}{a_{i+1}'} = \begin{pmatrix} a_i & 1 \\ 1 & 0 \end{pmatrix} (a_{i+1}') \, .$$

Satz 5. *Ist ω reduziert und ist $\omega = \langle a_0, a_1, \ldots \rangle$, so ist $a_i = \left\lfloor -\overline{(a_{i+1}')}^{-1} \right\rfloor$.*

Beweis. Es ist $a_i' = a_i + (a_{i+1}')^{-1}$. Dies impliziert

$$-(a_{i+1}')^{-1} = a_i + \left((-a_i')^{-1} \right)^{-1} .$$

Dies hat wiederum

$$-\overline{(a_{i+1}')}^{-1} = a_i + \left((-\overline{a_i'})^{-1} \right)^{-1}$$

zur Folge. Nach den Sätzen 4 und 2 sind $-\overline{(a_{i+1}')}^{-1}$ und $-\overline{(a_i')}^{-1}$ reduziert, sodass mit Satz 3 die Behauptung folgt.

Korollar. *Sind $\omega = \langle a_0, a_1, \ldots \rangle$ und $\omega' = \langle b_0, b_1, \ldots \rangle$ reduziert, so ist genau dann $\omega = \omega'$, wenn es ein $i \in \mathbf{N}_0$ gibt mit $a_i' = b_i'$.*

Dies folgt unmittelbar aus Satz 5.

Es sei $D \in \mathbf{N}$ und D sei kein Quadrat. Ferner gelte $D \equiv 0$ oder $D \equiv 1 \bmod 4$. Wir bezeichnen dann mit $\pi(D)$ die Menge der Paare $(b, c) \in \mathbf{N} \times \mathbf{N}$ mit den folgenden Eigenschaften:

1) Es ist $b \equiv D \bmod 2$.
2) Es ist $0 < \sqrt{D} - b < 2c < \sqrt{D} + b$.
3) Es ist c Teiler von $\frac{1}{4}(D - b^2)$.
4) Es ist $\mathrm{ggT}(\frac{1}{4c}(D - b^2), b, c) = 1$.

Satz 6. *Es sei $D \in \mathbf{N}$ und D sei kein Quadrat. Dann ist $\pi(D)$ endlich. Ist $\lambda := \lfloor\sqrt{D}\rfloor$, so ist $|\pi(D)| \leq \lfloor\frac{1}{2}(\lambda+1)\rfloor\lambda$.*

Beweis. Es ist $0 < b < \sqrt{D}$ und $2c < \sqrt{D} + b$. Es folgt $c < \sqrt{D}$. Dies zeigt, dass $\pi(D)$ endlich ist. Aus $0 < b < \sqrt{D}$ und $0 < c < \sqrt{D}$ sowie $D \equiv b \bmod 2$ folgt schließlich $|\pi(D)| \leq \lfloor\frac{1}{2}(\lambda+1)\rfloor\lambda$.

Satz 7. *Es sei $f := cx^2 - bx - a \in \mathbf{Z}[x]$ primitiv, es sei $c > 0$ und ω sei eine reelle Nullstelle von f. Ist ω reduziert und ist D die Diskriminante von f, so ist $(b,c) \in \pi(D)$.*

Beweis. Weil ω reduziert ist, ist $0 < -\bar\omega < 1 < \omega$. Ferner ist

$$\{\omega, \bar\omega\} = \left\{ \frac{1}{2c}(\sqrt{D} + b), \frac{1}{2c}(-\sqrt{D} + b) \right\}.$$

Wäre $b \leq 0$, so folgte $\bar\omega = \frac{1}{2c}(-\sqrt{D} + b)$, da $\bar\omega$ ja negativ ist. Es folgte

$$\frac{1}{2c}(\sqrt{D} - b) = -\bar\omega < 1 < \omega = \frac{1}{2c}(\sqrt{D} + b)$$

und damit der Widerspruch $0 < 2b \leq 0$. Also ist $b > 0$. Wegen $\bar\omega < 0$ folgt dann

$$\omega = \frac{1}{2c}(\sqrt{D} + b) \quad \text{und} \quad \bar\omega = \frac{1}{2c}(-\sqrt{D} + b).$$

Nun ist $D = b^2 + 4ac$. Also haben D und b die gleiche Parität, sodass 1) gilt. Es gelten auch 3) und 4). Letzteres, weil f primitiv ist. Es bleibt 2) nachzuweisen. Das ist aber gerade die Aussage, dass ω reduziert ist zusammen mit der expliziten Formel für ω und $\bar\omega$. Also ist $(b,c) \in \pi(D)$.

Satz 8. *Es sei D eine natürliche Zahl, die kein Quadrat sei. Ferner sei $D \equiv 0$ oder $1 \bmod 4$. Ist $(b,c) \in \pi(D)$ und ist $a := \frac{1}{4c}(D - b^2)$, so ist genau eine der Nullstellen von $f := cx^2 - bx - a$ reduziert. Zu verschiedenen Elementen aus $\pi(D)$ gehören verschiedene reduzierte ωs, sodass $|\pi(D)|$ die Anzahl der reduzierten ωs mit der Diskriminante D ist.*

Beweis. Es sind $\omega = \frac{1}{2c}(\sqrt{D} + b)$ und $\bar\omega = \frac{1}{4c}(-\sqrt{D} + b)$ die beiden Nullstellen von f. Mittels 2) folgt

$$0 < -\bar\omega < 1 < \omega,$$

sodass ω reduziert ist.

Ist auch noch $(b',c') \in \pi(D)$ und gilt $\frac{1}{2c}(\sqrt{D} + b) = \frac{1}{2c'}(\sqrt{D} + b')$, so folgt

$$(c - c')\sqrt{D} = bc' - cb'.$$

Weil D kein Quadrat ist, hat dies $c = c'$ und dann auch $b = b'$ zur Folge. Benutzt man dies und die Aussage von Satz 7, so folgt auch noch, dass $|\pi(D)|$ die Anzahl der reduzierten ωs ist.

Es ist übrigens gleichgültig, ob wir voraussetzen, dass D kein Quadrat in $\mathbf{Z}$ oder kein Quadrat in $\mathbf{Q}$ sei, da diese Voraussetzungen nach Satz 7 von Abschnitt 4 des Kapitels I gleichbedeutend sind.

Satz 9. *Ist ω reduziert, ist $\omega = \langle a_0, a_1, \ldots \rangle$ und ist D die Diskriminante von ω, so gibt es ein $l \in \mathbf{N}$ mit $a_i = a_{l+1}$ für alle $i \in \mathbf{N}_0$. Ist l minimal, so ist $l \leq |\pi(D)|$.*

Dies folgt mit den Sätzen 7, 6, 5 und 4.

Der Kettenbruch $\langle a_0, a_1, \ldots \rangle$ heißt *periodisch*, falls es ein $v \in \mathbf{N}_0$ und ein $l \in \mathbf{N}$ gibt mit $a_n = a_{n+l}$ für alle $n \geq v$.

Satz 10 (Euler). *Ist $\omega = \langle a_0, a_1, \ldots \rangle$ periodisch, so ist ω Nullstelle eines Polynoms zweiten Grades über $\mathbf{Z}$.*

Beweis. Weil $\langle a_0, a_1, \ldots \rangle$ periodisch ist, gibt es ein $m \in \mathbf{N}_0$ und ein $l \in \mathbf{N}$ mit $a'_{m+1} = a'_{m+l+1}$. Ist

$$A = \begin{pmatrix} p_m & p_{m-1} \\ q_m & q_{m-1} \end{pmatrix} \quad \text{und} \quad B = \begin{pmatrix} p_{m+l} & p_{m+l-1} \\ q_{m+l} & q_{m+l-1} \end{pmatrix},$$

so ist $\omega = A(a'_{m+1}) = B(a'_{m+l+1}) = B(a'_{m+1})$. Hieraus folgt $A^{-1}(\omega) = B^{-1}(\omega)$, d.h. $BA^{-1}(\omega) = \omega$. Es sei $BA^{-1} = \begin{pmatrix} u & v \\ x & y \end{pmatrix}$. Dann ist also

$$x\omega^2 + y\omega = \omega(x\omega + y) = u\omega + v.$$

Wäre $x = 0$, so wäre $uy = \det(BA^{-1}) \in \{1, -1\}$. Also gälte auch $u, y \in \{1, -1\}$. Wir dürften $u = 1$ annehmen. Dann wäre $y\omega = \omega + v$. Weil 1 und ω linear unabhängig sind, folgte $y = 1$ und $v = 0$, d.h. $B = A$. Wegen $l \in \mathbf{N}$ ist aber $B \neq A$. Also ist doch $x \neq 0$ und der Satz folglich bewiesen.

Es gilt auch die Umkehrung dieses Satzes, wie J. L. Lagrange (1736–1813) zeigte.

Satz 11. *Ist ω reelle Nullstelle eines irreduziblen Polynomes zweiten Grades über $\mathbf{Z}$, so ist $\omega = \langle a_0, a_1, \ldots \rangle$ periodisch.*

Beweis. Aufgrund von Satz 9 genügt es zu zeigen, dass es ein $i \in \mathbf{N}_0$ gibt, sodass a'_{i+1} reduziert ist. Es ist

$$\omega = \frac{a'_{i+1} p_i + p_{i-1}}{a'_{i+1} q_i + q_{i-1}}.$$

Hieraus folgt mit einer einfachen Rechnung, bei der man nur $p_i q_{i-1} - p_{i-1} q_i = (-1)^{i-1}$ zu beachten hat,

$$a'_{i+1} = \frac{-q_{i-1}\omega + p_{i-1}}{q_i\omega - p_i} = -\frac{q_{i-1}}{q_i} - \frac{(-1)^{i-1}}{q_i(q_i\omega - p_i)}.$$

Die erste Gleichung ergibt

$$\overline{a'_{i+1}} = -\frac{q_{i-1}}{q_i} \cdot \frac{\bar{\omega} - \dfrac{p_{i-1}}{q_{i-1}}}{\bar{\omega} - \dfrac{p_i}{q_i}}$$

und die zweite

$$\overline{a'_{i+1}} + 1 = \frac{1}{q_i}\left(q_i - q_{i-1} - \frac{(-1)^{i-1}}{q_i\bar{\omega} - p_i} \right).$$

Es ist

$$\lim_{i \to \infty} \left(\bar{\omega} - \frac{p_{i-1}}{q_{i-1}} \right) = \lim_{i \to \infty} \left(\bar{\omega} - \frac{p_i}{q_i} \right) = \bar{\omega} - \omega \neq 0.$$

Hieraus und aus der obigen Formel für $\overline{a'_{i+1}}$ folgt $\overline{a'_{i+1}} < 0$ für alle großen i. Ferner ist

$$\lim_{i \to \infty} \frac{(-1)^{i-1}}{q_i \bar{\omega} - p_i} = \lim_{i \to \infty} \frac{(-1)^{i-1}}{q_i} \cdot \frac{1}{\bar{\omega} - \dfrac{p_i}{q_i}} = 0.$$

Weil $q_i - q_{i-1} \in \mathbf{N}$ ist, folgt hieraus $\overline{a'_{i+1}} + 1 \geq 0$ für alle großen i. Also ist

$$0 < -\overline{a'_{i+1}} < 1$$

für alle großen i. Schließlich ist $1 \leq a_{i+1} < a'_{i+1}$ für alle i. Damit ist alles bewiesen.

Mitbewiesen wurde auch

Korollar 1. *Ist ω reelle Nullstelle eines irreduziblen Polynoms zweiten Grades über $\mathbf{Z}$, so gibt es ein $A \in \mathcal{G}$, sodass $A(\omega)$ reduziert ist.*

Korollar 2. *Ist $D \in \mathbf{N}$ und ist D kein Quadrat, ist ferner $D \equiv 0$ oder 1 modulo 4, so ist $\pi(D) \neq \emptyset$.*

Beweis. Man verschaffe sich eine quadratische Gleichung mit der Diskriminante D.

Satz 12. *Es seien ω und ω' reduzierte quadratische Irrationalitäten und es sei $\omega = \langle a_0, a_1, \ldots \rangle$. Genau dann liegen ω und ω' in der gleichen Bahn von $\mathcal{G}$, wenn es ein $i \in \mathbf{N}_0$ gibt mit $\omega' = a'_i$.*

Beweis. Ist $\omega' = a'_i$, so liegen ω und ω' nach Satz 1 von Abschnitt 4 in der gleichen Bahn von $\mathcal{G}$. Es liegen umgekehrt ω und ω' in der gleichen Bahn von $\mathcal{G}$. Nach dem gleichen Satz gibt es dann $m, n \in \mathbf{N}_0$ mit $a'_{m+1} = b'_{n+1}$, wenn $\langle b_0, b_1, \ldots \rangle$ den Kettenbruch für ω' bezeichnet. Mithilfe der Sätze 5 und 9 folgt weiter, dass es ein i gibt mit $\omega' = a'_i$.

Satz 13. *Es sei ω reduziert mit der Diskriminante D. Ferner sei $cx^2 - bx - a$ das zugehörige primitive Polynom. Dann ist*

$$\lfloor \omega \rfloor = \left\lfloor \frac{\lfloor \sqrt{D} \rfloor + b}{2c} \right\rfloor.$$

Beweis. Es ist

$$\omega = \frac{\sqrt{D} + b}{2c} = \frac{\lfloor \sqrt{D} \rfloor + \epsilon + b}{2c}$$

mit $0 \leq \epsilon < 1$. Es folgt

$$\omega = \left\lfloor \frac{\lfloor \sqrt{D} \rfloor + b}{2c} \right\rfloor + \frac{r}{2c} + \frac{\epsilon}{2c}$$

mit $0 \leq r \leq 2c - 1$. Nun ist

$$0 \leq \frac{r}{2c} + \frac{\epsilon}{2c} < \frac{2c - 1}{2c} + \frac{1}{2c} = 1.$$

Somit gilt in der Tat

$$\lfloor \omega \rfloor = \left\lfloor \frac{\lfloor \sqrt{D} \rfloor + b}{2c} \right\rfloor.$$

Satz 14. *Es seien ω und ω_1 reduzierte quadratische Irrationalitäten. Die entsprechen-den primitiven Polynome seien $cx^2 - bx - a$ und $c_1 x^2 - b_1 x - a_1$. Genau dann ist*

$$\omega = \lfloor \omega \rfloor + \omega_1^{-1},$$

wenn $a_1 = c$ ist und wenn $2c$ Teiler von $b + b_1$ ist. Ist $\omega = \lfloor \omega \rfloor + \omega_1^{-1}$, so ist

$$b + b_1 = 2c\lfloor \omega \rfloor.$$

Beweis. Setze $a_0 := \lfloor \omega \rfloor$. Es sei $\omega = a_0 + \omega_1^{-1}$. Dann ist $\omega_1 = \frac{1}{\omega - a_0}$ und wegen

$$\omega = \frac{1}{2c}(\sqrt{D} + b)$$

folgt weiter

$$\omega_1 = \frac{2c}{\sqrt{D} + b - 2ca_0}.$$

Andererseits ist

$$\omega_1 = \frac{1}{2c_1}(\sqrt{D} + b_1) = \frac{1}{2c_1}\frac{D - b_1^2}{\sqrt{D} - b_1} = \frac{2a_1}{\sqrt{D} - b_1}.$$

Wegen der linearen Unabhängigkeit von q und $\sqrt{D}$ ist also $a_1 = c$ und $-b_1 = b - 2ca_0$, d.h. $2c\lfloor \omega \rfloor = b + b_1$, da ja $a_0 = \lfloor \omega \rfloor$ ist.

Es sei umgekehrt $a_1 = c$ und $2c$ sei Teiler von $b + b_1$. Schließlich sei $2c\alpha = b + b_1$. Eine einfache Rechnung zeigt, dass $\omega = \alpha + \omega_1^{-1}$ ist. Weil ω und ω_1 beide reduziert sind, folgt mit Satz 3, dass $\alpha = \lfloor \omega \rfloor$ ist. Damit ist der Satz bewiesen.

Die Sätze 7, 8, 12 und 14 geben uns nun die Möglichkeit, alle reduzierten ωs zu bestimmen, zu entscheiden, ob sie in der gleichen Bahn von $\mathcal{G}$ liegen, und sie in Ketten-brüche zu entwickeln. Wir erläutern dies an drei Beispielen.

1. Es sei $D = 29$. Dann ist $\lfloor \sqrt{D} \rfloor = 5$. Also ist $b = 1, 3$ oder 5. Mit $b = 1$ folgt $4ac = 29 - 1 = 4 \cdot 7$ und damit $c = 1$ oder 7. Dies ergibt mit $\sqrt{D} - 1 < 2c < \sqrt{D} + 1$ den Widerspruch $5 \leq 2$ oder $14 \leq 6$.

Ist $b = 3$, so folgt aus $4ac = 29 - 9 = 4 \cdot 5$, dass $c = 1$ oder 5 ist. Andererseits erhält man für c die Ungleichungen $3 \leq 2c \leq 8$, die ebenfalls nicht zu erfüllen sind. Also ist $b = 5$. Hier bleibt nur, dass $c = 1$ ist. Also ist $\pi(29) = \{(5,1)\}$. Ist ω die größere der beiden Wurzeln von $f = x^2 - 5x - 1$, so ist $\omega = \langle 5, 5, 5, \ldots \rangle$.

2. Es sei $D = 4 \cdot 31$. Dann ist $\lfloor \sqrt{D} \rfloor = 11$. Weil D gerade ist, ist auch b gerade. Folglich ist $b = 2, 4, 6, 8$ oder 10. Mithilfe der Teilbarkeitsbedingung und der Ungleichungen für c erhält man, dass die Werte 4 und 6 für b nicht infrage kommen. Die Koeffizienten-tripel (a, b, c), die man erhält, sind, wenn man sie noch gemäß Satz 14 ordnet, $(5, 2, 6)$, $(6, 10, 1)$, $(1, 10, 6)$, $(6, 2, 5)$, $(5, 8, 3)$, $(3, 10, 2)$, $(2, 10, 3)$, $(3, 8, 5)$ und wieder $(5, 2, 6)$. Die

reduzierten Wurzeln dieser Diskriminante liegen also alle in der gleichen Bahn von $\mathcal{G}$. Ist schließlich ω die größere der Wurzeln von $6x^2 - 2x - 5$, so ist

$$\omega = \langle 1, 10, 1, 1, 3, 5, 3, 1, \ldots \rangle.$$

Die Periode ist also 8 und die acht aufgeführten Zahlen wiederholen sich ständig.

3. Es sei $D = 4 \cdot 10$. Hier erhalten wir die Tripel $(a, b, c) = (3, 2, 3)$, $(2, 4, 3)$, $(3, 4, 2)$, $(1, 6, 1)$, die sich gemäß $(2, 4, 3)$, $(3, 2, 3)$, $(3, 4, 2)$, bzw. $(1, 6, 1)$ auf zwei Bahnen von $\mathcal{G}$ verteilen.

Aufgaben

1. Beweisen Sie Satz 12 von Abschnitt 1.

2. Entwickeln Sie $\sqrt{2}$ und $\sqrt{3}$ in einen Kettenbruch.

3. Es sei p eine ungerade Primzahl und es gelte $p - 1 = 2^e v$ mit einem nicht notwendig ungeraden v. Ist a kein Quadrat modulo p, so ist $\operatorname{ord}_p(a^v) = 2^e$. Dabei bezeichne $\operatorname{ord}_p(a)$ die Ordnung von a modulo p.

4. Es sei $D \in \mathbf{Z}$ kein Quadrat. Bestimmen Sie die Diskriminante von $\alpha \in \mathbf{Q}[\sqrt{D}]$.

5. Es sei $\mathcal{G}$ die unimodulare Gruppe und $\mathbf{I}$ die Menge aller reellen und komplexen Irrationalzahlen. Bestimmen sie alle $A \in G$ mit $A(\xi) = \xi$ für alle $\xi \in \mathbf{I}$.

6. Wie viele Fixpunkte kann ein $A \in \mathcal{G}$ in $\mathbf{I}$ haben? Gibt es zu jeder möglichen Fixpunktzahl auch ein Element in $\mathcal{G}$, das diese Zahl als Fixpunktzahl hat?

7. Es sei $\omega = \langle a_0, a_1, \ldots \rangle$. Genau dann ist ω reduziert, wenn es ein $l \in \mathbf{N}$ gibt mit $a_i = a_{i+l}$ für alle $i \in \mathbf{N}_0$.

8. Berechnen Sie für das dritte Beispiel des letzten Abschnitts dieses Kapitels ein ω aus jeder der beiden Bahnen von $\mathcal{G}$.

9. Es sei $d \in \mathbf{N}$ und d sei kein Quadrat. Zeigen Sie, dass

$$\omega := \frac{1}{\sqrt{d} - \lfloor \sqrt{d} \rfloor}$$

reduziert ist. Was ist die Diskriminante von ω?

10. Es sei $D \in \mathbf{N}$ und D sei kein Quadrat. Ferner sei $D \equiv 1 \bmod 4$. Setze $\Delta := \frac{1}{2}(1 + \sqrt{D})$. Zeigen Sie, dass

$$\omega := \frac{1}{\Delta - \lfloor \Delta \rfloor}$$

reduziert ist und bestimmen Sie die Diskriminante von ω.

VI.

Die Ringe A_D

In diesem Abschnitt werden wir näher auf die Ringe der ganzen algebraischen Zahlen in quadratischen Erweiterungen von $\mathbf{Q}$ eingehen. Dabei werden wir uns insbesondere Einblick in ihre Einheitengruppen verschaffen und außerdem in der Klassenzahl ein Maß finden, das uns sagt, wie weit entfernt diese Ringe von Hauptidealbereichen sind. Für die Klasssenzahl werden wir in der Ordnung der Klassengruppe noch eine weitere Interpretation finden.

1. Die Einheitengruppe von A_D. Die Ringe A_D wurden in Aufgabe 3 zu Kapitel III definiert. Bevor wir uns der rechnerischen Seite der Bestimmung der Einheitengruppe von A_D zuwenden, werden wir die Struktur dieser Gruppe aufdecken. Wenn Sie Aufgabe 4 von Kapitel III gelöst haben, so wissen Sie, dass die Einheitengruppen für $D < 0$ mit zwei Ausnahmen nur aus 1 und -1 bestehen. Die Ausnahmen sind $D = -1$ und $D = -3$: es ist $G(A_{-1})$ zyklisch der Ordnung 4 und $G(A_{-3})$ zyklisch der Ordnung 6. Um diese Gruppen werden wir uns also nicht mehr kümmern. In diesem Abschnitt werden wir zunächst zeigen, dass die Einheitengruppen der A_D für $D > 0$ allesamt isomorph sind. Der Beweis ist jedoch insofern unbefriedigend, weil er im konkreten Falle nicht gestattet, die Elemente der Gruppe wirklich zu berechnen. Dies zu tun werden wir im nächsten Abschnitt lernen. Die beiden Abschnitte sind als Kontrast gedacht.

Satz 1. *Es sei $D \in \mathbf{Z}$ und D sei quadratfrei. Ist $0 < c \in \mathbf{R}$, so ist die Menge*

$$S := \big\{ a \mid a \in A_D \text{ und } |a|, |\bar{a}| < c \big\}$$

endlich.

Beweis. Setze $c' := \max\{2c, c^2\}$. Es sei Q die Menge der Polynome vom Grade 2 in $\mathbf{Z}[x]$, deren Leitkoeffizient 1 ist und deren Koeffizienten k die Ungleichung $|k| \leq c'$ erfüllen. Dann ist Q endlich, sodass auch die Menge W der Wurzeln der Polynome aus Q endlich ist. Es sei $a \in S$. Dann ist

$$(x - a)(x - \bar{a}) = x^2 - (a + \bar{a})x + a\bar{a} \in \mathbf{Z}[x].$$

Ferner ist

$$\big| -(a + \bar{a}) \big| \leq |a| + |\bar{a}| \leq 2c \leq c'$$

und $|a\bar{a}| \leq c^2 \leq c'$. Also ist $a \in W$, d.h. es ist $S \subseteq W$, sodass auch S endlich ist.

Satz 2. *Ist $0 < \alpha \in \mathbf{R}$, ist α irrational und ist $m \in \mathbf{N}$, so gibt es ganze Zahlen a und b, die nicht beide null sind, mit $|a| \leq m$, $|b| \leq m$ und*

$$0 < a + \alpha b \leq \frac{1 + \alpha}{m}.$$

Beweis. Es sei
$$M := \{a + \alpha b \mid 0 \leq a \leq m \text{ und } 0 \leq b \leq m\}.$$

Weil 1 und α linear unabhängig sind, folgt $|M| = (m + 1)^2$. Teile das abgeschlossene Intervall

$$\big[0, (1 + \alpha)m\big],$$

welches M enthält, in die m^2 Teilintervalle

$$\left[\frac{i(1 + \alpha)}{m}, \frac{(i + 1)(1 + \alpha)}{m}\right]$$

für $i := 0, \ldots, m^2 - 1$. Aufgrund des Taubenschlagprinzips gibt es dann ein i sowie $a_1 + \alpha b_1$, $a_2 + \alpha b_2 \in M$ mit

$$\frac{i(1 + \alpha)}{m} \leq a_1 + \alpha b_1 < a_2 + \alpha b_2 \leq \frac{(i + 1)(1 + \alpha)}{m}.$$

Setze $a := a_2 - a_1$ und $b := b_2 - b_1$. Dann ist $|a| \leq m$ und $|b| \leq m$ sowie

$$0 \leq a + \alpha b \leq \frac{(1 + \alpha)}{m}.$$

Weil a und b nicht beide null sind, ist $0 < a + \alpha b$.

Satz 3. *Ist $1 < D \in \mathbf{N}$ und ist D quadratfrei, so ist $G(A_D) = \{1, -1\} \times Z$, wobei Z eine unendliche zyklische Gruppe ist.*

Beweis. Wegen $D > 0$ ist $A_D \subseteq \mathbf{R}$. Aus $x^n = 1$ und $x \in A_D$ folgt daher $x = 1$ oder $x = -1$. Somit ist $W := \{1, -1\}$ die Torsionsgruppe von $G(A_D)$, d.h. die Gruppe aller Elemente endlicher Ordnung von $G(A_D)$. Wir setzen $\alpha := \sqrt{D}$. Dann ist α irrational. Es bezeichne S_m die Menge aller $(a, b) \in \mathbf{Z} \times \mathbf{Z}$ mit $(a, b) \neq (0, 0)$ und $|a| \leq m$, $|b| \leq m$ und $|a + \alpha b| \leq \frac{1 + \alpha}{m}$. Nach Satz 2 ist $S_m \neq \emptyset$ für alle $m \in \mathbf{N}$. Setze

$$S_m^+ := \big\{(a, b) \mid (a, b) \in S_m, a > 0\big\}$$
$$S_m^- := \big\{(a, b) \mid (a, b) \in S_m, a < 0\big\}$$
$$S_m^0 := \big\{(a, b) \mid (a, b) \in S_m, a = 0\big\}.$$

Dann ist $S_1^0 = \{(0, 1), (0, -1)\}$ und $S_m^0 = \emptyset$ für $m \geq 2$. Aus $\alpha|b| \leq \frac{1 + \alpha}{m}$ folgt ja

$$\alpha\big(|b|m - 1\big) \leq 1$$

und dann $|b|m = 1$, da ja $b \neq 0$ und $\alpha > 1$ ist. Ferner gilt $|S_m^+| = |S_m^-|$, da offensichtlich $(a, b) \rightarrow (-a, -b)$ eine Bijektion der ersten Menge auf die zweite ist.

Setze $S := \bigcup_{m \in \mathbf{N}} S_m$. Wäre S endlich, so gäbe es ein $n \in \mathbf{N}$ mit $\frac{1}{n} < |a + \alpha b|$ für alle $(a, b) \in S$. Es sei m so gewählt, dass $\frac{1+\alpha}{m} < \frac{1}{n}$ ist. Ist dann $(a, b) \in S_m$, so folgte der Widerspruch

$$|a + \alpha b| \leq \frac{1+\alpha}{m} \leq \frac{1}{n} < |a + \alpha b|.$$

Also ist S unendlich. Wegen $|S_1^0| = 2$ und $S_m^0 = \emptyset$ für $m > 1$ sowie $|S_m^+| = |S_m^-|$ ist dann auch $S^+ := \bigcup_{m \in \mathbf{N}} S_m^+$ unendlich.

Ist $|a| \leq m$ und $|b| \leq m$, so ist $|a - \alpha b| \leq |a| + |b|\alpha \leq m(1 + \alpha)$. Somit ist

$$0 < |a^2 - Db^2| = |a + \alpha b||a - \alpha b| \leq \frac{1+\alpha}{m} m(1 + \alpha) = (1 + \sqrt{D})^2.$$

Hieraus folgt, dass es ein $n \in \mathbf{Z}$ gibt mit $0 < |n| \leq (1 + \sqrt{D})^2$ und der weiteren Eigenschaft, dass es unendlich viele $(a, b) \in S^+$ gibt mit

$$N(a + b\sqrt{D}) = a^2 - Db^2 = n.$$

Es sei S^* die Menge dieser (a, b) in S^+. Sind $(a, b), (a', b') \in S^*$, so setzen wir $(a, b) \sim (a', b')$ genau dann, wenn $a \equiv a' \bmod n$ und $b \equiv b' \bmod n$ ist. Dann ist $\sim$ eine Äquivalenzrelation mit höchstens n^2 Äquivalenzklassen. Es gibt also $(a_1, b_1), (a_2, b_2) \in S^*$ mit $a_1 + b_1\sqrt{D} \neq a_2 + b_2\sqrt{D}$ und $a_1 \equiv a_2 \bmod n$ und $b_1 \equiv b_2 \bmod n$. Setze $x_1 := a_1 + b_1\sqrt{D}$, $x_2 := a_2 + b_2\sqrt{D}$ und $v := x_1 x_2^{-1}$. Dann ist $N(v) = 1$. Ferner ist $v \neq 1$, da ja $x_1 \neq x_2$ ist. Wegen $a_1 > 0$ und $a_2 > 0$ folgt weiter $x_1 \neq -x_2$, sodass auch $v \neq -1$ ist. Schließlich ist, da ja $N(x_2) = n$ ist,

$$v = \frac{x_1}{x_2} = 1 + \frac{x_1 - x_2}{x_2} = 1 + \frac{(x_1 - x_2)\bar{x}_2}{N(x_2)}$$
$$= 1 + \left[\frac{a_1 - a_2}{n} + \frac{b_1 - b_2}{n}\sqrt{D} \right] (a_2 - b_2\sqrt{D}).$$

Also ist $v \in A_D$, sodass v eine von 1 und -1 verschiedene Einheit von A_D ist.

Ist $u \in G(A_D) - \{1, -1\}$, so ist $\max\{u, -u, u^{-1}, -u^{-1}\} > 1$. Somit ist die Menge $E := \{u \mid u \in G(A_D), u > 1\}$ nicht leer. Wir zeigen, dass E ein kleinstes Element enthält. Dazu sei $w \in E$ und

$$S := \{a \mid a \in E, a < w\}.$$

Ist $a \in E$, so ist $a|\bar{a}| = |a\bar{a}| = 1$ und folglich $a^{-1} = |\bar{a}|$. Wegen $a > 1$ ist dann $|\bar{a}| < 1 < w$. Also ist $a, \bar{a} < w$ für alle $a \in S$. Nach Satz 1 ist S also endlich. Folglich enthält S und dann auch E ein kleinstes Element v_0. Es sei Z die von v_0 erzeugte Untergruppe von $G(A_D)$. Dann ist $\{1, -1\} \cap Z = \{1\}$. Es sei $u \in G(A_D)$. Ist $u > 0$, so gibt es ein $z \in \mathbf{Z}$ mit

$$v_0^z \leq u < v_0^{z+1}.$$

Hieraus folgt $1 \leq uv_0^{-z} < v_0$. Dies zieht wiederum $u = v_0^z$ nach sich. Also ist $u \in Z$. Ist $u < 0$, so ist $-u > 0$ und folglich $-u \in Z$. Also ist in jedem Falle $u \in \{1, -1\} \times Z$. Damit ist alles bewiesen.

Man nennt v_0 die Fundamentaleinheit von A_D. Man könnte versucht sein, sie durch Probieren zu finden. Doch das verbietet sich von selbst. So ist zum Beispiel die Fundamentaleinheit von A_{991} gleich

$$379\ 516\ 400\ 906\ 811\ 930\ 638\ 014\ 896\ 080$$
$$+\ 12\ 055\ 735\ 790\ 331\ 359\ 447\ 442\ 538\ 767\ \sqrt{991}.$$

Wie man die Fundamentaleinheiten berechnen kann, lernen wir im nächsten Abschnitt.

2. Die Berechnung der Fundamentaleinheit. Wir haben im letzten Abschnitt ein Beispiel gegeben, das zeigt, dass die Fundamentaleinheit von A_D sehr groß sein kann. Will man Fundamentaleinheiten berechnen, so muss man schon eine Idee haben, wie man dies bewerkstelligen kann.

Es sei D eine quadratfreie ganze Zahl. Wie früher setzen wir $\Delta := \sqrt{D}$, falls $D \not\equiv 1 \bmod 4$, und $\Delta := \frac{1}{2}(1 + \sqrt{D})$ im anderen Falle. Dann ist 1, Δ eine Ganzheitsbasis von A_D nach Aufgabe 3 des Kapitels III. Im Falle $D \not\equiv 1 \bmod 4$ ist A_D also das, was man erwartet. Im zweiten Falle wollen wir die Darstellung der Elemente von A_D noch etwas umschreiben.

Satz 1. *Es sei D eine quadratfreie ganze Zahl ungleich 1. Ferner sei $D \equiv 1 \bmod 4$. Dann ist*
$$A_D = \left\{ \tfrac{1}{2}(a + b\sqrt{D}) \mid a, b \in \mathbf{Z}, a \equiv b \bmod 2 \right\}.$$

Beweis. Ist $x \in A_D$, so gibt es ganze Zahlen u und v mit $x = u + v\Delta$. Es folgt

$$x = u + v \cdot \tfrac{1}{2}(1 + \sqrt{D}) = \tfrac{1}{2}(2u + v + v\sqrt{D}).$$

Offensichtlich haben $2u + v$ und v die gleiche Parität.

Es sei umgekehrt $x = \frac{1}{2}(a + b\sqrt{D})$ und a und b haben die gleiche Parität. Es gibt dann ein $u \in \mathbf{Z}$ mit $a = 2u + b$. Dann ist

$$x = \tfrac{1}{2}(2u + b + b\sqrt{D}) = u + b\Delta \in A_D.$$

Damit ist Satz 1 bewiesen.

Satz 2. *Es sei D eine quadratfreie, von 1 verschiedene natürliche Zahl. Ferner seien $a, b \in \mathbf{Z}$. Dann gilt:*

a) Ist $D \equiv 1 \bmod 4$, so ist $\frac{1}{2}(a + b\sqrt{D})$ genau dann Einheit in A_D, wenn $a^2 - Db^2 \in \{4, -4\}$ ist.

b) Ist $D \not\equiv 1 \bmod 4$, so ist $a + b\sqrt{D}$ genau dann Einheit in A_D, wenn $(2a)^2 - (4D)b^2 \in \{4, -4\}$ ist.

Beweis. a) Es sei $\frac{1}{2}(a + b\sqrt{D})$ Einheit in A_D. Dann ist

$$\tfrac{1}{4}(a^2 - Db^2) = N\left(\tfrac{1}{2}(a + b\sqrt{D})\right) \in \{1, -1\}.$$

Also ist die Bedingung unter a) notwendig.

Es sei umgekehrt $a^2 - Db^2 \in \{4, -4\}$. Wegen $D \equiv 1 \bmod 4$ ist dann $a^2 \equiv b^2 \bmod 4$, sodass a und b die gleiche Parität haben. Nach Satz 1 ist daher $\frac{1}{2}(a + b\sqrt{D})$ ein Element von A_D. Aufgrund unserer Annahme ist die Norm dieses Elementes gleich 1 oder -1, sodass $\frac{1}{2}(a + b\sqrt{D})$ in der Tat eine Einheit von A_D ist.

b) versteht sich von selbst.

Korollar. *Ist $D \not\equiv 1 \bmod 4$, sind a', $b \in \mathbf{Z}$ und gilt $a'^2 - 4Db^2 \in \{4, -4\}$, so gibt es ein $a \in \mathbf{Z}$ mit $a' = 2a$ und es ist $a + b\sqrt{D}$ Einheit in A_D.*

Beweis. Es ist $a'^2 \equiv 0 \bmod 4$, sodass a' gerade ist. Hieraus folgt mit Satz 2 b) die Behauptung.

Ist D eine quadratfreie natürliche Zahl größer als 1, so setzen wir $d := D$, falls $D \equiv 1 \bmod 4$ ist, und $d := 4D$ in allen übrigen Fällen. Um dann die Einheiten in A_D zu berechnen, müssen wir die ganzzahligen Lösungen der *diophantischen Gleichungen*

$$u^2 - dv^2 \in \{4, -4\}$$

bestimmen. Ist u, v eine Lösung dieser Gleichung, so ist im Falle $d \equiv 1 \bmod 4$ das Element $\frac{1}{2}(u + v\sqrt{D})$ eine Einheit und im andern Falle das Element $\frac{1}{2}u + v\sqrt{D}$. Bei der systematischen Suche der Lösungen sind Kettenbrüche wieder eine große Hilfe. Dies zeigt der nächste Satz.

Satz 3. *Es sei $d \in \mathbf{N}$ und d sei kein Quadrat. Ferner sei $d \equiv 0$ oder $1 \bmod 4$. Es sei ω eine reduzierte quadratische Irrationalzahl mit der Diskriminante d und l sei die Periodenlänge der Kettenbruchentwicklung von ω. Schließlich sei $cx^2 - bx - a$ das irreduzible primitive Polynom in $\mathbf{Z}[x]$ mit $c > 0$, dessen Nullstelle ω ist, und $\frac{p_i}{q_i}$ sei der i-te Näherungsbruch der Kettenbruchentwicklung von ω.*

a) Ist $\epsilon \in \{0, 1\}$ und sind u und t natürliche Zahlen mit $t^2 - du^2 = (-1)^\epsilon 4$, so gibt es eine natürliche Zahl r mit

$$u = \mathrm{ggT}(q_{lr-1}, p_{lr-1} - q_{lr-2}, p_{lr-2})$$

und

$$t = p_{lr-1} + q_{lr-2}.$$

Außerdem ist $\epsilon \equiv lr \bmod 2$.

b) Ist $r \in \mathbf{N}$, so setzen wir

$$u := \mathrm{ggT}(q_{lr-1}, p_{lr-1} - q_{lr-2}, p_{lr-2})$$

und

$$t := p_{lr-1} + q_{lr-2}.$$

Dann ist $t^2 - du^2 = (-1)^{lr} 4$.

Beweis. b) ist schnell bewiesen. Es sei $\omega = \langle a_0, a_1, \ldots \rangle$. Dann ist wegen der reinen Periodizität des Kettenbruches $\omega = a'_{lr}$. Es folgt

$$\omega = \frac{\omega p_{lr-1} + p_{lr-2}}{\omega q_{lr-1} + q_{lr-2}},$$

sodass

$$q_{lr-1}\omega^2 - (p_{lr-1} - q_{lr-2})\omega - p_{lr-2} = 0$$

ist. Weil ω auch Nullstelle des primitiven, irreduziblen Polynoms $cx^2 - bx - a$ ist, gibt es ein $v \in \mathbf{N}$ mit $q_{lr-1} = cv$, $p_{lr-1} - q_{lr-2} = bv$ und $p_{lr-2} = av$. Es folgt

$$u = \mathrm{ggT}(q_{lr-1}, p_{lr-1} - q_{lr-2}, p_{lr-2}) = v \, \mathrm{ggT}(c, b, a) = v.$$

Wegen $t = p_{lr-1} + q_{lr-2}$ ist dann $p_{lr-1} = \frac{1}{2}(t + ub)$ und $q_{lr-2} = \frac{1}{2}(t - ub)$. Ferner ist

$$\begin{aligned}
(-1)^{lr-2} &= p_{lr-1} q_{lr-2} - p_{lr-2} q_{lr-1} \\
&= \tfrac{1}{4}(t + ub)(t - ub) - acu^2 \\
&= \tfrac{1}{4}(t^2 - du^2).
\end{aligned}$$

Somit ist $t^2 - du^2 = (-1)^{lr}4$. Also gilt b).

a) Wir setzen $p^* := \frac{1}{2}(t + ub)$, $q^* := uc$, $p^{**} := ua$, und $q^{**} := \frac{1}{2}(t - ub)$. Es ist $t^2 - du^2 = (-1)^\epsilon 4$ und $d = b^2 + 4ac$. Ist $d \equiv 0 \bmod 4$, so folgt aus der ersten Gleichung, dass t, und aus der zweiten, dass b gerade ist. In diesem Falle sind also p^* und q^{**} ganze Zahlen. Ist $d \equiv 1 \bmod 4$, so folgt aus der ersten Gleichung, dass t und u die gleiche Parität haben, sodass auch in diesem Falle p^* und q^{**} ganze Zahlen sind. Ferner folgt $p^* - q^{**} = bu$, sodass

$$q^* \omega^2 - (p^* - q^{**})\omega - p^{**} = (c\omega^2 - b\omega - a)u = 0.$$

ist. Außerdem gilt

$$\mathrm{ggT}(q^*, p^* - q^{**}, p^*) = u \, \mathrm{ggT}(a, b, c) = u.$$

Aus der quadratischen Gleichung für ω folgt die Gleichung

$$\omega = \frac{\omega p^* + p^{**}}{\omega q^* + q^{**}}.$$

Ferner ist

$$p^* q^{**} - q^* p^{**} = \tfrac{1}{4}(t^2 - u^2 b^2 - 4u^2 ac) = \tfrac{1}{4}(t^2 - du^2) = (-1)^\epsilon.$$

Es ist $q^* - q^{**} = \frac{1}{2}((2c + b)u - t)$. Weil ω reduziert ist, ist $2c + b > \sqrt{d}$. Also ist

$$q^* - q^{**} > \tfrac{1}{2}(u\sqrt{d} - t) = \frac{u^2 d - t^2}{2(u\sqrt{d} + t)} = \frac{(-1)^{\epsilon+1}2}{u\sqrt{d} + t}.$$

Wegen $u\sqrt{d} + t > 2$ ist daher $q^* - q^{**} > -1$ und, weil $q^* - q^{**}$ ganz ist, gilt sogar $q^* - q^{**} \geq 0$, d.h. $q^* \geq q^{**}$.

Aus $b < \sqrt{d}$ und $2 < u\sqrt{d} + t$ folgt

$$q^{**} = \tfrac{1}{2}(t - ub) > \tfrac{1}{2}(t - u\sqrt{d}) = \frac{t^2 - u^2 d}{2(t + u\sqrt{d})}$$

$$> \frac{t^2 - u^2 d}{4} = \frac{(-1)^\epsilon 4}{4} \geq -1.$$

Weil q^{**} ganz ist, ist daher $q^{**} \geq 0$. Insgesamt gilt also $0 \leq q^{**} \leq q^*$.

Es sei $q^{**} = 0$. Dann ist $t - ub = 0$, d.h. $t = ub$. Es folgt

$$(-1)^\epsilon 4 = t^2 - du^2 = u^2(b^2 - d) < 0,$$

da ja $b^2 < b^2 + 4ac = d$ ist. Es folgt $\epsilon = 1$ und weiter

$$-1 = p^* q^{**} - q^* p^{**} = -q^* p^{**}.$$

Wegen $q^* = uc > 0$ ergibt sich $q^* = p^{**} = 1$. Dies hat wiederum $u = a = c = 1$ und damit $t = b$ zur Folge. Also ist

$$\omega = \frac{b\omega + 1}{\omega} = b + \omega^{-1}.$$

Hieraus folgt $\omega = \langle b, b, \ldots \rangle$ und $p^* = p_0$, $q^* = q_0$, $p^{**} = p_{-1}$, $q^{**} = q_{-2}$, sowie $l = 1$, sodass in diesem Falle alles bewiesen ist.

Es sei schließlich $q^{**} > 0$. Wir entwickeln $\frac{p^*}{q^*}$ in einen Kettenbruch $\langle \alpha_0, \ldots, \alpha_{m-1} \rangle$, wobei m so gewählt sei — was möglich ist —, dass $(-1)^{m-2} = (-1)^\epsilon$ ist. Mit $\frac{p_i'}{q_i'}$ bezeichnen wir den i-ten Näherungsbruch dieses Kettenbruchs. Weil p^* und q^* teilerfremd sind, ist $p^* = p_{m-1}'$ und $q^* = q_{m-1}'$. Es folgt

$$p_{m-1}' q_{m-2}' - p_{m-2}' q_{m-1}' = (-1)^{m-2} = (-1)^\epsilon = p_{m-1}' q^{**} - p^{**} q_{m-1}'.$$

Also ist $p_{m-1}' q_{m-2}' \equiv p_{m-1}' q^{**} \mod q_{m-1}'$. Weil p_{m-1}' und q_{m-1}' teilerfremd sind, folgt $q_{m-2}' \equiv q^{**} \mod q_{m-1}'$. Hieraus und aus $0 < q^{**} \leq q^* = q_{m-1}'$ und $0 \leq q_{m-2}' < q_{m-1}'$ folgt schließlich $q_{m-2}' = q^{**}$ und damit $p^{**} = p_{m-2}'$. Also ist

$$\omega = \frac{p_{m-1}' \omega + p_{m-2}'}{q_{m-1}' \omega + q_{m-2}'} = \langle \alpha_0, \ldots, \alpha_{m-1}, \omega \rangle.$$

Mit Satz 11 von Abschnitt 1 des Kapitels V folgt $\alpha_i = a_i$ für $i := 0, \ldots, m - 1$. Mit den Entwicklungen von Abschnitt 5 des Kapitels V folgt schließlich noch, dass l Teiler von m ist. Damit ist auch a) bewiesen.

Korollar 1. *Sind ω und ω' reduzierte quadratische Irrationalitäten mit der Diskriminante d und sind $l(\omega)$ und $l(\omega')$ die Periodenlängen ihrer Kettenbruchentwicklungen, so ist $l(\omega) \equiv l(\omega') \mod 2$.*

Beweis. Satz 3 gilt natürlich auch für ω'. Also wird der Wert -4 bei Verwendung von ω' angenommen, wenn er bei Verwendung von ω angenommen wird.

Setze $\lambda(d) = 0$, falls $l(\omega)$ gerade ist, und $\lambda(d) = 1$, falls $l(\omega)$ ungerade ist. Nach Korollar 1 hängt diese Definition nicht von der speziellen Wahl von ω ab.

Korollar 2. *Genau dann ist die diophantische Gleichung $x^2 - dy^2 = -4$ lösbar, wenn $\lambda(d) = 1$ ist. Ist $|\pi(d)|$ ungerade, so ist $\lambda(d) = 1$.*

Schließlich geht es noch darum, die Fundamentaleinheit unter all den in Satz 3 beschriebenen Einheiten zu erkennen. Dazu setzen wir

$$u_r := \mathrm{ggT}(q_{lr-1}, p_{lr-1} - q_{lr-2}, p_{lr-2})$$

und

$$t_r := p_{lr-1} + q_{lr-2}.$$

Dann ist $u_r = c^{-1} q_{lr-1}$, sodass die Folge u monoton wächst, da ja die Folge q monoton wächst. Ebenso wächst die Folge t monoton. Damit haben wir

Korollar 3. *Ist* $D \equiv 1 \bmod 4$*, so ist* $\frac{1}{2}(t_1 + u_1\sqrt{D})$ *die Fundamentaleinheit von* A_D*. Ist* $D \not\equiv 1 \bmod 4$*, so ist* $\frac{1}{2}t_1 + u_1\sqrt{D}$ *die Fundamentaleinheit von* A_D*.*

3. Die Klassenzahl. Ist I ein Ideal von A_D, so setzen wir

$$\Omega(I) := \{-\alpha_2\alpha_1^{-1} \mid \alpha_1, \alpha_2 \text{ ist Ganzheitsbasis von } I\}.$$

Sind I und J von $\{0\}$ verschiedene Ideale von A_D, so heißen I und J *äquivalent*, wenn es ein $k \in \mathbf{Q}[\sqrt{D}]$ gibt mit $kI = J$. Unser Ziel ist zu zeigen, dass diese Äquivalenzrelation nur endlich viele Äquivalenzklassen hat. Deren Anzahl ist die *Klassenzahl* von A_D.

Da zwei Hauptideale im vorliegenden Sinne stets äquivalent sind, ist die Klassenzahl sicher dann gleich 1, wenn A_D Hauptidealbereich ist. Ist andererseits I ein Hauptideal und sind die Ideale I und J äquivalent, so gibt es ein $a \in A_D$ und ein $k \in \mathbf{Q}[\sqrt{D}]$ mit $I = aA_D$ und

$$kaA_D = kI = J.$$

Es folgt $ka = ka1 \in kI = J$, sodass J in der Tat ein Hauptideal ist. Damit haben wir den folgenden Satz bewiesen.

Satz 1. *Genau dann ist die Klassenzahl von* A_D *gleich 1, wenn* A_D *ein Hauptidealbereich ist.*

Der nächste Satz gibt uns eine andere Beschreibung der Äquivalenz von Idealen.

Satz 2. *Sind* I *und* J *von* $\{0\}$ *verschiedene Ideale von* A_D*, so sind* I *und* J *genau dann äquivalent, wenn* $\Omega(I) = \Omega(J)$ *ist.*

Beweis. Die Ideale I und J seien äquivalent. Es gibt dann ein $k \in \mathbf{Q}[\sqrt{D}]$ mit $k \neq 0$ und $kI = J$. Ist α_1, α_2 eine Ganzheitsbasis von I, so ist $k\alpha_1, k\alpha_2$ eine Ganzheitsbasis von J. Es folgt

$$-\alpha_2\alpha_1^{-1} = -k\alpha_2(k\alpha_1)^{-1} \in \Omega(J),$$

also ist $\Omega(I) \subseteq \Omega(J)$. Wegen $J = k^{-1}I$ folgt $\Omega(J) \subseteq \Omega(I)$. Folglich ist $\Omega(I) = \Omega(J)$.

Es sei umgekehrt $\Omega(I) = \Omega(J)$. Ist $\omega \in \Omega(I)$, so gibt es also Ganzheitsbasen α_1, α_2 und β_1, β_2 von I bzw. J mit $\omega = -\alpha_2\alpha_1^{-1} = -\beta_2\beta_1^{-1}$. Dann ist $\beta_1\alpha_1^{-1} = \beta_2\alpha_2^{-1}$. Setzt man $k := \beta_1\alpha_1^{-1}$, so ist $k\alpha_1 = \beta_1$ und $k\alpha_2 = \beta_2$. Daher ist $kI = J$.

Satz 3. *Ist* I *ein von* $\{0\}$ *verschiedenes Ideal von* A_D*, so ist* $\Omega(I)$ *eine Bahn der modularen Gruppe* $\mathcal{G}$*.*

Beweis. Es seien $\eta, \omega \in \Omega(I)$. Es gibt dann Ganzheitsbasen α_1, α_2 und β_1, β_2 von I mit $\omega = -\alpha_2\alpha_1^{-1}$ und $\eta = -\beta_2\beta_1^{-1}$. Wegen $\alpha_1, \alpha_2 \in \beta_1\mathbf{Z} + \beta_2\mathbf{Z}$ gibt es eine (2×2)-Matrix X über $\mathbf{Z}$ mit

$$\begin{pmatrix} \alpha_1 \\ \alpha_2 \end{pmatrix} = X \begin{pmatrix} \beta_1 \\ \beta_2 \end{pmatrix}.$$

Ebenso folgt die Existenz einer (2×2)-Matrix Y über $\mathbf{Z}$ mit

$$\begin{pmatrix} \beta_1 \\ \beta_2 \end{pmatrix} = Y \begin{pmatrix} \alpha_1 \\ \alpha_2 \end{pmatrix}.$$

Wegen der linearen Unabhängigkeit der αs und βs folgt $XY = 1 = YX$. Insbesondere ist $\det(XY) = 1$ und daher $X, Y \in \mathcal{G}$. Es folgt

$$\eta = -\frac{Y_{21}\alpha_1 + Y_{22}\alpha_2}{Y_{11}\alpha_1 + Y_{12}\alpha_2} = \frac{-Y_{21} + Y_{22}\omega}{Y_{11} - Y_{12}\omega} = \begin{pmatrix} Y_{22} & -Y_{21} \\ -Y_{12} & Y_{11} \end{pmatrix}(\omega).$$

Ferner ist

$$\det \begin{pmatrix} Y_{22} & -Y_{21} \\ -Y_{12} & Y_{11} \end{pmatrix} = \det(Y) \in \{1, -1\}.$$

Dies zeigt, dass $\Omega(I)$ in einer Bahn von $\mathcal{G}$ enthalten ist.

Es sei weiterhin $\omega \in \Omega(I)$. Ferner sei $A \in \mathcal{G}$. Setze $\eta := A(\omega)$. Wir müssen zeigen, dass $\eta \in \Omega(I)$ gilt. Hierzu setzen wir

$$\beta_1 := A_{22}\alpha_1 - A_{21}\alpha_2$$
$$\beta_2 := -A_{12}\alpha_1 + A_{11}\alpha_2.$$

Dann ist $\eta = -\beta_2\beta_1^{-1}$. Ferner folgt, dass $\beta_1, \beta_2 \in I$ ist. Da die Matrix

$$\begin{pmatrix} A_{22} & -A_{21} \\ -A_{12} & A_{11} \end{pmatrix}$$

gleich A^{-1} oder gleich $-A^{-1}$ ist, ist β_1, β_2 ebenfalls eine Ganzheitsbasis von I. Damit ist alles bewiesen.

Satz 4. *Es sei I ein Ideal in A_D. Ist $\omega \in \Omega(I)$, so ist ω Nullstelle eines irreduziblen Polynoms vom Grade 2 über $\mathbf{Z}$. Ist $D \equiv 1 \bmod 4$, so ist die Diskriminante dieses Polynoms gleich D, und ist $D \not\equiv 1 \bmod 4$, so ist die Diskriminante dieses Polynoms gleich $4D$.*

Beweis. Wegen Satz 3 dieses Abschnitts und Satz 1 des Abschnitts 5 von Kapitel V genügt es, diesen Satz für ein spezielles $\omega \in \Omega(I)$ zu beweisen. Es sei also $a_{11}, a_{21} + a_{22}\Delta$ eine nach Kapitel IIII, Abschnitt 4, Satz 5 existierende Ganzheitsbasis von I, wobei im Falle $D \equiv 1 \bmod 4$ wieder $\Delta := \frac{1}{2}(1 + \sqrt{D})$ gesetzt wurde und in allen übrigen Fällen $\Delta := \sqrt{D}$. Wir setzen $\omega := -(a_{21} + a_{22}\Delta)a_{11}^{-1}$ und

$$f := (a_{11}x + a_{21} + a_{22}\Delta)(a_{11} + a_{21} + a_{22}\bar{\Delta}).$$

Dann ist $\omega \in \Omega(I)$ und $f(\omega) = 0$. Ausmultiplizieren ergibt

$$f = a_{11}^2 x^2 + \left(2a_{11}a_{21} + a_{11}a_{22}(\Delta + \bar{\Delta})\right)x + a_{21}^2 + a_{21}a_{22}(\Delta + \bar{\Delta}) + a_{22}^2\Delta\bar{\Delta}.$$

Ist $D \not\equiv 1 \bmod 4$, so ist $\Delta + \bar{\Delta} = 0$ und $\Delta\bar{\Delta} = -D$. Also ist hier

$$f = a_{11}^2 x^2 + 2a_{11}a_{21}x + a_{21}^2 - a_{22}^2 D.$$

Wir setzen
$$g := \frac{a_{11}}{a_{22}}x^2 + 2\frac{a_{21}}{a_{22}}x + \frac{a_{21}^2 - a_{22}^2 D}{a_{11}a_{22}}.$$
Dann ist $f = a_{11}a_{22}g$ und daher $g(\omega) = 0$. Ferner ist
$$\frac{4a_{21}^2}{a_{22}^2} - 4\frac{a_{11}}{a_{22}}\frac{a_{21}^2 - a_{22}^2 D}{a_{11}a_{22}} = 4D.$$
Weil a_{22} Teiler von a_{11} und a_{21} ist, sind die Koeffizienten von g bei x^2 und x ganz. Ferner ist
$$\frac{a_{21}^2 - a_{22}^2 D}{a_{22}} = (a_{21} + a_{22}\Delta)\left(\frac{a_{21}}{a_{22}} - \Delta\right) \in I \cap \mathbf{Z} = a_{11}\mathbf{Z},$$
sodass alle Koeffizienten von g ganz sind. Es bleibt zu zeigen, dass g primitiv ist. Es sei p Primteiler von
$$\mathrm{ggT}\left(\frac{a_{11}}{a_{22}}, \frac{2a_{21}}{a_{22}}, \frac{a_{21}^2 - a_{22}^2 D}{a_{11}a_{22}}\right).$$
Dann ist p^2 Teiler der Diskriminante von g, d.h. von $4D$. Weil D quadratfrei ist, ist folglich $p = 2$. Nun ist
$$\frac{a_{21}^2}{a_{22}^2} - \frac{a_{11}}{a_{22}}\frac{a_{21}^2 - a_{22}^2 D}{a_{11}a_{22}} = D.$$
Hiermit folgt wiederum wegen der Quadratfreiheit von D, dass
$$\mathrm{ggT}\left(\frac{a_{11}}{a_{22}}, \frac{a_{21}}{a_{22}}, \frac{a_{21}^2 - a_{22}^2 D}{a_{11}a_{22}}\right) = 1$$
ist. Somit sind $\frac{a_{11}}{a_{22}}$ und $\frac{a_{21}^2 - a_{22}^2 D}{a_{11}a_{22}}$ durch 2 teilbar, während $\frac{a_{21}}{a_{22}}$ nicht durch 2 teilbar ist. Es sei 2^t die höchste Potenz von 2, die in a_{22} aufgeht. Dann ist 2^t auch die höchste Potenz von 2, die in a_{21} aufgeht. Ferner ist $a_{11} \equiv 0 \bmod 2^{t+1}$. Daher ist $a_{21}^2 - a_{22}^2 D$ durch $2 \cdot 2^{t+1} \cdot 2^t = 2^{2t+2}$ teilbar. Definiere a und b durch die Gleichungen $a_{21} = 2^t a$ und $a_{22} = 2^t b$. Dann sind a und b ungerade und folglich $a^2 \equiv b^2 \equiv 1 \bmod 4$. Hieraus folgt
$$1 - D \equiv a^2 - Db^2 \equiv 0 \bmod 4$$
und damit der Widerspruch $D \equiv 1 \bmod$. Folglich ist g primitiv.

Es sei $D \equiv 1 \bmod 4$. Dann ist $\Delta + \bar{\Delta} = 1$ und $\Delta\bar{\Delta} = \frac{1}{4}(1 - D)$. Es folgt
$$f = a_{11}^2 x^2 + (2a_{11}a_{21} + a_{11}a_{22})x + a_{21}^2 + a_{21}a_{22} + \frac{1}{4}a_{22}^2(1 - D).$$
Setze
$$g := \frac{a_{11}}{a_{22}}x^2 + \left(\frac{2a_{21}}{a_{22}} + 1\right)x + \frac{a_{21}^2 + a_{21}a_{22} + \frac{1}{4}a_{22}^2(1 - D)}{a_{11}a_{22}}.$$
Dann ist wieder $f = a_{11}a_{22}g$, sodass ω Nullstelle von g ist. Die Diskriminante von g ist D, wie man leicht nachrechnet. Weil a_{22} Teiler von a_{11} und a_{21} ist, sind die ersten beiden Koeffizienten von g ganz. Schließlich ist
$$\frac{a_{21}^2 + a_{21}a_{22} + \frac{1}{4}a_{22}^2(1 - D)}{a_{22}} = (a_{21} + a_{22}\Delta)\left(\frac{a_{21}}{a_{22}} + \bar{\Delta}\right) \in I \cap \mathbf{Z}$$
$$= a_{11}\mathbf{Z}.$$

Folglich ist auch der dritte Koeffizient von g ganz. Weil D quadratfrei ist, folgt schließlich, dass g primitiv ist. Damit ist alles bewiesen.

Korollar. *Es sei I ein von $\{0\}$ verschiedenes Ideal von A_D. Ist a_{11}, $a_{21} + a_{22}\Delta$ die in Satz 5 von Abschnitt 4 des Kapitels V beschriebene Ganzheitsbasis von I, so gilt:*

a) Ist $D \not\equiv 1 \bmod 4$, so ist

$$\mathrm{ggT}\left(\frac{a_{11}}{a_{22}}, \frac{2a_{21}}{a_{22}}, \frac{a_{21}^2 - a_{22}^2 D}{a_{11}a_{22}}\right) = 1.$$

b) Ist $D \equiv 1 \bmod 4$, so ist

$$\mathrm{ggT}\left(\frac{a_{11}}{a_{22}}, \frac{2a_{21}}{a_{22}} + 1, \frac{a_{21}^2 + a_{21}a_{22} + \frac{1}{4}a_{22}^2(1 - D)}{a_{11}a_{22}}\right) = 1.$$

Dies wurde beim Beweise von Satz 4 mitbewiesen.

Satz 5. *Es sei D eine von 1 verschiedene quadratfreie ganze Zahl und $f = ax^2 + bx + c$ sei ein primitives, irreduzibles Polynom über $\mathbf{Z}$ mit der Diskriminante D, falls $D \equiv 1 \bmod 4$ ist, und mit der Diskriminante $4D$ in den übrigen Fällen. Ist ω Nullstelle von f, so ist $I := a\mathbf{Z} + a\omega\mathbf{Z}$ ein Ideal in A_D und es gilt $\omega \in \Omega(I)$.*

Beweis. Es sei d die Diskriminante von f. Dann ist

$$\omega = \frac{1}{2a}\left(\sqrt{d} - b\right)$$

oder

$$\omega = \frac{1}{2a}\left(-\sqrt{d} - b\right).$$

Wegen $d = D$ bzw. $d = 4D$ ist $\omega \in \mathbf{Q}[\sqrt{D}]$. Ferner ist

$$(a\omega)^2 + b(a\omega) + ac = af(\omega) = 0,$$

sodass $a\omega \in A_D$ gilt. Wir setzen $I := a\mathbf{Z} + a\omega\mathbf{Z}$. Dann ist I eine Untergruppe der additiven Gruppe von A_D. Es sei $\alpha \in A_D$ und $\beta \in I$. Dann ist $\alpha = u + v\Delta$ und $\beta = ax + a\omega y$ mit ganzen Zahlen u, v, x und y. Es folgt

$$\alpha\beta = (u + v\Delta)(ax + a\omega y) = a(ux + u\omega y + xv\Delta + vy\omega\Delta).$$

Es ist

$$(2a\omega + b)^2 - (b^2 - 4ac) = 4af(\omega) = 0.$$

Es sei zunächst $D \equiv 1 \bmod 4$. Dann ist $(2a\omega + b)^2 = D$ und folglich $2a\omega + b = \sqrt{D}$. Hieraus folgt $2a\omega + b + 1 = 2\Delta$, d.h.

$$\Delta = a\omega + \tfrac{1}{2}(b + 1).$$

Wegen $D \equiv b \bmod 2$ ist $\frac{1}{2}(b+1)$ ganz, da D ja ungerade ist. Somit ist, da ja $\omega^2 = -bx - c$ ist,

$$\alpha\beta = a\big(ux + u\omega y + xv(a\omega + \tfrac{1}{2}(b+1)) + yv(a\omega + \tfrac{1}{2}(b+1))\omega\big)$$
$$= aU + a\omega V$$

mit $U, V \in \mathbf{Z}$. Folglich ist $\alpha\beta \in I$, sodass I ein Ideal ist.

Es sei schließlich $D \not\equiv 1 \bmod 4$. Dann ist $(2a\omega + b)^2 = 4D$ und folglich $2a\omega + b = 2\sqrt{D}$. Es folgt nun ganz analog, dass $\alpha\beta \in I$ ist.

Da I ein Ideal ist und da wegen der Irrationalität von ω die Elemente a und $a\omega$ über $\mathbf{Q}$ linear unabhängig sind, ist a, $-a\omega$ eine Ganzheitsbasis von I. Es folgt

$$\omega = -(-a\omega)a^{-1} \in \Omega(I).$$

Damit ist der Satz bewiesen.

Satz 6. *Es sei $1 \neq D \in \mathbf{Z}$ und D sei quadratfrei. Die Klassenzahl von A_D ist gleich der Anzahl der Bahnen der modularen Gruppe $\mathcal{G}$ auf der Menge der quadratischen Irrationalitäten mit der Diskriminante D bzw. $4D$, je nachdem $D \equiv 1$ bzw. $\not\equiv 1 \bmod 4$ ist. Insbesondere ist die Klassenzahl von A_D endlich.*

Beweis. Die erste Aussage folgt aus den Sätzen 2, 3, 4 und 5. Die Aussage über die Endlichkeit der Klassenzahl folgt im Falle $D > 0$ aus dem Korollar 1 zu Satz 11 und den Sätzen 6 und 7 aus Kapitel V, Abschnitt 5. Ist $D < 0$, so folgt sie aus den nachstehenden Entwicklungen.

Es sei $f = ax^2 + bx + c \in \mathbf{Z}[x]$ und f sei primitiv. Ferner sei $D = b^2 - 4ac < 0$. Ist ω Nullstelle von f, so ist $\omega = \xi + i\eta$ mit η, $\eta \in \mathbf{R}$, $\eta \neq 0$ und $i = \sqrt{-1}$. Wir nennen ω *reduziert*, falls $|\omega| \geq 1$, $\eta > 0$ und $|\xi| \leq \frac{1}{2}$ ist.

Satz 7. *Ist ω Nullstelle des primitiven Polynoms $f = ax^2 + bx + c$ und ist die Diskriminante $d = b^2 - 4ac$ von f kleiner als 0, so gibt es ein $A \in \mathcal{G}$, sodass $A(\omega)$ reduziert ist.*

Beweis. Es sei A irgendein Element aus $\mathcal{G}$. Ferner sei $\omega = \xi + i\eta$. Dann ist, wenn man Reelles zu t bzw. r^2 zusammenfasst,

$$A(\omega) = \frac{A_{11}(\xi + i\eta) + A_{12}}{A_{21}(\xi + i\eta) + A_{22}}$$
$$= \frac{(A_{11}\xi + A_{12} + A_{11}i\eta)(A_{21}\xi + A_{22} - A_{21}i\eta)}{(A_{21}\xi + A_{22} + A_{21}i\eta)(A_{21}\xi + A_{22} - A_{21}i\eta)}$$
$$= \frac{t + i\det(A)\eta}{r^2}.$$

Diese Formel, die wir gleich noch ein zweites Mal benutzen werden, zeigt, dass es ein $\omega_1 = \xi_1 + i\eta_1$ in der Bahn von ω gibt mit $\eta_1 > 0$. Es gibt genau ein primitives Polynom $a_1 x^2 + b_1 x + c_1$ mit der Nullstelle ω_1 und $a_{11} > 0$. Es sei nun unter allen ω_1 in der Bahn von ω mit $\eta_1 > 0$ das betrachtete ω_1 ein solches mit minimalem a_1. Es gibt ein $\alpha \in \mathbf{Z}$ mit $|\xi_1 - \alpha| \leq \frac{1}{2}$. Wir setzen

$$\omega_2 := \frac{1}{-\omega_1 + \alpha} = \begin{pmatrix} 0 & 1 \\ -1 & \alpha \end{pmatrix}(\omega_1).$$

Ist $\omega_2 = \xi_2 + i\eta_2$, so ist nach obiger Formel $\eta_2 > 0$, da die Determinante der Matrix gleich 1 und da $\eta_1 > 0$ ist. Ferner ist

$$\omega_1 = -\frac{1}{2a_1}(b_1 + \sqrt{d})$$

oder

$$\omega_1 = -\frac{1}{2a_1}(b_1 - \sqrt{d}).$$

Es sei $\sqrt{d}$ so gewählt, dass $i\sqrt{d} < 0$ ist. Es ist $i\eta_1 = \frac{1}{2a_1}\sqrt{d}$ oder $-\frac{1}{2a_1}\sqrt{d}$. Hieraus folgt $-\eta_1 = i^2\eta_1 = \frac{1}{2a_1}i\sqrt{d}$ oder $-\eta_1 = -\frac{1}{2a_1}i\sqrt{d}$. Weil $-\eta_1$ negativ ist, ist Ersteres der Fall. Also ist $i\eta_1 = \frac{1}{2a_1}\sqrt{d}$. Setze $r := \frac{1}{|\omega_2|}$. Dann ist

$$r^2\omega_2 = \frac{\omega_2}{\omega_2\bar{\omega}_2} = \frac{1}{\bar{\omega}_2} = \alpha - \bar{\omega}_1 = \alpha - \xi_1 + i\eta_1.$$

Hieraus folgt $r^2\eta_2 = \eta_1$ und somit

$$\frac{r^2}{2a_2}(-i\sqrt{d}) = \frac{1}{2a_1}(-i\sqrt{d}).$$

Dabei habe a_2 für ω_2 die gleiche Bedeutung wie a_1 für ω_1. Es folgt $a_2 = r^2a_1$. Wegen der Minimalität von a_1 ist $a_2 \geq a_1$ und damit $r_2 \geq 1$, d.h. $r \geq 1$. Also ist $|\omega_1 - \alpha| \geq 1$. Überdies gilt $\eta_1 > 0$ und $|\xi_1 - \alpha| \leq \frac{1}{2}$. Also ist $\omega_1 - \alpha$ reduziert. Schließlich gilt

$$\omega_1 - \alpha = \begin{pmatrix} 1 & -\alpha \\ 0 & 1 \end{pmatrix}(\omega_1),$$

sodass $\omega_1 - \alpha$ in der gleichen Bahn wie ω_1 und dann auch in der gleichen Bahn wie ω liegt.

Satz 8. *Es sei $f = ax^2 + bx + c \in \mathbf{Z}[x]$ und f sei primitiv. Ferner sei $a > 0$ und $d := b^2 - 4ac < 0$. Genau dann besitzt f eine reduzierte Nullstelle, wenn $3a^2 \leq -d$, wenn $|b| \leq a$ und wenn $a \leq c$ ist.*

Beweis. Wegen $a > 0$ und $d < 0$ ist $c > 0$. Ferner sei $\sqrt{d}$ so gewählt, dass $i\sqrt{d} < 0$ ist.

Es sei ω eine reduzierte Nullstelle von f. Wegen $i\sqrt{d} < 0$ ist wieder

$$\omega = \frac{1}{2a}(-b + \sqrt{d}).$$

Ist $\omega = \xi + i\eta$, so ist also $\xi = \frac{-b}{2a}$ und $i\eta = \frac{\sqrt{d}}{2a}$. Aus

$$\eta^2 = \xi^2 + \eta^2 - \xi^2 = |\omega|^2 - \xi^2 \geq 1 - \frac{1}{4} = \frac{3}{4}$$

folgt

$$-\frac{3}{4} \geq -\eta^2 = (i\eta)^2 = \frac{d}{4a^2}$$

und weiter $-d \geq 3a^2$. Aus

$$\frac{|b|}{2a} = |\xi| \leq \frac{1}{2}$$

folgt $|b| \leq a$. Schließlich folgt aus

$$1 \leq |\omega|^2 = \frac{1}{4a^2}(b^2 - d) = \frac{c}{a},$$

dass $a \leq c$ ist.

Ist umgekehrt $3a^2 \leq -d$ und $|b| \leq a \leq c$, so ist

$$\omega := \frac{1}{2a}(-b + \sqrt{d})$$

eine reduzierte Nullstelle von f. Ist nämlich $\omega = \xi + i\eta$, so folgt $\xi = \frac{-b}{2a}$ und $i\eta = \frac{\sqrt{d}}{2a}$. Also ist $|\xi| \leq \frac{1}{2}$ und $-\eta = \frac{i\sqrt{d}}{2a} < 0$, d.h. $\eta > 0$. Schließlich ist $|\omega|^2 = \frac{c}{a} \geq 1$ und folglich auch $|\omega| \geq 1$.

Mit den Sätzen 7 und 8 ist auch Satz 6 vollständig bewiesen.

Ist $D > 0$, so sind wir nach unseren früheren Entwicklungen in der Lage, die Klassenzahl von A_D auszurechnen. Die nächsten beiden Sätze werden uns in die Lage versetzen, dies auch im Falle $D < 0$ zu tun.

Satz 9. *Es sei d eine negative ganze Zahl mit $d \equiv 0$ oder $1 \bmod 4$. Sind ω und ω_1 zwei verschiedene reduzierte Nullstellen von primitiven quadratischen Gleichungen mit der Diskriminante d, so gibt es genau dann ein $A \in \mathcal{G}$ mit $\omega_1 = A(\omega)$, wenn $\omega = \frac{1}{2} + i\eta$ und $\omega_1 = -\frac{1}{2} + i\eta$, bzw. $\omega = -\frac{1}{2} + i\eta$ und $\omega_1 = \frac{1}{2} + i\eta$ ist, oder aber wenn $|\omega| = |\omega_1| = 1$ und $\omega_1 = -\bar{\omega}$ ist.*

Beweis. Es sei $A \in \mathcal{G}$ und $\omega_1 = A(\omega)$. Ferner sei $\omega = \xi + i\eta$ und $\omega_1 = \xi_1 + i\eta_1$. Wir dürfen $\eta_1 \geq \eta$ annehmen. Es ist

$$\begin{aligned}
\omega_1 &= \frac{A_{11}\omega + A_{12}}{A_{21}\omega + A_{22}} \\
&= \frac{(A_{11}\omega + A_{12})(A_{21}\bar{\omega} + A_{22})}{(A_{21}\omega + A_{22})(A_{21}\bar{\omega} + A_{22})} \\
&= \frac{A_{11}A_{21}|\omega|^2 + A_{12}A_{22} + (A_{11}A_{22} + A_{12}A_{21})\xi + i\eta \det(A)}{A_{21}^2|\omega|^2 + 2A_{21}A_{22}\xi + A_{22}^2}.
\end{aligned}$$

Wegen $\eta_1 \geq \eta > 0$ folgt $\det(A) = 1$ und weiter

$$\eta_1 = \frac{\eta}{(A_{21}\xi + A_{22})^2 + A_{21}^2\eta^2}.$$

Wegen $\eta_1 \geq \eta$ ist daher $(A_{21}\xi + A_{22})^2 + A_{21}^2\eta^2 \leq 1$. Weil ω reduziert ist, ist $\eta^2 \geq \frac{3}{4}$. Somit ist $A_{21}^2 \leq \frac{4}{3}$. Also ist $A_{21} \in \{0, 1, -1\}$.

Es sei $A_{21} = 0$. Dann ist $A_{11}A_{22} = 1$. Wegen $A(\omega) = (-A)(\omega)$ dürfen wir annehmen, dass $A_{11} = A_{22} = 1$ ist. Dann ist $\omega_1 = \omega + A_{12}$. Hieraus folgt $\eta_1 = \eta$ und $\xi_1 = \xi + A_{12}$. Weil ω und ω_1 verschieden sind, ist $A_{12} \neq 0$. Es ist

$$1 \leq |A_{12}| = |A_{12}| - |\xi| + |\xi| \leq |A_{12} + \xi| + |\xi| = |\xi_1| + |\xi| \leq \frac{1}{2} + \frac{1}{2} = 1.$$

Daher ist $|A_{12}| = 1$ und $|\xi| = \frac{1}{2} = |\xi_1|$. Ist $\xi = \frac{1}{2}$, so folgt $A_{12} = -1$ und $\xi_1 = -\frac{1}{2}$ und ist $\xi = -\frac{1}{2}$, so folgt entsprechend $\xi_1 = \frac{1}{2}$.

Es sei $|A_{21}| = 1$. Dann ist entweder $(\xi + A_{22})^2 + \eta^2 \leq 1$, falls nämlich $A_{21} = 1$, oder $(\xi - A_{22})^2 + \eta^2 \leq 1$, falls $A_{21} = -1$ ist. Wegen $\eta^2 \geq \frac{3}{4}$ folgt $(\xi + A_{22})^2 \leq \frac{1}{4}$ oder $(\xi - A_{22})^2 \leq \frac{1}{4}$.

Ist $A_{22} = 0$, so ist $-A_{12}A_{21} = 1$ und folglich o.B.d.A. $A_{12} = -1$ und $A_{21} = 1$. Es folgt

$$\omega_1 = \frac{A_{11}\omega - 1}{\omega}.$$

Ferner ist, wie wir gesehen haben,

$$1 \geq (A_{21}\xi + A_{22})^2 + A_{21}^2\eta^2 = \xi^2 + \eta^2 = |\omega|^2 \geq 1.$$

Daher ist $|\omega| = 1$ und somit $\omega^{-1} = \bar{\omega}$. Es folgt $\omega_1 = A_{11} - \bar{\omega}$, sodass $\xi_1 = A_{11} - \xi$ und $\eta_1 = \eta$ ist. Ferner folgt

$$|A_{11}| = |A_{11}| - |\xi| + |\xi| \leq |A_{11} - \xi| + |\xi| = |\xi_1| + |\xi| \leq 1,$$

sodass $A_{11} \in \{0, 1, -1\}$ ist. Ist $A_{11} = 0$, so liegt der zweite Fall des Satzes vor. Ist $A_{11} \neq 0$, so liegt der erste Fall wieder vor.

Es sei schließlich $A_{22} \neq 0$. Ist $(\xi + A_{22})^2 \leq \frac{1}{4}$, so ist $|\xi + A_{22}| \leq \frac{1}{2}$. Es folgt

$$1 \leq |A_{22}| = |A_{22}| - |\xi| + |\xi| \leq |A_{22} + \xi| + |\xi| \leq 1.$$

Hieraus folgt $|A_{22}| = 1$ und $|\xi| = \frac{1}{2} = |A_{22} + \xi|$. Außerdem ist

$$1 \geq (\xi + A_{22})^2 + A_{21}^2\eta^2 = \frac{1}{4} + \eta^2 \geq 1.$$

Daher ist $\eta_1 = \eta$, sodass wieder der erste Fall vorliegt. Ist $(\xi - A_{22})^2 \leq \frac{1}{4}$, so folgt analog $|\xi| = \frac{1}{2}$ und $\eta = \eta_1$.

Die Umkehrung ist banal, wenn man nur beachtet, dass im Falle $|\omega| = 1$ die Gleichung $\bar{\omega} = \omega^{-1}$ gilt.

Satz 10. *Sind $f = ax^2 + bx + c$, $f_1 = a_1x^2 + b_1x + c_1 \in \mathbf{Z}[x]$ verschiedene und primitive Polynome mit $a > 0$ und $a_1 > 0$ sowie $b^2 - 4ac = b_1^2 - 4a_1c_1 < 0$, ist ω eine Nullstelle von f und ω_1 eine solche von f_1 und sind ω und ω_1 reduziert, so liegen ω und ω_1 genau dann in der gleichen Bahn von $\mathcal{G}$, wenn eine der folgenden Bedingungen erfüllt ist:*

a) Es ist $a = a_1$, $-a = b$ und $a_1 = b_1$.

b) Es ist $a = a_1$, $a = b$ und $-a_1 = b_1$.

c) Es ist $a = a_1 = c = c_1$ und $b = -b_1$.

Beweis. Es sei d die Diskriminante von f und f_1. Weil ω und ω_1 reduziert sind, folgt aus Satz 9 und $\omega = \frac{1}{2a}(-b + \sqrt{d})$ bzw. $\omega_1 = \frac{1}{2a_1}(-b_1 + \sqrt{d})$ zunächst, dass die Imaginärteile von ω und ω_1 gleich sind. Dies hat $a = a_1$ zur Folge. Aus den gleichen Gründen folgt entweder o.B.d.A. $\frac{-b}{2a} = \frac{1}{2}$ und $\frac{-b_1}{2a_1} = -\frac{1}{2}$, d.h. $-a = b$ und $a_1 = b_1$ oder $\frac{4}{a^2}(b^2 - d) = 1$, sodass in diesem Falle $a = c$ und entsprechend $a_1 = c_1$ ist.

Ist umgekehrt eine der Bedingungen a), b) oder c) erfüllt, so liegen ω und ω_1 in der gleichen Bahn von $\mathcal{G}$, wie man mittels Satz 9 rasch verifiziert.

4. Weitere Hauptidealbereiche. Satz 7 von Abschnitt 4 des Kapitels IIII besagt unter anderem, dass die Ringe A_D für $D = -1, -2, -3, -7, -11$ euklidisch sind. Da euklidische Ringe stets Hauptidealbereiche sind, haben die A_D für diese D die Klassenzahl 1. Weitere Ringe mit Klassenzahl 1 liefert der nächste Satz. Zu seinem Beweise berufen wir uns auf die Entwicklungen des letzten Abschnitts.

Satz 1. *Die Ringe A_{-19}, A_{-43}, A_{-67} und A_{-163} haben die Klassenzahl 1.*

Beweis. In diesen vier Fällen ist $D \equiv 1 \bmod 4$.

Es sei $D = -19$. Hier sind alle Tripel (a, b, c) zu bestimmen mit $\mathrm{ggT}(a, b, c) = 1$ und $19 \geq 3a^2$, $a > 0$, ungeradem b und $|b| \leq a$, sowie $-19 = b^2 - 4ac$.

Wegen $a^2 \leq \lfloor \frac{19}{3} \rfloor = 6$ ist $a = 1$ oder $a = 2$ und daher $b = 1$ oder $b = -1$. Aus $4ac = 19 + 1 = 20$ folgt $a = 1$. Daher gibt es nur die beiden Tripel $(1, 1, 5)$ und $(1, -1, 5)$, sodass die Klassenzahl nach Satz 9 gleich 1 ist.

Es sei $D = -43$. Hier ist $a^2 \leq \lfloor \frac{43}{3} \rfloor = 14$ und folglich $a \leq 3$. Hieraus folgt $b \in \{1, -1, 3, -3\}$. Aus $|b| = 1$ folgt $4ac = 44$ und folglich $a = 1$. Dies liefert die äquivalenten Tripel $(1, 1, 11)$ und $(1, -1, 11)$. Aus $|b| = 3$ folgt $4ac = 52 = 4 \cdot 13$. Dies hat wegen $|b| \leq a \leq 3$ keine Lösung. Also ist auch hier die Klassenzahl gleich 1.

Es sei $D = -67$. Hier ist $a^2 \leq \lfloor \frac{67}{3} \rfloor = 22$ und folglich $a \leq 4$. Somit ist auch $|b| \leq 4$. Mit $|b| = 1$ folgt $4ac = 68 = 4 \cdot 17$ und daher $a = 1$. Dies liefert die äquivalenten Tripel $(1, 1, 17)$ und $(1, -1, 17)$. Mit $|b| = 3$ folgt $4ac = 76 = 4 \cdot 19$, was wegen $3 = |b| \leq a \leq 4$ keine Lösung hat. Somit ist die Klassenzahl gleich 1.

Es sei $D = -163$. Hier ist $a^2 \leq \lfloor \frac{163}{3} \rfloor = 54$ und folglich $a \leq 7$. Auch hier sieht man rasch, dass $(1, 1, 41)$ und $(1, -1, 41)$ die einzigen Lösungen sind. Folglich ist auch hier die Klassenzahl gleich 1.

Wir kennen nun neun Ringe der Gestalt A_D mit $D < 0$, die Hauptidealbereiche sind. Heilbronn und Linfoot bewiesen 1934, dass es höchstens noch einen weiteren Hauptidealbereich A_D mit $D < 0$ gibt. Dass es diesen weiteren nicht geben kann, wurde schließlich 1967 von Stark gezeigt. Im Falle $D > 0$ kennt man sehr viel mehr Ringe mit Klassenzahl 1. Ob es aber unendlich viele gibt, scheint immer noch offen zu sein. Das Ergebnis von Heilbronn, Linfoot und Stark werden wir hier nicht vortragen. Das folgende, sehr bemerkenswerte Ergebnis (Motzkin 1949) liegt aber in unserer Reichweite.

Satz 2. *Es sei D eine quadratfreie ganze Zahl mit $D < 0$. Genau dann ist A_D euklidisch, wenn $D \in \{-1, -2, -3, -7, -11\}$ ist.*

Beweis. Ist D eine der Zahlen $-1, -2, -3, -7, -11$, so ist A_D euklidisch, wie wir wissen. Es sei also D keine dieser Zahlen. Wir zeigen zunächst, dass 2 und 3 in A_D unzerlegbar sind.

Es sei $D \equiv 1 \bmod 4$. Dann ist $D \leq -15$. Es sei $2 = cd$ mit $c, d \notin G(A_D)$. Dann ist $4 = N(2) = N(cd) = N(c)N(d)$. Da Normen von Elementen aus A_D ganz und wegen $D < 0$ positiv sind, da ferner c und d keine Einheiten sind, folgt $N(c) = 2 = N(d)$. Es ist $c = \frac{1}{2}(x + y\sqrt{D})$. Es folgt

$$2 = N(c) = \frac{1}{4}(x^2 - Dy^2) \geq \frac{-D}{4}y^2 \geq \frac{15}{4} > 3,$$

da ja 2 kein Quadrat in $\mathbf{Q}$ und folglich $y \neq 0$ ist. Dieser Widerspruch zeigt, dass 2 nicht zerlegbar ist. Wäre 3 zerlegbar, so folgte ganz entsprechend der Widerspruch

$$3 = N(c) = \frac{1}{4}(x^2 - Dy^2) \geq \frac{-D}{4}y^2 \geq \frac{15}{4} > 3.$$

Es sei $D \not\equiv 1 \bmod 4$. Dann ist $D \leq -5$. Hier folgte aus der Zerlegbarkeit von 2 bzw. 3 der Widerspruch

$$2 = N(c) = x^2 - Dy^2 \geq -D \geq 5,$$

bzw. $3 = N(c) \geq 5$.

Wir erinnern an die Definition von S', wenn S eine Teilmenge der von 0 verschiedenen Elemente R^* des Integritätsbereiches R ist. Es ist

$$S' = \{b \mid b \in S, \text{ es gibt ein } a \in R \text{ mit } a + bR \subseteq S\}.$$

Hiermit definierten wir weiter $R^{(0)} := R^*$ und $R^{i+1} := (R^i)'$.

Setze nun $R := A_D$. Es sei $b \in R^{(0)} - R^{(1)}$. Dann ist $0 \in a + bR$ für alle $a \in R$. Mit $a = -1$ folgt $b \in G(R)$. Ist umgekehrt $b \in G(R)$, so ist $0 \in a + bR$ für alle $a \in R$. Folglich ist $R^{(1)} = R^* - G(R)$. Dies gilt im Übrigen für alle Integritätsbereiche. Es sei nun $b \in R^{(1)} - R^{(2)}$. Dann ist, da in den von uns betrachteten Fällen die Einheitengruppe nur aus 1 und -1 besteht,

$$(a + bR) \cap \{0, 1, -1\} \neq \emptyset.$$

Mit $a = -2$ folgt $bR \cap \{2, 3, 1\} \neq \emptyset$. Weil 2 und 3 unzerlegbar sind, folgt hieraus $b \in \{1, -1, 2, -2, 3, -3\}$. Setzt man wieder $\Delta := \frac{1}{2}(1 + \sqrt{D})$, falls $D \equiv 1 \bmod 4$ ist und $\Delta := \sqrt{D}$ in den übrigen Fällen, so folgt mit $a = \Delta$, dass

$$bR \cap \{-\Delta, 1 - \Delta, -1 - \Delta\} \neq \emptyset$$

ist. Weil 1 und Δ linear unabhängig sind, folgt schließlich, dass b Teiler von -1 ist. Also ist $b = 1$ oder -1 im Widerspruch zu $b \in R^{(1)}$. Dieser Widerspruch besagt, dass $R^{(2)} = R^{(1)}$ ist. Folglich ist

$$\bigcap_{i:=1}^{\infty} R^{(i)} = R^{(1)} \neq \emptyset.$$

Daher gestattet R, d.h. A_D, nach Satz 8 von Abschnitt 3 des Kapitels III keinen euklidischen Algorithmus.

5. Klassenzahl 1. Wir wissen in jedem konkreten Fall die Klassenzahl von A_D zu berechnen, und in den Aufgaben haben wir auch schon Beispiele gesehen, deren Klassenzahl nicht 1 war. In diesem Abschnitt werden wir nun einige Sätze beweisen, die zeigen, dass Klassenzahl 1 selten ist. Auch hier müssen wir etwas weiter ausholen und mehr an Werkzeug bereitstellen.

Der nächste Satz beweist die Aussage von Aufgabe 6 von Kapitel IIII und ihrem Kommentar.

Satz 1. *Es sei R ein Integritätsbereich und S sei ein Teilring von R. Ist R ganz über S, so ist R genau dann ein Körper, wenn S ein Körper ist.*

Beweis. Es sei R ein Körper und es sei $0 \neq \alpha \in S$. Dann hat α ein Inverses α^{-1} in R. Weil R ganz über S ist, gibt es ein

$$f = x^n + \sum_{i:=0}^{n-1} a_i x^i \in S[x]$$

mit $f(\alpha^{-1}) = 0$. Es folgt

$$\alpha^{-1} = - \sum_{i:=0}^{n-1} a_i \alpha^{n-1-i} \in S,$$

sodass S ein Körper ist.

Es sei umgekehrt S ein Körper und $0 \neq \alpha \in R$. Nach Satz 3 von Abschnitt 4 des Kapitels IIII gibt es dann ein $\beta \in \alpha R \cap S$ mit $\beta \neq 0$. Es gibt daher ein $r \in R$ mit $\beta = \alpha r$. Wegen $\beta \in S$ existiert β^{-1}. Es folgt

$$1 = \beta \beta^{-1} = \alpha r \beta^{-1},$$

sodass $r \beta^{-1} = \alpha^{-1}$ ist.

Satz 2. *Es sei R ein Integritätsbereich, S sei ein Teilring von R und R sei ganz über S. Schließlich sei P ein Primideal von R. Genau dann ist P maximal in R, wenn $S \cap P$ maximal in S ist.*

Beweis. Ist I ein Ideal von R, so folgt aus der Ganzheit von R über S die Ganzheit von R/I über $(S+I)/I$. Ist nämlich $r+I \in R/I$, so gibt es ein Polynom $f = x^n + \sum_{i:=0}^{n-1} s_i x^i \in S[x]$ mit $f(r) = 0$. Setzt man nun $g := x^n + \sum_{i:=0}^{n-1}(s_i + I)x^i$, so ist $g \in ((S + I)/I)[x]$ und $g(r + I) = f(r) + I = I$. Daher ist $r + I$ ganz über $(S + I)/I$.

Es sei P maximal. Dann ist R/P ein Körper. Ferner ist R/P nach der gerade gemachten Bemerkung ganz über $(S+P)/P$. Daher ist $(S+P)/P$ nach Satz 1 ein Körper. Nun sind $(S + P)/P$ und $S/(S \cap P)$ isomorph, sodass auch $S/(S \cap P)$ ein Körper ist. Folglich ist $S \cap P$ maximal in S.

Es sei umgekehrt $S \cap P$ maximal in S. Dann ist $S/(S \cap P)$ ein Körper. Folglich ist auch $(S + P)/P$ ein Körper. Weil P ein Primideal ist, ist R/P ein Integritätsbereich und daher nach Satz 1 ebenfalls ein Körper. Folglich ist P maximal in R.

Satz 3. *Es sei D eine quadratfreie ganze Zahl mit $D \neq 1$. Ist P ein Primideal von A_D und ist $P \neq \{0\}$, so ist P maximal in A_D.*

Beweis. Es ist $P \cap Z \neq \{0\}$, wie wir wissen. Ferner ist $P \cap \mathbf{Z}$ ein Primideal von $\mathbf{Z}$. Folglich ist $P \cap \mathbf{Z}$ maximal in $\mathbf{Z}$. Nach Satz 2 ist dann P maximal in A_D.

Satz 4. *Es sei D eine quadratfreie von 1 verschiedene ganze Zahl. Ferner sei P ein von $\{0\}$ verschiedenes Primideal von A_D. Ist dann $P \cap \mathbf{Z} = p\mathbf{Z}$ und $p > 0$, so ist p eine Primzahl. Ferner ist $|A_D/P| = p$ oder $|A_D/P| = p^2$. Genau dann ist $|A_D/P| = p^2$, wenn p ein Primelement von A_D ist.*

Beweis. Dass p eine Primzahl ist, ist klar. Es sei a_{11}, $a_{21} + a_{22}\Delta$ die in Satz 5 von Abschnitt 4 das Kapitels IIII beschriebene Ganzheitsbasis von P. Dann ist $a_{11}\mathbf{Z} = \mathbf{Z} \cap P$, sodass o.B.d.A. $p = a_{11}$ ist. Ferner ist a_{22} nach eben diesem Satz Teiler von p. Also ist o.B.d.A. $a_{22} = 1$ oder $a_{22} = p$. Wegen $|A_D/P| = a_{11}a_{22}$ gilt daher die erste Aussage des Satzes.

Es gelte $|A_D/P| = p^2$. Dann ist $a_{22} = p$ ist. Nun ist a_{22} Teiler von a_{21}. Andererseits kann man a_{21} modulo a_{11} reduzieren, sodass man wegen $a_{11} = p = a_{22}$ annehmen darf, dass $a_{21} = 0$ ist. Also ist $p, p\Delta$ eine Ganzheitsbasis von P und folglich $P = pA_D$. Somit ist p ein Primelement.

Es sei schließlich p ein Primelement. Dann ist pA_D ein von $\{0\}$ verschiedenes Primideal, welches in P enthalten ist. Mit Satz 3 folgt daher $P = pA_D$. Es folgt wieder $a_{22} = p$ und damit $|A_D/pA_D| = p^2$.

Kann man auf anderem Wege entscheiden, ob p auch in A_D ein Primelement ist? Ja, sagt der nächste Satz.

Satz 5. *Sei D eine von 1 verschiedene quadratfreie ganze Zahl und p sei eine ungerade Primzahl. Genau dann ist p prim in A_D, wenn p kein Teiler von D und $(\frac{D}{p}) = -1$ ist.*

Beweis. Ist p Teiler von D, so ist $\sqrt{D} + pA_D$ Nullteiler in A_D/pA_D. Folglich ist pA_D kein Primideal und p daher kein Primelement. Es sei also p kein Teiler von D. Ist $(\frac{D}{p}) = 1$, so gibt es $x, k \in \mathbf{Z}$ mit $x^2 - D = kp$. Hieraus folgt

$$(x - \sqrt{D})(x + \sqrt{D}) \in pA_D.$$

Wegen $x - \sqrt{D}, x + \sqrt{D} \notin pA_D$ ist p auch in diesem Falle kein Primelement.

Es sei schließlich p kein Teiler von D und pA_D sei kein Primideal. Es gibt dann $x + y\Delta, u + v\Delta \in A_D - pA_D$ mit

$$xu + vy\Delta^2 + (xv + uy)\Delta = (x + y\Delta)(u + v\Delta) \in pA_D.$$

1. Fall. Es ist $D \not\equiv 1 \bmod 4$. Dann ist $\Delta^2 = D$. Es folgt

$$xu + vyD \equiv 0 \bmod p$$
$$xv + uy \equiv 0 \bmod p.$$

Wegen $x + y\Delta \notin pA_D$ sind x und y nicht beide durch p teilbar. Also ist

$$u^2 - v^2 D = \det \begin{pmatrix} u & vD \\ v & u \end{pmatrix} \equiv 0 \bmod p.$$

Wäre $v \equiv 0 \bmod p$, so folgte $u \equiv 0 \bmod p$ und damit der Widerspruch $u + v\Delta \in pA_D$. Also ist $v \not\equiv 0 \bmod p$ und folglich $(\frac{D}{p}) = 1$.

2. Fall. Es ist $D \equiv 1 \bmod p$. Dann ist $\Delta^2 = \frac{1}{4}(D - 1) + \Delta$. Also ist

$$xu + vy\tfrac{1}{4}(D - 1) + (vy + xv + uy)\Delta \in pA_D.$$

Daher ist

$$xu + y\tfrac{1}{4}v(D - 1) \equiv 0 \bmod p$$
$$xv + y(u + v) \equiv 0 \bmod p.$$

Hieraus folgt $u(u+v) - \frac{1}{4}v^2(D-1) \equiv 0 \bmod p$, bzw.

$$4u^2 + 4uv + v^2 - v^2D \equiv 0 \bmod p,$$

d.h.

$$(2u+v)^2 - v^2D \equiv 0 \bmod p.$$

Wie eben folgt $\left(\frac{D}{p}\right) = 1$. Damit ist alles bewiesen.

Satz 6. *Es sei D eine von 1 verschiedene quadratfreie ganze Zahl. Genau dann ist A_D ein ZPE-Bereich, wenn A_D ein Hauptidealbereich ist.*

Beweis. Es sei A_D ein ZPE-Bereich und P sei ein Primideal. Ferner sei $0 \neq a \in P$. Dann ist a keine Einheit, sodass es Primelemente $\pi_1, \ldots, \pi_t$ gibt mit $a = \pi_1 \cdots \pi_t$. Weil P ein Primideal ist, gibt es ein i mit $\pi_i \in P$. Dann ist $\pi_i A_D$ ein in P enthaltenes Primideal von A_D. Weil die nicht trivialen Primideale von A_D nach Satz 3 maximal sind, folgt $P = \pi_i A_D$, sodass P ein Hauptideal ist.

Es sei nun I ein Ideal von A_D, welches kein Hauptideal ist. Dann ist $I \neq \{0\}$, sodass A_D/I endlich ist. Es gibt daher ein Ideal J mit der Eigenschaft, dass $I \subseteq J$, dass J kein Hauptideal ist, dass aber jedes Ideal echt oberhalb J Hauptideal ist. Weil J kein Hauptideal ist, ist J kein Primideal. Es gibt also $a, b \in A_D - J$ mit $ab \in J$. Setze $H := J + aA_D$. Dann ist H ein Hauptideal. Es gibt also ein $c \in A_D$ mit $H = cA_D$. Setze

$$K := \{x \mid x \in A_D, Hx \subseteq J\}.$$

Dann ist $J + bA_D \subseteq K$. Folglich ist auch K ein Hauptideal, sodass es ein $d \in A_D$ gibt mit $K = dA_D$. Aufgrund der Definition von K ist $cK \subseteq J$. Es sei $h \in J$. Wegen $J \subseteq H$ ist $h = cz$ mit $z \in A_D$. Aus $cz = h \in J$ folgt $Hz \subseteq J$. Also ist $z \in K$, sodass $h \in cK$ ist. Somit ist $J = cK = cdA_D$. Dieser Widerspruch zeigt, dass A_D ein Hauptidealbereich ist.

Es sei A_D ein Hauptidealbereich. Ferner sei π ein unzerlegbares Element von A_D. Wir wollen zeigen, dass πA_D ein maximales Ideal von A_D ist. Dazu sei J ein Ideal mit $\pi A_D \subseteq J$. Dann ist $J = aA_D$. Es gibt also ein $b \in A_d$ mit $\pi = ab$. Ist a eine Einheit, so ist $J = A_D$. Es sei also a keine Einheit. Weil π unzerlegbar ist, ist dann b eine Einheit. Es folgt $\pi A_D = aA_D = J$, sodass πA_D ein maximales Ideal von A_D ist. Maximale Ideale sind aber insbesondere Primideale, sodass π ein Primelement ist. Es bleibt zu zeigen, dass jedes Element aus A_D Produkt unzerlegbarer Elemente ist. Dies folgt aber daraus, dass im Falle $a = bc$ die Gleichung $|N(a)| = |N(b)||N(c)|$ gilt, sodass Induktion zum Ziele führt.

Das letzte Argument zeigt auch die Gültigkeit des folgenden Korollars.

Korollar. *In A_D ist jedes von 0 verschiedene Element, welches auch keine Einheit ist, Produkt von unzerlegbaren Elementen.*

Dies zeigt einmal mehr, dass die Begriffe „Primelement" und „unzerlegbares Element" verschieden sind.

Satz 7. *Sind $D, x, y \in \mathbf{Z}$, ist $D < 0$, ist $y \neq 0$ und ist $D \equiv 1 \bmod 4$, so ist*

$$x^2 + xy + \frac{1}{4}y^2(1-D) \geq \frac{1}{4}(1-D).$$

Beweis. Es sei $\frac{1}{4}(1 - D) > x^2 + xy + \frac{1}{4}y^2(1 - D)$, d.h.

$$\tfrac{1}{4}(1 - D) > (x + \tfrac{1}{2}y)^2 - \tfrac{1}{4}y^2 D.$$

Weil die rechte Seite ganz ist, folgt

$$-\tfrac{1}{4}D > (x + \tfrac{1}{2}y)^2 - \tfrac{1}{4}y^2 D \geq -\tfrac{1}{4}y^2 D.$$

Wegen $-D > 0$ folgt hieraus $y^2 < 1$ und damit $y = 0$, da y ja ganz ist.

Satz 8. *Es sei D eine quadratfreie negative ganze Zahl mit $D \equiv 1$ mod 4. Ist dann $a \in A_D$ und $N(a) < \frac{1}{4}(1 - D)$, so ist $a \in Z$.*

Beweis. Es gibt $x, y \in \mathbf{Z}$ mit $a = x + y\Delta$. Es folgt, da $D \equiv 1$ mod 4 ist,

$$N(a) = \big(x + y\tfrac{1}{2}(1 + \sqrt{D})\big)\big(x + y\tfrac{1}{2}(1 - \sqrt{D})\big) = x^2 + xy + \tfrac{1}{4}y^2(1 - D).$$

Mittels Satz 7 folgt, dass $y = 0$ ist. Also ist $a \in \mathbf{Z}$.

Satz 9. *Es sei D eine quadratfreie negative ganze Zahl. Ferner sei $D \equiv 1$ mod 4 und A_D sei ein ZPE-Bereich. Sind x und y teilerfremde ganze Zahlen und ist $y \neq 0$, ist ferner*

$$x^2 + xy + y^2\tfrac{1}{4}(1 - D) < \big(\tfrac{1}{4}(1 - D)\big)^2,$$

so ist $x^2 + xy + y^2\frac{1}{4}(1 - D)$ eine Primzahl.

Beweis. Setze $\alpha := x + y\Delta$. Dann ist $\alpha \in A_D$ und

$$N(\alpha) = x^2 + xy + y^2\tfrac{1}{4}(1 - D).$$

Es ist also zu zeigen, dass $N(\alpha)$ eine Primzahl ist.

Wir zeigen zunächst, dass α ein Primelement ist. Dazu sei $\alpha = \beta\gamma$ mit $\beta, \gamma \in A_D$. Dann ist $N(\beta)N(\gamma) = N(\alpha) < \frac{1}{16}(1 - D)^2$. O.B.d.A. folgt $N(\beta) < \frac{1}{4}(1 - D)$ und mit Satz 8 dann $\beta \in \mathbf{Z}$. Dann teilt β sowohl x als auch y, die aber teilerfremd sind. Folglich ist $\beta = 1$ oder $\beta = -1$. Dies zeigt, dass α unzerlegbar ist. Weil A_D ein ZPE-Bereich ist, ist α dann sogar ein Primelement oder eine Einheit. Wegen

$$1 \leq N(\alpha) < \tfrac{1}{16}(1 - D)^2$$

folgt $-D > 3$. Folglich sind 1 und -1 die einzigen Einheiten von A_D, sodass α wegen $y \neq 0$ keine Einheit ist. Somit ist α ein Primelement von A_D.

Wegen $y \neq 0$ ist $\alpha \neq \bar{\alpha}$. Ist $\alpha + \bar{\alpha} = 0$, so ist $2x + y = 0$. Hieraus folgt $y = -2x$ und wegen der Teilerfremdheit von x und y dann $x = 1$ und $y = -2$ oder $x = -1$ und $y = 2$. Somit ist in diesem Falle $\alpha = \sqrt{D}$ oder $\alpha = -\sqrt{D}$. Wegen $N(\alpha) = N(\bar{\alpha})$ dürfen wir annehmen, dass $\alpha = \sqrt{D}$ ist. Es sei $N(\alpha) = ab$ mit $a, b \in \mathbf{N}$. Weil α ein Primelement ist und $N(\alpha) = \alpha\bar{\alpha}$ gilt, ist dann α Teiler von a oder b. Wir dürfen annehmen, dass α Teiler von a ist. Es gibt dann $u, v \in \mathbf{Z}$ mit

$$a = \sqrt{D}\big(u + v\tfrac{1}{2}(1 + \sqrt{D})\big) = (u + \tfrac{1}{2}v)\sqrt{D} + \tfrac{1}{2}vD.$$

Dies ergibt $u + \frac{1}{2}v = 0$ und weiter $v \equiv 0 \mod 2$. Somit ist

$$-D = N(\alpha) = ab = \tfrac{1}{2}vDb.$$

Dies hat $\frac{1}{2}vb = -1$ zur Folge. Weil v durch 2 teilbar ist, folgt $b = 1$ oder $b = -1$. Also ist $N(\alpha)$ in diesem Falle eine Primzahl.

Es sei schließlich $\alpha \neq -\bar{\alpha}$. Dann sind α und $\bar{\alpha}$ nicht assoziiert, da A_D nur die beiden Einheiten 1 und -1 hat. Folglich sind α und $\bar{\alpha}$, da sie Primelemente sind, teilerfremd. Es sei wieder $N(\alpha) = ab$ mit $a, b \in \mathbf{N}$. Wir dürfen dann wieder annehmen, dass α Teiler von a ist. Dann ist $\bar{\alpha}$ Teiler von $\bar{a} = a$. Wegen der Teilerfremdheit von α und $\bar{\alpha}$ folgt, dass $\alpha\bar{\alpha} = N(\alpha) = ab$ Teiler von a ist. Also ist $N(\alpha) = a$, sodass auch hier $N(\alpha)$ eine Primzahl ist.

Satz 10. *Es sei D eine quadratfreie ganze Zahl kleiner als 0. Ist dann A_D ein ZPE-Bereich, so ist $D \equiv 1 \mod 4$ und $-D$ ist eine Primzahl oder es ist $D = -1$ oder $D = -2$.*

Beweis. Es sei $D \not\equiv 1 \mod 4$. Dann ist $A_D = \mathbf{Z} + \sqrt{D}\mathbf{Z}$. Ferner ist 2 Teiler von

$$D(D - 1) = (D - \sqrt{D})(D + \sqrt{D}).$$

Wäre 2 Primelement in A_D, so wäre 2 Teiler von $D + \sqrt{D}$ oder von $D - \sqrt{D}$, was nicht der Fall ist. Es gibt also a und b in A_D, die beide keine Einheiten sind, mit $2 = ab$. Es folgt $4 = N(2) = N(a)N(b)$ und damit $N(a) = 2$, da a und b ja keine Einheiten sind. Es sei $a = x + y\sqrt{D}$. Dann ist $2 = x^2 - Dy^2$. Es folgt $y \neq 0$, da 2 kein Quadrat in $\mathbf{Z}$ ist. Es folgt $2 \geq -D \geq 1$ und damit $D = -1$ oder $D = -2$.

Es sei $D \equiv 1 \mod 4$. Ist $-15 \leq D$, so ist $D = -3, -7$ oder -11. Es sei also $D \leq -15$. Ist $f \geq 15$, so ist $16f < (f + 1)^2$, wie eine einfache Induktion zeigt. Mit $x := -1$ und $y := 2$ folgt $x + y\Delta = \sqrt{D}$. Ferner folgt

$$N(x + y\Delta) = -D < \tfrac{1}{16}(1 - D)^2,$$

sodass mit Satz 9 folgt, dass $N(x + y\Delta)$, d.h. $-D$, eine Primzahl ist.

Satz 11. *Ist D eine quadratfreie ganze Zahl, ist $D \leq -7$ und $D \equiv 1 \mod 4$, ist ferner A_D ein ZPE-Bereich, so ist $x^2 + x + \frac{1}{4}(1 - D)$ eine Primzahl für alle x mit $0 \leq x \leq \frac{1}{4}(1 - D) - 2$. Insbesondere ist auch $\frac{1}{4}(1 - D)$ eine Primzahl.*

Beweis. Dies folgt mit $y = 1$ aus Satz 9.

Ist p eine Primzahl mit $p \leq 200$ und $p \equiv 3 \mod 4$ und ist außerdem auch $\frac{1}{4}(p + 1)$ eine Primzahl, so ist $p = 7, 11, 19, 43, 67$ oder 163. Aus den Sätzen 9 und 10 folgt dann, dass A_D für $-200 \leq D \leq -1$ höchstens dann ein ZPE-Bereich ist, wenn $D = -1, -2, -3, -7, -11, -19, -43, -67$ oder -163 ist. Wie wir wissen, sind auch alle diese Ringe ZPE-Bereiche. Nach dem schon zuvor erwähnten Resultat von Heilbronn, Linfoot und Stark sind dies für $D < 0$ alle ZPE-Bereiche unter den A_D.

Mit $D = -163$ erhält man, dass $x^2 + x + 41$ für $x := 0, \ldots, 39$ eine Primzahl ist.

Nun wollen wir uns auch im Falle $D > 0$ noch etwas umsehen. Wir benötigen den folgenden berühmten Satz von Dirichlet, den wir aber nicht beweisen werden. Einen Beweis findet der Leser z. B. in Hecke 1954, §43 oder in Trost 1968.

Satz 12 (Dirichlet). *Sind a, $b \in \mathbf{N}$ und sind a und b teilerfremd, so gibt es unendlich viele Primzahlen p mit $p \equiv a \bmod b$.*

Satz 13. *Es sei $1 \neq D \in \mathbf{N}$ und D sei quadratfrei. Ist A_D ein ZPE-Bereich und ist D durch eine Primzahl p mit $p \equiv 1 \bmod 4$ teilbar, so ist $D = p$.*

Beweis. Es sei $D = 2^e p p_1 \cdots p_t$ mit ungeraden Primzahlen p_i und $e = 0$ oder $e = 1$. Ferner sei $t \geq 1$. Weil D quadratfrei ist, sind alle Primzahlen in diesem Produkt von einander verschieden.

Es sei a ein Nichtquadrat modulo p und a_1 ein Nichtquadrat modulo p_1. Nach dem chinesischen Restsatz gibt es ein x_0 mit

$$x_0 \equiv 1 \bmod 8, \quad x_0 \equiv a \bmod p, \quad x_0 \equiv a_1 \bmod p_1 \quad \text{und} \quad x_0 \equiv 1 \bmod p_i$$

für alle $i \geq 2$. Die Zahlen x_0 und $8 p p_1 \cdots p_t$ sind teilerfremd. Nach dem dirichletschen Satz gibt es also eine Primzahl q mit

$$q \equiv x_0 \bmod 8 p p_1 \cdots p_t.$$

Wegen $q \equiv 1 \bmod 8$ folgt aus dem quadratischen Reziprozitätsgesetz $\left(\frac{p}{q}\right) = \left(\frac{q}{p}\right)$ und $\left(\frac{p_i}{q}\right) = \left(\frac{q}{p_i}\right)$ für alle i. Ferner gilt $\left(\frac{2}{q}\right) = 1$ nach dem zweiten Ergänzungssatz. Daher ist

$$\left(\frac{D}{q}\right) = \left(\frac{2^e}{q}\right)\left(\frac{p}{q}\right)\left(\frac{p_1}{q}\right) \cdots \left(\frac{p_t}{q}\right) = 1.$$

Nach Satz 4 ist q in A_D daher nicht prim. Weil A_D ein ZPE-Bereich ist, ist q also zerlegbar. Es gibt folglich a, $b \in A_D$ mit $q = ab$ und $|N(a)| \neq 1 \neq |N(b)|$. Nun ist $q^2 = N(q) = N(a)N(b)$ und folglich $|N(a)| = q$. Es sei $a = x + y\sqrt{D}$, falls $D \not\equiv 1 \bmod 4$ ist, bzw. $a = \frac{1}{2}(x + y\sqrt{D})$, falls $D \equiv 1 \bmod 4$ ist. Es gibt dann ein $v \in \{0,1\}$ mit $(-1)^v q = x^2 - Dy^2$ bzw. $(-1)^v 4q = x^2 - Dy^2$. Hieraus folgt $(-1)^v q \equiv x^2 \bmod p$ bzw. $(-1)^v 4q \equiv x^2 \bmod p$. Wegen $p \equiv 1 \bmod 4$ ist -1 ein Quadrat modulo p. Folglich ist $\left(\frac{q}{p}\right) = 1$, ein Widerspruch. Somit ist $D = 2^e p$.

Es sei $e = 1$. Mittels des chinesischen Restsatzes und des dirichletschen Satzes erschließt man wieder die Existenz einer Primzahl q mit $q \equiv 5 \bmod 8$ und $\left(\frac{q}{p}\right) = -1$. Wegen $q \equiv 1 \bmod 4$ ist dann $\left(\frac{p}{q}\right) = -1$. Ferner ist $\left(\frac{2}{q}\right) = -1$ nach dem zweiten Ergänzungssatz. Also ist $\left(\frac{D}{q}\right) = \left(\frac{2}{q}\right)\left(\frac{p}{q}\right) = 1$. Folglich ist q nach Satz 4 kein Primelement in A_D. Wie eben folgt der Widerspruch $\left(\frac{q}{p}\right) = 1$, wobei noch einmal davon Gebrauch gemacht werden muss, dass prim und irreduzibel in ZPE-Bereichen gleichbedeutend sind. Damit ist der Satz bewiesen.

Aufgaben

1. Für $d = 97, 136, 1141$ sind die folgenden Aufgaben zu lösen:

   a) Bestimmen Sie $\pi(d)$.

   b) Bestimmen Sie die Anzahl der Bahnen, in die die Menge der quadratischen Irrationalitäten mit der Diskriminante d unter der modularen Gruppe $\mathcal{G}$ zerfällt.

   c) Entwickeln Sie aus jeder Bahn eine reduzierte Irrationalität in ihren Kettenbruch.

   d) Bestimmen Sie $\lambda(d)$.

   e) Berechnen Sie die Fundamentaleinheiten von A_{34}, A_{97}, A_{1141}.

2. Es sei $f = cx^2 - bx - a \in \mathbf{Z}[x]$ und eine Nullstelle von f sei reduziert. Dann hat auch $ax^2 - bx - c$ eine reduzierte Nullstelle.

3. Es sei I ein Ideal ungleich $\{0\}$ von A_D und α_1, α_2 sei eine Ganzheitsbasis von I. Zeigen Sie, dass α_1 und α_2 über $\mathbf{Q}$ linear unabhängig sind.

4. Es sei $1 < D \in \mathbf{N}$ und D sei quadratfrei. Setze $d := D$, falls $D \equiv 1 \bmod 4$ ist und $d := 4D$ in allen übrigen Fällen. Ist ω eine reduzierte quadratische Irrationalität mit der Diskriminante d und ist l die Periodenlänge der Kettenbruchentwicklung von ω, so ist die Klassenzahl von A_D genau dann gleich 1, wenn $l = |\pi(d)|$ ist.

5. Bestimmen Sie die Klassenzahl von A_{-143}.

6. Bestimmen Sie die Klassenzahl von A_{21}.

7. Gibt es in A_D zu je zwei Elementen a und b, die außer Einheiten keine gemeinsamen Teiler haben, stets u, $v \in A_D$ mit $1 = au + bv$, so ist A_D ein Hauptidealbereich.

8. Bestimmen Sie notwendige und hinreichende Bedingungen dafür, dass 2 ein Primelement in A_D ist.

9. Es sei R ein kommutativer Ring mit 1 und M sei ein Ideal von R. Genau dann ist M ein maximales Ideal von R, wenn R/M ein Körper ist.

10. Es sei R ein Integritätsbereich und S sei ein Teilbereich von R. Ist R ganz über S und ist P ein Primideal von R, so ist auch R/P ganz über $(S+P)/P$. (Dass P ein Primideal ist, wird deswegen vorausgesetzt, weil wir das Ganz-sein nur für Integritätsbereiche definiert haben.)

11. Es sei R ein kommutativer Ring mit 1. Ist ein Ideal J von R maximal bezüglich der Eigenschaft, kein Hauptideal zu sein, so ist J ein Primideal. (Analysieren Sie den Beweis des Satzes 6 von Abschnitt 5.)

12. Es sei R ein kommutativer Ring mit 1. Sind alle Primideale von R Hauptideale, so ist R ein Hauptidealring. (Hier müssen Sie im Wege des Widerspruchs das zornsche Lemma benutzen, um ein Ideal zu finden, das maximal ist mit der Eigenschaft, kein Hauptideal zu sein.)

VII.

Rechnen in A_D

Bei dem Bemühen, Fermats „letzten Satz" zu beweisen, stellte es sich heraus, dass die Ringe ganzer algebraischer Zahlen Ringe sind, in denen nur ganz selten der Satz von der eindeutigen Primfaktorzerlegung gilt. Es genügte nicht mehr, wie man herausfand, Ringelemente und ihre Teilbarkeitseigenschaften zu untersuchen, man musste vielmehr Gesamtheiten von Ringelementen, die man dann Ideale nannte, und ihre gegenseitigen Verhältnisse zueinander untersuchen, wollte man weiter kommen. Dass hier wirklich etwas Neues hinzukommt, sieht man sehr schnell. Weil nämlich $\mathbf{Z}$ ein Hauptidealbereich ist, spiegelt sich das Rechnen mit Idealen von $\mathbf{Z}$ im Rechnen mit den Elementen von $\mathbf{Z}$ wieder. Ist I ein Ideal von $\mathbf{Z}$, so gibt es ja genau ein $a \in \mathbf{Z}$ mit $a \geq 0$ und $I = a\mathbf{Z}$ und jedes $a \in \mathbf{N}_0$ definiert durch $I := a\mathbf{Z}$ ein Ideal in $\mathbf{Z}$. Die *Datenstruktur* der Ideale ist also die Datenstruktur „nicht negative ganze Zahl" und a ist der *Standardvertreter* von I. Sind a und b die Standardvertreter von I und J, so ist $\mathrm{ggT}(a, b)$ der Standardvertreter von $I + J$ und $\mathrm{kgV}(a, b)$ der Standardvertreter von $I \cap J$ sowie ab der Standardvertreter von IJ. Ferner gilt $I \subseteq J$ genau dann, wenn b Teiler von a ist, und es gilt für $z \in \mathbf{Z}$ genau dann $z \in I$, wenn a Teiler von z ist. Ist R irgendein Hauptidealbereich, so ist die Datenstruktur der Ideale gleich $R/G(R)$, da die Erzeugenden der Ideale nur bis auf Einheiten bestimmt sind. Alles Übrige geht genauso wie bei $\mathbf{Z}$. Bei Hauptidealbereichen gewinnt man also nichts wesentlich Neues, wenn man statt der Elemente Ideale betrachtet. Bei Integritätsbereichen, die keine Hauptidealbereiche sind, ist das anders.

Wir interessieren uns für die Ringe A_D, die meist keine Hauptidealbereiche sind. Es erhebt sich die Frage, ob man für ihre Ideale eine Datenstruktur finden kann, die es erlaubt, aus Vertretern der Ideale I und J Vertreter gleichen Datentyps für $I + J$, $I \cap J$ und IJ zu finden, bzw. zu entscheiden, wann $a \in I$, bzw. wann $I \subseteq J$ gilt. Das ist in der Tat möglich, wie wir in den beiden nächsten Abschnitten sehen werden.

1. Rechnen mit Idealen. Wir haben in Abschnitt 4 von Kapitel IIII gesehen, dass jedes Ideal I von A_D eine Ganzheitsbasis der Form $\{a_{11}, a_{21} + a_{22}\Delta\}$ hat, wobei auch noch a_{11} und a_{21} durch a_{22} teilbar sind. Doch das sind noch nicht alle Bedingungen, die a_{11}, a_{21} und a_{22} erfüllen müssen, damit $\{a_{11}, a_{21} + a_{22}\Delta\}$ Ganzheitsbasis eines Ideals ist. Um herauszufinden, was noch hinzukommt, notieren wir zunächst:

Satz 1. *Ist $D \in \mathbf{Z}$, ist $D \equiv 1 \bmod 4$ und setzt man $\Delta := \frac{1}{2}(1 + \sqrt{D})$, so ist*

$$\Delta^2 = \frac{D-1}{4} + \Delta = \Delta - N(\Delta).$$

Beweis. Banale Rechnung.

Was nun noch hinzukommt, beschreibt der folgende Satz.

Satz 2. *Es sei D eine quadratfreie ganze Zahl. Ferner seien a_{11}, a_{21}, $a_{22} \in \mathbf{Z}$ und es gelte a_{11}, $a_{22} \neq 0$. Setze $I := a_{11}\mathbf{Z} + (a_{21} + a_{22}\Delta)\mathbf{Z}$. Genau dann ist I ein Ideal in A_D, wenn die folgenden beiden Bedingungen erfüllt sind.*

a) *Es ist $a_{11} \equiv a_{21} \equiv 0 \bmod a_{22}$.*

b) *Es ist $N(a_{21} + a_{22}\Delta) \equiv 0 \bmod a_{11}a_{22}$.*

Beweis. Die Menge I ist in jedem Falle eine Untergruppe der additiven Gruppe von A_D. Daher ist I wegen $A_D = \mathbf{Z} + \Delta\mathbf{Z}$ genau dann ein Ideal in A_D, wenn die folgenden beiden Bedingungen erfüllt sind:

1) Es ist $a_{11}\Delta \in I$.

2) Es ist $(a_{21} + a_{22}\Delta)\Delta \in I$.

Weil a_{11}, $a_{22} \neq 0$ sind, ist a_{11}, $a_{21} + a_{22}\Delta$ eine $\mathbf{Q}$-Basis von $\mathbf{Q}[\sqrt{D}]$. Es gibt daher $x, y, u, v \in \mathbf{Q}$ mit

$$a_{11}\Delta = xa_{11} + y(a_{21} + a_{22}\Delta)$$
$$(a_{21} + a_{22}\Delta)\Delta = ua_{11} + v(a_{21} + a_{22}\Delta).$$

Es folgt, dass I genau dann ein Ideal ist, wenn x, y, u, v ganze Zahlen sind.

Aus der ersten Gleichung erhält man die Gleichungen $a_{11} = ya_{22}$ und

$$0 = xa_{11} + ya_{21} = xya_{22} + ya_{21} = y(xa_{22} + a_{21}).$$

Wegen $a_{11} \neq 0$ ist $y \neq 0$ und daher $a_{21} = -xa_{22}$. Folglich sind x und y genau dann ganz, wenn a) gilt.

Es sei $D \not\equiv 0 \bmod 4$. Dann ist $\Delta^2 = D$ und

$$N(a_{21} + a_{22}\Delta) = a_{21}^2 - a_{22}^2 D.$$

Aus der zweiten Gleichung folgen somit die Gleichungen

$$a_{22}D = ua_{11} + va_{21}$$
$$a_{21} = va_{22}.$$

Mittels der cramerschen Regel folgt

$$a_{11}a_{22}u = a_{22}^2 D - a_{21}^2 = -N(a_{21} + a_{22}\Delta)$$
$$a_{11}a_{22}v = a_{11}a_{21},$$

sodass u und v genau dann ganze Zahlen sind, wenn b) gilt und wenn a_{22} Teiler von a_{21} ist. Also sind x, y, u und v genau dann ganz, wenn a) und b) gelten.

Es sei $D \equiv 1 \bmod 4$. Nach Satz 1 ist dann $\Delta^2 = \frac{D-1}{4} + \Delta$. Ferner ist

$$N(a_{21} + a_{22}\Delta) = a_{21}^2 + a_{21}a_{22} + a_{22}^2 \frac{1 - D}{4}.$$

Damit wird die zweite Gleichung zu

$$a_{22}\frac{D-1}{4} + (a_{21} + a_{22})\Delta = ua_{11} + va_{21} + va_{22}\Delta.$$

Diese ist wiederum gleichbedeutend mit den beiden Gleichungen

$$a_{22}\frac{D-1}{4} = ua_{11} + va_{21} \quad \text{und} \quad a_{21} + a_{22} = va_{22}.$$

Mittels der cramerschen Regel folgt

$$a_{11}a_{22}u = a_{22}^2\frac{D-1}{4} - a_{21}^2 - a_{21}a_{22} = -N(a_{21} + a_{22}\Delta)$$

$$a_{11}a_{22}v = a_{11}(a_{21} + a_{22}).$$

Also sind u und v genau dann ganze Zahlen, wenn b) gilt und wenn a_{22} Teiler von a_{21} ist. Also sind x, y, u und v auch in diesem Falle genau dann ganze Zahlen, wenn a) und b) gelten.

Damit ist alles bewiesen.

Ist I ein von $\{0\}$ verschiedenes Ideal von A_D, so gibt es, wie wir wissen, eine Ganzheitsbasis a_{11}, $a_{21} + a_{22}\Delta$ von I. Es ist $a_{11}\mathbf{Z} = \mathbf{Z} \cap I \neq \{0\}$, sodass a_{11} bis auf das Vorzeichen eindeutig festliegt. Wir dürfen und werden daher annehmen, dass $a_{11} \in \mathbf{N}$ ist. Ist U das Ideal aller $u \in \mathbf{Z}$, für die es ein $v \in \mathbf{Z}$ gibt mit $v + u\Delta$, so gibt es eine natürliche Zahlen a_{22}' mit $a_{22}'\mathbf{Z} = U$. Ist dann $v \in \mathbf{Z}$ und $v + a_{22}'\Delta \in I$, dann ist a_{11}, $v + a_{22}'\Delta$ ebenfalls eine Ganzheitsbasis, wie wir früher schon feststellten. Wegen der linearen Unabhängigkeit von 1 und Δ folgt $a_{22} = a_{22}'$ oder $a_{22} = -a_{22}'$, sodass wir auch $a_{22} \in \mathbf{N}$ annehmen dürfen, womit a_{22} ebenfalls eindeutig festliegt ist. Division mit Rest liefert schließlich q und a_{21}' mit $a_{21} = qa_{11} + a_{21}'$ und $0 \leq a_{21}' < a_{11}$. Wegen

$$a_{21} + a_{22}\Delta = qa_{11} + a_{21}' + a_{22}\Delta$$

ist dann auch a_{11}, $a_{21}' + a_{22}\Delta$ eine Ganzheitsbasis von I. Es gibt also genau eine Ganzheitsbasis a_{11}, $a_{21} + a_{22}\Delta$ von I mit a_{11}, $a_{22} \in \mathbf{N}$ und $0 \leq a_{21} < a_{11}$. Diese Basis werden wir in Zukunft *Standardbasis* von I nennen.

Satz 3. *Es sei* $I = a_{11}\mathbf{Z} \oplus (a_{21} + a_{22}\Delta)\mathbf{Z}$ *ein Ideal von* A_D. *Ferner sei* $a + b\Delta \in A_D$. *Genau dann ist* $a + b\Delta \in I$, *wenn*

$$aa_{22} - ba_{21} \equiv 0 \bmod a_{11}a_{22}$$

$$b \equiv 0 \bmod a_{22}.$$

Beweis. Es gibt wieder rationale Zahlen x und y mit

$$a + b\Delta = a_{11}x + (a_{21} + a_{22}\Delta)y$$

und $a + b\Delta$ gehört genau dann zu I, wenn x und y ganz sind. Die cramersche Regel liefert für die zugehörigen linearen Gleichungen für x und y, dass

$$a_{11}a_{22}x = aa_{22} - ba_{21}$$

$$a_{11}a_{22}y = a_{11}b$$

ist. Hieraus folgt die Behauptung.

Satz 4. *Es seien I und J Ideale von A_D und es sei*

$$I = a_{11}\mathbf{Z} + (a_{21} + a_{22}\Delta)\mathbf{Z}$$
$$J = b_{11}\mathbf{Z} + (b_{21} + b_{22}\Delta)\mathbf{Z}.$$

Genau dann ist $J \subseteq I$, wenn

$$b_{11} \equiv 0 \bmod a_{11}$$
$$b_{22} \equiv 0 \bmod a_{22}$$
$$a_{22}b_{21} - a_{21}b_{22} \equiv 0 \bmod a_{11}a_{22} .$$

Beweis. Genau dann gilt $J \subseteq I$, wenn b_{11}, $b_{21} + b_{22}\Delta \in I$ gilt. Mit Satz 3 folgt daher die Behauptung.

Satz 5. *Es sei D eine von 1 verschiedene quadratfreie ganze Zahl und $a + b\Delta \in A_D$. Wähle x, $y \in \mathbf{Z}$ mit*

$$\mathrm{ggT}(a,b) = \begin{cases} ay + bx, & \text{falls } D \not\equiv 1 \bmod 4 \\ (a+b)y + bx, & \text{falls } D \equiv 1 \bmod 4 \text{ ist.} \end{cases}$$

Definiere a_{11}, a_{21}, a_{22} durch

$$a_{11} := \frac{N(a + b\Delta)}{\mathrm{ggT}(a,b)},$$
$$a_{21} := ax - byN(\Delta),$$
$$a_{22} := \mathrm{ggT}(a,b).$$

Dann ist

$$(a + b\Delta)A_D = a_{11}\mathbf{Z} \oplus (a_{21} + a_{22}\Delta)\mathbf{Z}.$$

Ferner gilt

$$a_{21} + a_{22}\Delta = (a + b\Delta)(x + y\Delta)$$
$$a + b\Delta = a_{11}y + (a_{21} + a_{22}\Delta)\frac{b}{a_{22}}.$$

Schließlich ist

$$|N(a + b\Delta)| = |A_D/(a + b\Delta)A_D|.$$

Beweis. Wir zeigen zunächst, dass $a_{21} + a_{22}\Delta = (a + b\Delta)(x + y\Delta)$ ist. Ist $D \not\equiv 1 \bmod 4$, so ist

$$(a + b\Delta)(x + y\Delta) = ax + by\Delta^2 + (ay + bx)\Delta$$
$$= ax - byN(\Delta) + \mathrm{ggT}(a,b)\Delta$$
$$= a_{21} + a_{22}\Delta.$$

Ist $D \equiv 1 \bmod 4$, so ist

$$(a + b\Delta)(x + y\Delta) = ax + by\Delta^2 + (ay + bx)\Delta$$
$$= ax + by\big(\Delta - N(\Delta)\big) + (ay + bx)\Delta$$
$$= ax - ayN(\Delta) + \big((a + b)y + bx\big)\Delta$$
$$= a_{21} + a_{22}\Delta.$$

Wir setzen $I := (a + b\Delta)A_D$. Nach dem gerade Bewiesenen ist dann $a_{21} + a_{22}\Delta \in I$. Ferner gilt auch

$$a_{11} = (a + b\Delta)\frac{a + b\bar{\Delta}}{\text{ggT}(a,b)} \in I.$$

Also ist

$$J := a_{11}\mathbf{Z} \oplus (a_{21} + a_{22}\Delta)\mathbf{Z} \subseteq I.$$

Offenbar teilt a_{22} sowohl a_{11} als auch a_{21}. Ferner ist

$$N(a_{21} + a_{22}\Delta) = N(a + b\Delta)N(x + y\Delta)$$
$$= a_{11}a_{22}N(x + y\Delta).$$

Daher ist J nach Satz 2 ein Ideal. Wir müssen also nur noch zeigen, dass $a + b\Delta \in a_{11}\mathbf{Z} + (a_{21} + a_{22}\Delta)\mathbf{Z}$ gilt. Setze

$$v := \frac{b}{a_{22}}.$$

Dann ist

$$a_{11}y + (a_{21} + a_{22}\Delta)v = (a + b\Delta)\frac{(a + b\bar{\Delta})y + (x + y\Delta)a_{22}v}{a_{22}}.$$

Es sei $D \not\equiv 1 \bmod 4$. Dann ist $\bar{\Delta} = -\Delta$. Es folgt

$$(a + b\bar{\Delta})y + (x + y\Delta)a_{22}v = (a - b\Delta)y + (x + y\Delta)b$$
$$= ay + bx = \text{ggT}(a,b) = a_{22}.$$

Also ist hier $a + b\Delta = a_{11}y + (a_{21} + a_{22}\Delta)v \in J$.

Es sei schließlich $D \equiv 1 \bmod 4$. Dann ist $\bar{\Delta} = 1 - \Delta$. Hier folgt

$$(a + b\bar{\Delta})y + (x + y\Delta)a_{22}v = (a + b - b\Delta)y + (x + y\Delta)b$$
$$= (a + b)y + xa = \text{ggT}(a,b) = a_{22}.$$

Also gilt auch in diesem Falle $a + b\Delta \in J$. Die letzte Aussage folgt schließlich aus $N(a + b\Delta) = a_{11}a_{22}$.

Satz 6. *Es sei D eine von 1 verschiedene quadratfreie ganze Zahl. Ferner sei a_{11}, $a_{21} + a_{22}\Delta$ die Standardbasis des Ideals I von A_D. Ist $b + c\Delta \in I$, so gilt*

$$\frac{N(b + c\Delta)}{\text{ggT}(b,c)} \equiv 0 \bmod a_{11}$$

$$\text{ggT}(b,c) \equiv 0 \bmod a_{22}.$$

Insbesondere gilt $N(b + c\Delta) \equiv 0 \bmod |A_D/I|$.

Beweis. Es gibt $u, v \in \mathbf{Z}$ mit $b + c\Delta = a_{11}u + (a_{21} + a_{22}\Delta)v$. Es folgt $b = a_{11}u + a_{21}v$ und $c = a_{22}v$. Weil I ein Ideal ist, ist a_{22} Teiler von a_{11} und a_{21} und folglich auch von b. Als Teiler von b und c ist a_{22} Teiler von $\text{ggT}(b,c)$.

Mittels Satz 4 folgt

$$\frac{N(b + c\Delta)}{\text{ggT}(b,c)}\mathbf{Z} = (b + c\Delta)A_D \cap \mathbf{Z} \subseteq I \cap \mathbf{Z} = a_{11}\mathbf{Z}.$$

Folglich ist

$$\frac{N(b+c\Delta)}{\mathrm{ggT}(b,c)} \equiv 0 \bmod a_{11}.$$

Hieraus folgt mit dem bereits Bewiesenen, dass

$$N(b+c\Delta) \equiv 0 \bmod a_{11}a_{22}$$

ist, sodass wegen $|A_D/I| = |a_{11}a_{22}|$ auch die letzte Behauptung gilt.

Satz 7. *Es sei I ein Ideal von A_D. Ferner sei $0 \neq b \in I$. Genau dann ist $I = bA_D$, wenn $|N(b)| = |A_D/I|$ ist.*

Beweis. Nach Satz 4 ist $|N(b)| = |A_D/bA_D|$. Ferner ist

$$A_D/I \cong (A_D/bA_D)/(I/bA_D).$$

Es folgt, dass genau dann $I = bA_D$ gilt, wenn $|A_D/I| = |A_D/bA_D| = |N(b)|$ ist.

Satz 8. *Es seien I und J von $\{0\}$ verschiedene Ideale von A_D und es sei*

$$I = a_{11}\mathbf{Z} + (a_{21} + a_{22}\Delta)\mathbf{Z} \quad und \quad J = b_{11}\mathbf{Z} + (b_{21} + b_{22}\Delta)\mathbf{Z}.$$

Es seien ferner $x, y \in \mathbf{Z}$ und es gelte $a_{22}x + b_{22}y = \mathrm{ggT}(a_{22}, b_{22})$. Wir setzen

$$c_{11} := \mathrm{ggT}\left(a_{11}, b_{11}, \frac{b_{21}a_{22} - a_{21}b_{22}}{\mathrm{ggT}(a_{22}, b_{22})}\right)$$

$$c_{21} := a_{21}x + b_{21}y$$

$$c_{22} := \mathrm{ggT}(a_{22}, b_{22}).$$

Dann ist

$$I + J = c_{11}\mathbf{Z} + (c_{21} + c_{22}\Delta)\mathbf{Z}.$$

Beweis. Es ist

$$I + J = a_{11}\mathbf{Z} + b_{11}\mathbf{Z} + (a_{21} + a_{22}\Delta)\mathbf{Z} + (b_{21} + b_{22}\Delta)\mathbf{Z}.$$

Setze

$$u := -\frac{b_{22}}{\mathrm{ggT}(a_{22}, b_{22})} \quad und \quad v := \frac{a_{22}}{\mathrm{ggT}(a_{22}, b_{22})}.$$

Dann ist

$$\det\begin{pmatrix} x & y \\ u & v \end{pmatrix} = 1.$$

Hieraus folgt

$$(a_{21} + a_{22}\Delta)\mathbf{Z} + (b_{21} + b_{22}\Delta)\mathbf{Z}$$
$$= \left((a_{21} + a_{22}\Delta)x + (b_{21} + b_{22}\Delta)\right)\mathbf{Z} + \left((a_{21} + a_{22}\Delta)u + (b_{21} + b_{22}\Delta)v\right)\mathbf{Z}$$
$$= (c_{21} + c_{22}\Delta)\mathbf{Z} + \frac{b_{21}a_{22} - a_{21}b_{22}}{\mathrm{ggT}(a_{22}, b_{22})}\mathbf{Z}.$$

Hieraus folgt wiederum

$$I + J = a_{11}\mathbf{Z} + b_{11}\mathbf{Z} + \frac{b_{21}a_{22} - a_{21}b_{22}}{\mathrm{ggT}(a_{22}, b_{22})}\mathbf{Z} + (c_{21} + c_{22}\Delta)\mathbf{Z}.$$

Und hieraus folgt schließlich die Behauptung, da für beliebige ganze Zahlen A, B, C ja $A\mathbf{Z} + B\mathbf{Z} + C\mathbf{Z} = \mathrm{ggT}(A, B, C)\mathbf{Z}$ ist.

Umschreiben und Ergänzen liefert noch das

Korollar. *Die Voraussetzungen und Bezeichnungen seien wie bei Satz 8. Bestimmt man Zahlen u, v, $w \in \mathbf{Z}$ mit*

$$\mathrm{ggT}\left(a_{11}, b_{11}, \frac{b_{21}a_{22} - a_{21}b_{22}}{\mathrm{ggT}(a_{22}, b_{22})}\right) = a_{11}u + b_{11}v + \frac{b_{21}a_{22} - a_{21}b_{22}}{\mathrm{ggT}(a_{22}, b_{22})}w,$$

so ist, wenn man noch $d := \mathrm{ggT}(a_{22}, b_{22})$ setzt,

$$c_{21} + c_{22}\Delta = (a_{21} + a_{22}\Delta)x + (b_{21} + b_{22}\Delta)y$$

$$c_{11} = a_{11}u + b_{11}v + \left(-(a_{21} + a_{22}\Delta)\frac{b_{22}}{d} + (b_{21} + b_{22}\Delta)\frac{a_{22}}{d}\right)w.$$

Mithilfe der Sätze 5 und 8 kann man auch eine Standardbasis von IJ ausrechnen, falls die Standardbasen von I und J bekannt sind. Ist nämlich $I = a_{11}\mathbf{Z} \oplus (a_{21} + a_{22}\Delta)\mathbf{Z}$ und $J = b_{11}\mathbf{Z} \oplus (b_{21} + b_{22}\Delta)\mathbf{Z}$, so wird IJ bereits als $\mathbf{Z}$-Modul von der Menge der Elemente

$$t := a_{11}b_{11}$$
$$u := a_{11}(b_{21} + b_{22}\Delta)$$
$$v := b_{11}(a_{21} + a_{22}\Delta)$$
$$w := (a_{21} + a_{22}\Delta)(b_{21} + b_{22}\Delta)$$

erzeugt. Also ist, da IJ ein Ideal ist, $IJ = tA_D + uA_D + vA_D + wA_D$. Mittels Satz 5 bestimmt man die Standardbasen der Ideale tA_D, uA_D, vA_D und wA_D und mit Satz 8 dann die Standardbasis von IJ.

2. Der Schnitt zweier Ideale.

Eine der elementaren Operationen zwischen Idealen haben wir noch nicht im Griff. Es ist die Operation, aus den Standardbasen von I und J die Standardbasis von $I \cap J$ zu bestimmen. Diese Aufgabe werden wir in diesem Abschnitt lösen. Die Situation hier ist deswegen komplizierter, weil man zunächst kein Erzeugendensystem für $I \cap J$ hat. Erinnert man sich daran, dass in $\mathbf{N}$ die Gleichung $\mathrm{kgV}(a, b)\,\mathrm{ggT}(a, b) = ab$ gilt, so wird man versucht sein, für Ideale in A_D die Gleichung

$$(I \cap J)(I + J) = IJ$$

zu beweisen, um auf diesem Weg eine Lösung unserer Aufgabe zu finden, denn für $I + J$ und IJ sind wir in der Lage die Standardbasen zu berechnen. Dies ist nun in der Tat der Weg, der zum Ziele führt, wie wir nun sehen werden.

Es sei I ein Ideal von A_D. Wir setzen $\bar{I} := \{\bar{x} \mid x \in I\}$. Dann gilt:

Satz 1. *Es sei I ein von $\{0\}$ verschiedenes Ideal von A_D. Ist a_{11}, $a_{21} + a_{22}\Delta$ eine Ganzheitsbasis von I und setzt man*

$$b_{21} := \begin{cases} -a_{21}, & \text{falls } D \not\equiv 1 \bmod 4 \text{ ist} \\ -a_{21} - a_{22}, & \text{falls } D \equiv 1 \bmod 4 \text{ ist,} \end{cases}$$

so ist a_{11}, $b_{21} + a_{22}\Delta$ eine Ganzheitsbasis von $\bar{I}$.

Beweis. Ist $D \equiv 1 \bmod 4$, so ist $\bar{\Delta} = 1 - \Delta$. In allen übrigen Fällen ist $\bar{\Delta} = -\Delta$. Im ersten Falle folgt

$$a_{21} + a_{22}\bar{\Delta} = a_{21} + a_{22}(1 - \Delta) = -(-a_{21} - a_{22} + a_{22}\Delta).$$

Im zweiten Falle folgt

$$a_{21} + a_{22}\bar{\Delta} = a_{21} - a_{22}\Delta = -(-a_{21} + a_{22}\Delta).$$

Hieraus folgt die Behauptung.

Wir setzen noch $N(I) := |A_D/I|$ und nennen $N(I)$ die *Norm* von I. Wie wir wissen, ist $N(I) = |a_{11}a_{22}|$, falls a_{11}, $a_{21} + a_{22}\Delta$ eine Ganzheitsbasis von I ist. Insbesondere gilt für die Standardbasis $N(I) = a_{11}a_{22}$.

Satz 2. *Ist I ein von $\{0\}$ verschiedenes Ideal von A_D, so ist*

$$I\bar{I} = N(I)A_D.$$

Beweis. Es sei a_{11}, $a_{21} + a_{22}\Delta$ die Standardbasis von I. Dann ist

$$a_{11}^2 = a_{11}a_{22}\frac{a_{11}}{a_{22}}$$

$$a_{11}(a_{21} + a_{22}\Delta) = a_{11}a_{22}\left(\frac{a_{21}}{a_{22}} + \Delta\right)$$

$$a_{11}(a_{21} + a_{22}\bar{\Delta}) = a_{11}a_{22}\left(\frac{a_{21}}{a_{22}} + \bar{\Delta}\right)$$

$$(a_{21} + a_{22}\Delta)(a_{21} + a_{22}\bar{\Delta}) = a_{11}a_{22}\frac{N(a_{21} + a_{22}\Delta)}{a_{11}a_{22}}$$

ein $\mathbf{Z}$-Erzeugendensystem von $I\bar{I}$. Nach Satz 2 von Abschnitt 1 gehen alle Divisionen auf den rechten Seiten auf. Folglich gilt

$$I\bar{I} \subseteq a_{11}a_{22}A_D = N(I)A_D.$$

Nun ist

$$a_{11}a_{22}\left(\frac{2a_{21}}{a_{22}} + \Delta + \bar{\Delta}\right) = a_{11}\left(2a_{21} + a_{22}(\Delta + \bar{\Delta})\right) \in I\bar{I}.$$

Ist $D \not\equiv 1 \bmod 4$, so ist $\Delta + \bar{\Delta} = 0$. Ist $D \equiv 1 \bmod 4$, so ist $\Delta + \bar{\Delta} = 1$. Nach dem Korollar zu Satz 4 von Abschnitt 3 des Kapitels VI ist $a_{11}a_{22}$ der größte gemeinsame

Teiler von a_{11}^2, $2a_{11}a_{21} + a_{11}a_{22}(\Delta + \bar{\Delta})$, $N(a_{21} + a_{22}\Delta)$. Daher lässt sich $a_{11}a_{22}$ aus diesen Elementen linear kombinieren. Folglich ist $a_{11}a_{22} \in I\bar{I}$, sodass auch

$$N(I)A_D = a_{11}a_{22}A_D \subseteq I\bar{I}$$

gilt. Damit ist der Satz bewiesen.

Wir setzen $Q_D := \mathbf{Q}[\sqrt{D}]$. Ein A_D-Teilmodul M von Q_D, der nicht gleich $\{0\}$ ist, heißt *gebrochenes Ideal* von A_D, wenn es ein $a \in A_D$ mit $a \neq 0$ und $aM \subseteq A_D$ gibt. Jedes Ideal von A_D ist natürlich auch ein gebrochenes Ideal. Um diese Ideale von beliebigen Idealen zu unterscheiden, nennen wir sie auch *ganze Ideale*. Sind M und N gebrochene Ideale von A_D, so bezeichne MN den von allen mn mit $m \in M$ und $n \in N$ erzeugten A_D-Teilmodul von Q_D. Es gibt dann von null verschiedene a und b in A_D mit $aM \subseteq A_D$ und $bN \subseteq A_D$. Es folgt $ab \neq 0$ und $abMN \subseteq A_D$, sodass auch MN ein gebrochenes Ideal ist.

Sind M und N gebrochene Ideale von A_D, so nennen wir N *Teiler* von M, wenn es ein ganzes Ideal I gibt mit $M = NI$. Wegen $M = MA_D$ teilt jedes gebrochene Ideal sich selbst. Ist $M = NI$ und $N = OJ$, so ist $M = OJI$, sodass die Relation der Teilbarkeit auch transitiv ist. Es sei M Teiler von N und N Teiler von M. Es gibt dann ganze Ideale I und J mit $M = NI$ und $N = MJ$. Es folgt $M = NI \subseteq NA_D = N$ und ebenso $N = MJ \subseteq MA_D = M$, sodass $M = N$ ist. Also ist die Relation der Teilbarkeit eine Teilordnung auf der Menge der gebrochenen Ideale.

Es sei M ein gebrochenes Ideal von A_D. Wir setzen

$$M^{-1} := \{x \mid x \in Q_D, Mx \subseteq A_D\}.$$

Satz 3. *Für jedes gebrochene Ideal von A_D gilt $MM^{-1} = A_D$. Die Menge der gebrochenen Ideale bildet folglich mit der auf ihr definierten Multiplikation eine abelsche Gruppe. Die Menge der ganzen und gebrochenen Hauptideale bildet eine Untergruppe. Die Faktorgruppe ist endlich und ihre Ordnung ist die Klassenzahl von A_D.*

Beweis. Es gibt ein $a \in Q_D$ mit $a \neq 0$ und $I := aM \subseteq A_D$. Es folgt, dass I ein Ideal von A_D ist. Nach Satz 2 ist $I\bar{I} = N(I)A_D$. Dann ist

$$M\frac{a}{N(I)}\bar{I} = \frac{1}{N(I)}\bar{I} = \frac{1}{N(I)}I\bar{I} = A_D.$$

Es folgt $MM^{-1} = A_D$. Hieraus folgt die Gruppeneigenschaft der Menge der gebrochenen Ideale. Da es in jeder Restklasse modulo der Gruppe der gebrochenen Hauptideale aufgrund der Definition der gebrochenen Ideale ein ganzes Ideal gibt und die ursprüngliche Definition der Äquivalenz der ganzen Ideale offenbar mit der jetzigen Definition, wenn man sie auf die Menge der ganzen Ideale einschränkt, übereinstimmt, gilt auch die restliche Aussage des Satzes.

Die Gruppe der gebrochenen Ideale modulo der Untergruppe der gebrochenen Hauptideale heißt die *Klassengruppe* von A_D.

Korollar. *Ist I ein ganzes Ideal von A_D, so ist*

$$I^{-1} = \frac{1}{N(I)}\bar{I}.$$

Beweis. Nach Satz 2 ist $I\bar{I} = N(I)A_D$. Hieraus folgt

$$\frac{1}{N(I)}\bar{I} = \frac{1}{N(I)}I^{-1}I\bar{I} = I^{-1}.$$

Satz 4. *Sind M und N gebrochene Ideale von A_D, so ist N genau dann Teiler von M, wenn $M \subseteq N$ ist.*

Beweis. Ist N Teiler von M, so gibt es ein ganzes Ideal I mit $M = NI$. Weil N ein A_D Modul ist, ist aber $NI \subseteq N$. Also ist $M \subseteq N$. Es sei $M \subseteq N$. Dann ist $MN^{-1} \subseteq NN^{-1} = A_D$. Folglich ist MN^{-1} ein ganzes Ideal. Wegen $M = (MN^{-1})N$ ist daher N Teiler von M.

Satz 5. *Sind M und N gebrochene Ideale von A_D, so sind auch $M + N$ und $M \cap N$ gebrochene Ideale von A_D. Ferner ist $M + N$ der größte gemeinsame Teiler und $M \cap N$ das kleinste gemeinsame Vielfache von M und N.*

Beweis. Es gibt von 0 verschiedene Elemente c, $b \in A_D$ mit $cM \subseteq A_D$ und $dN \subseteq A_D$. Es ist $cd \neq 0$ und $cd(M + N) \subseteq A_D$. Da $M \subseteq M + N$ gilt, ist $M + N \neq \{0\}$. Folglich ist $M + N$ ein gebrochenes Ideal.

Es gibt von null verschiedene Elemente a und b mit $a \in M$ und $b \in N$. Es folgt

$$0 \neq (ac)(bd) \in A_D M \cap A_D N \subseteq M \cap N.$$

Ferner ist $cd(M \cap N) \subseteq A_D$. Also ist auch $M \cap N$ ein gebrochenes Ideal.

Es ist M, $N \subseteq M + N$. Nach Satz 4 ist $M + N$ daher ein gemeinsamer Teiler von M und N. Es sei T ein gemeinsamer Teiler von M und N. Nach Satz 4 ist dann M, $N \subseteq T$. Es folgt $M + N \subseteq T$, sodass T Teiler von $M + N$ ist. Folglich ist $M + N$ größter gemeinsamer Teiler von M und N.

Es ist $M \cap N \subseteq M$, N. Nach Satz 4 ist $M \cap N$ daher gemeinsames Vielfaches von M und N. Es sei V ein gemeinsames Vielfaches von M und N. Nach Satz 4 ist dann $V \subseteq M \cap N$. Wiederum mit Satz 4 folgt, dass V Vielfaches von $M \cap N$ ist. Folglich ist $M \cap N$ das kleinste gemeinsame Vielfache von M und N.

Der Beweis des nächsten Satzes ist der gleiche wie der Beweis des Satzes 2 von Abschnitt 1 des Kapitels III.

Satz 6. *Sind I und J von $\{0\}$ verschiedene Ideale von A_D, so ist*

$$(I + J)(I \cap J) = IJ.$$

Beweis. Weil IJ gemeinsames Vielfaches von I und J ist, gibt es ein ganzes Ideal G mit $IJ = (I \cap J)G$. Weil I Teiler von $I \cap J$ ist, gibt es ein ganzes Ideal A mit $I \cap J = IA$. Es folgt

$$J = I^{-1}IJ = I^{-1}(I \cap J)G = I^{-1}IAG = AG,$$

sodass G Teiler von J ist. Genauso zeigt man, dass G Teiler von I ist. Also ist G Teiler von $I + J$.

Es sei T ein gemeinsamer Teiler von I und J. Dann sind IT^{-1} und JT^{-1} ganze Ideale. Es folgt

$$(IT^{-1})J = I(JT^{-1}) = (IJ)T^{-1},$$

sodass $(IJ)T^{-1}$ gemeinsames Vielfaches von I und J ist. Folglich gibt es ein ganzes Ideal S mit

$$(IJ)T^{-1} = (I \cap J)S.$$

Es folgt

$$(I \cap J)G = IJ = (I \cap J)ST$$

und damit $G = ST$. Folglich ist T Teiler von G, sodass G größter gemeinsamer Teiler von I und J ist. Also ist $G = I + J$, sodass der Satz bewiesen ist.

Korollar. *Sind I und J von $\{0\}$ verschiedene Ideale von A_D, so ist*

$$I \cap J = \frac{1}{N(I + J)} IJ(\bar{I} + \bar{J}).$$

Dies folgt unmittelbar aus dem Korollar zu Satz 3 und aus Satz 6. Damit ist auch die letzte noch verbliebene Aufgabe gelöst.

Integritätsbereiche A, in denen jedes von $\{0\}$ verschiedene Ideal I *invertierbar* ist, in denen für jedes solche I also $II^{-1} = A$ gilt, heißen *Dedekindbereiche*. Mit ihnen hat es die algebraische Zahlentheorie zu tun. Der neugierige Leser sei an Ribenboim 1972 und der ringtheoretischen Seite wegen an Kaplansky 1970 verwiesen.

3. Die quadratische Form eines Ideals. Unsere nächste Aufgabe besteht darin, von einem Ideal von A_D festzustellen, ob es ein Hauptideal ist, und gegebenenfalls ein erzeugendes Element auszurechnen.

Satz 1. *Es sei D eine von 1 verschiedene quadratfreie ganze Zahl. Ferner sei $I = a_{11}\mathbf{Z} \oplus (a_{21} + a_{22}\Delta)\mathbf{Z}$ ein Ideal von A_D. Ist $D \not\equiv 1 \bmod 4$, so setzen wir*

$$F_I(u, v) := \frac{a_{11}}{a_{22}}u^2 + \frac{2a_{21}}{a_{22}}uv + \frac{N(a_{21} + a_{22}\Delta)}{a_{11}a_{22}}v^2,$$

und ist $D \equiv 1 \bmod 4$, so setzen wir

$$F_I(u, v) := \frac{a_{11}}{a_{22}}u^2 + \left(\frac{2a_{21}}{a_{22}} + 1\right)uv + \frac{N(a_{21} + a_{22}\Delta)}{a_{11}a_{22}}v^2.$$

Sind dann u, $v \in \mathbf{Z}$, so ist

$$N\big(a_{11}u + (a_{21} + a_{22}\Delta)v\big) = a_{11}a_{22}F_I(u, v).$$

Ist $D \not\equiv 1 \bmod 4$, so ist $\mathrm{Dis}(F_I) = 4D$, und ist $D \equiv 1 \bmod 4$, so ist $\mathrm{Dis}(F_I) = D$. Die Koeffizienten von F_I haben den größten gemeinsamen Teiler 1.

Beweis. Bis auf die letzte Aussage etablieren simple Rechnungen diesen Satz. Die letzte Aussage ist eine Wiederholung dessen, was im Korollar zu Satz 4 von Abschnitt 3 des Kapitels VI notiert wurde.

Ist F_I mithilfe der Standardbasis von I definiert, so nennen wir F_I die zum Ideal I gehörende quadratische Form. Um zu entscheiden, ob I ein Hauptideal ist, müssen wir aufgrund von Satz 7 des Abschnitts 1 dann feststellen, ob es u, $v \in \mathbf{Z}$ gibt mit $F_I(u,v) = 1$. Gibt es solche u und v, so ist nach diesem Satz

$$I = (a_{11}u + a_{21}v + a_{22}v\Delta)A_D.$$

Diese Aufgabe löst der Reduktionsalgorithmus. Um ihn formulieren zu können, definieren wir noch, wann eine binäre quadratische Form F mit negativer Diskriminante *reduziert* heißt. Ist $F(u,v) = au^2 + buv + cv^2$ und $\mathrm{Dis}(F) = b^2 - 4ac < 0$, so heißt F reduziert, falls $-a < |b| \leq a \leq c$ ist.

Reduktionsalgorithmus für quadratische Formen

Input. *Binäre quadratische Form F über dem Ring $\mathbf{Z}$ der ganzen Zahlen. Ist $F(x,y) = ax^2 + bxy + cy^2$, so ist weiter $\mathrm{ggT}(a,b,c) = 1$ und die Diskriminante $\mathrm{Dis}(F) = b^2 - 4ac$ von F ist negativ. Da dann a und c beide positiv oder beide negativ sind, dürfen und werden wir bei der Eingabe von F noch verlangen, dass sie beide positiv sind.*

Output. *Eine reduzierte quadratische Form $G = Ax^2 + Bxy + Cy^2$ und eine (2×2)-Matrix M über $\mathbf{Z}$ mit $\det(M) = 1$, sodass*

$$F\big((x,y)M\big) = G(x,y)$$

ist für alle x, $y \in \mathbf{Z}$.

Bemerkung 1. *Beachte, dass aus $F((x,y)M) = G(x,y)$ mit unimodularem M folgt, dass die Koeffizienten von G teilerfremd sind, falls die von F es sind. In jedem Falle gilt $\mathrm{Dis}(F) = \mathrm{Dis}(G)$.*

Bemerkung 2. *Nach Output gilt*

$$0 < F(M_{11}, M_{12}) = G(1,0) \leq G(x,y) = F\big((x,y)M\big)$$

für alle x, $y \in \mathbf{Z}$, die nicht gleichzeitig 0 sind, d.h. es ist $0 < F(M_{11}, M_{12}) \leq F(x,y)$ für alle diese x und y.

Verschiedene Variable, die sich von selbst erklären.

begin $G := F$;
   $M := \begin{pmatrix} 1 & 0 \\ 0 & 1 \end{pmatrix}$;
   % Man erinnere sich. Die Koeffizienten von G sind A, B, C.
   % Es gilt hier also $A = a$, $B = b$ und $C = c$.
   % Es ist $A > 0$ und $C > 0$.
   % Es ist $\det(M) = 1$ und $F((x,y)M) = G(x,y)$ für alle x, $y \in \mathbf{Z}$.
   if $(B \leq -A)$ or $(A < B)$ then
   begin $B_1 := B \bmod (2A)$;
      % $0 \leq B_1 < 2A$.
      if $A < B_1$ then $B_1 := B_1 - 2A$;
      % $-A < B_1 \leq A$ und $B - B_1$ ist durch $2A$ teilbar.

$t := -((B - B_1) \text{ DIV } (2A));$

$\% \ B_1 = 2At + B.$

$\% \ G(x + ty, y) = Ax^2 + (B + 2At)xy + (At^2 + Bt + C)y^2.$

$B := B + 2At;$

$C := At^2 + Bt + C;$

$M := \begin{pmatrix} 1 & 0 \\ t & 1 \end{pmatrix} M;$

$\% \ \det(M) = 1.$

$\% \ F((x, y)M) = G(x, y)$ für alle $x, y \in \mathbf{Z}.$

$\% \ -A < B \leq A.$

end;

while $C < A$ do

begin $\% \ G(y, -x) = Cx^2 - Bxy + Ay^2.$

   $pp := A;$

   $A := C;$

   $C := pp;$

   $B := -B;$

   $M := \begin{pmatrix} 0 & -1 \\ 1 & 0 \end{pmatrix} M;$

   $\% \ F((x, y)M) = G(x, y).$

   $\% \ \det(M) = 1$

   $\% \ A$ ist kleiner als das ursprüngliche $A.$

   $\% \ $Es ist $A > 0$ und $C > 0.$

   if $(B \leq -A)$ or $(A < B)$ then

   begin $B_1 := B \text{ MOD } (2A);$

      $\% \ 0 \leq B_1 < 2A.$

      if $A < B_1$ then $B_1 := B_1 - 2A;$

      $\% \ -A < B_1 \leq A$ und $B - B_1$ ist durch $2A$ teilbar.

      $t := -((B - B_1) \text{ DIV } (2A));$

      $\% \ B_1 = 2At + B.$

      $\% \ G(x + ty, y) = Ax^2 + (B + 2At)xy + (At^2 + Bt + C)y^2.$

      $B := B + 2At;$

      $C := At^2 + Bt + C;$

      $M := \begin{pmatrix} 1 & 0 \\ t & 1 \end{pmatrix} M;$

      $\% \ \det(M) = 1.$

      $\% \ F((x, y)M) = G(x, y)$ für ale $x, y \in \mathbf{Z}.$

      $\% \ -A < B \leq A.$

   end

end;

$\% \ -A < B \leq A \leq C,$ d.h. G ist reduziert

$\% \ F((x, y)M) = G(x, y)$ für alle $x, y \in \mathbf{Z}.$

end; $\% \ $Reduktionsalgorithmus.

Diesen Algorithmus gilt es nun zu verifizieren. Die Richtigkeit der Kommentare versteht sich fast immer von selbst. Kritisch sind die Aussagen, dass

$$G(x + ty, y) = Ax^2 + (B + 2At)xy + (At^2 + Bt + C)y^2$$

ist und dass stets $A > 0$ und $C > 0$ ist, sowie der erste der beiden Kommentare $F((x, y)M) = G(x, y)$ in der while-Schleife.

Es ist
$$\begin{aligned}
G(x + ty, y) &= A(x + ty)^2 + B(x + ty)y + Cy^2 \\
&= Ax^2 + A2xty + At^2y^2 + Bxy + Bty^2 + Cy^2 \\
&= Ax^2 + (B + 2At)xy + (At^2 + Bt + C)y^2.
\end{aligned}$$

Damit ist der erste noch infrage stehende Kommentar verifiziert.

Um den Kommentar in der while-Schleife zu verifizieren, setzen wir zu Beginn der while-Schleife zunächst

$$G'(x, y) = A'x^2 + B'xy + C'y^2 := G(y, -x)$$

und $M' := \begin{pmatrix} 0 & -1 \\ 1 & 0 \end{pmatrix} M$. In diesem Schritt wird dann die Anweisung $G := G'$ und $M := M'$ ausgeführt. Nun ist

$$F\big((x, y)M'\big) = F\big((y, -x)M\big) = G(y, -x) = G'(x, y).$$

Damit ist auch dieser Kommentar verifiziert.

Weil zu Anfang $A = a$ und $C = c$ gilt, sind A und C beim ersten Eintreten in die while-Schleife positiv. Sind A und C beim Eintritt in die while-Schleife positiv, so wird in der while-Schleife aus C das neue A, sodass auch das neue A positiv ist. Weil die Diskriminante sich nicht ändert — dies besagen die bereits verifizierten Kommentare —, diese aber negativ ist, muss auch das neue C positiv sein. Damit sind die drei noch infrage stehenden Kommentare ebenfalls verifiziert.

Weil A beim Durchlaufen der while-Schleife stets abnimmt, muss der Algorithmus terminieren. Dann gelten aber auch die noch verbleibenden Kommentare.

Es bleibt die Gültigkeit der Bemerkungen nachzuweisen. Der Beweis der ersten Bemerkung ist eine einfache Übungsaufgabe. Es bleibt also Bemerkung 2 zu beweisen. Dazu genügt es zu zeigen, dass

$$0 < G(1, 0) \leq G(x, y)$$

ist für alle $x, y \in \mathbf{Z}$, die nicht beide null sind.

Es ist
$$\begin{aligned}
4AG(x, y) &= 4A^2x^2 + 4ABxy + B^2y^2 - (B^2 - 4AC)y^2 \\
&= (2Ax + By)^2 - \mathrm{Dis}(G)y^2 \geq 0
\end{aligned}$$

und damit $G(x, y) \geq 0$ für alle $x, y \in \mathbf{Z}$, da ja $A > 0$ ist. Hieraus folgt

$$G(x, y) \geq |Ax^2 + Cy^2| - |Bxy| = A|x|^2 + C|y|^2 - |B||x||y|.$$

Ist $|x| \geq |y| > 0$, so folgt, da ja $|B| \leq A \leq C$ ist,

$$G(x, y) \geq \big(A|x| - |B||y|\big)|x| + C|y|^2 \geq C|y|^2 \geq A = G(1, 0).$$

Ist $|y| \geq |x| > 0$, so folgt, da ja $|B| \leq A \leq C$ ist,

$$G(x,y) \geq (C|y| - |B||x|)|y| + A|x|^2 \geq A|x|^2 \geq A = G(1,0).$$

Ferner ist

$$G(x,0) = A|x|^2 \geq A$$

und

$$G(0,y) = Cy^2 \geq C \geq A.$$

Damit ist alles bewiesen.

Ist nun I ein Ideal in A_D und ist $D < 0$, so sind wir in der Lage zu testen, ob I ein Hauptideal ist oder nicht. Man bestimme mit dem Reduktionsalgorithmus ganze Zahlen m und n, sodass

$$0 < F_I(m,n) \leq F_I(x,y)$$

ist für alle x, $y \in Z$, die nicht beide null sind. Genau dann ist I ein Hauptideal, wenn $F_I(m,n) = 1$ ist. Ist a_{11}, $a_{21} + a_{22}\Delta$ die Standardbasis von I und ist F_I die zugehörige quadratische Form, so ist, falls $F_I(m,n) = 1$ ist,

$$I = (a_{11}m + (a_{21} + a_{22}\Delta)n)A_D.$$

Wir sind auch in der Lage, in Hauptidealbereichen A_D mit $D < 0$ den größten gemeinsamen Teiler zweier Elemente auszurechnen und ihn aus den gegebenen Elementen linear zu kombinieren. Es sei also $D < 0$ und A_D sei ein Hauptidealbereich. Nach Früherem wissen wir, dass $D \equiv 1 \bmod 4$ ist. Es seien $a_1 + a_2\Delta$ und $b_1 + b_2\Delta$ zwei Elemente aus A_D. Wir setzen $I := (a_1 + a_2\Delta)A_D$ und $J := (b_1 + b_2\Delta)A_D$.

1. Schritt: Berechne x, $y \in \mathbf{Z}$ mit $(a_1 + a_2)y + a_2x = \mathrm{ggT}(a_1, a_2)$. Setze

$$a_{22} := \mathrm{ggT}(a_1, a_2)$$
$$a_{21} := a_1x - a_2yN(\Delta)$$
$$a_{11} := \frac{N(a_1 + a_2\Delta)}{a_{22}}.$$

Dann gilt

$$a_{21} + a_{22}\Delta = (a_1 + a_2\Delta)(x + y\Delta)$$
$$a_{11} = (a_1 + a_2\Delta)\frac{a_1 + a_2\bar{\Delta}}{a_{22}}$$
$$I = a_{11}\mathbf{Z} \oplus (a_{21} + a_{22}\Delta)\mathbf{Z}.$$

Entsprechend verfahren wir mit dem zweiten Element. Berechne ganze Zahlen x' und y' mit $(b_1 + b_2)y' + b_2x' = \mathrm{ggT}(b_1, b_2)$. Setze

$$b_{22} := \mathrm{ggT}(b_1, b_2)$$
$$b_{21} := b_1'x - b_2y'N(\Delta)$$
$$b_{11} := \frac{N(b_1 + b_2\Delta)}{b_{22}}.$$

Dann gilt

$$b_{21} + b_{22}\Delta = (b_1 + b_2\Delta)(x' + y'\Delta)$$

$$b_{11} = (b_1 + b_2\Delta)\frac{b_1 + b_2\bar{\Delta}}{b_{22}}$$

$$J = b_{11}\mathbf{Z} \oplus (b_{21} + b_{22}\Delta)\mathbf{Z}.$$

2. Schritt: Berechne x, $y \in \mathbf{Z}$ mit $\mathrm{ggT}(a_{22}, b_{22}) = a_{22}x + b_{22}y$. Berechne ferner u, v, $w \in \mathbf{Z}$ mit

$$\mathrm{ggT}\left(a_{11}, b_{11}, \frac{b_{21}a_{22} - a_{21}b_{22}}{\mathrm{ggT}(a_{22}, b_{22})}\right) = a_{11}u + b_{11}v + \frac{b_{21}a_{22} - a_{21}b_{22}}{\mathrm{ggT}(a_{22}, b_{22})}w.$$

Setze

$$c_{22} := \mathrm{ggT}(a_{22}, b_{22})$$

$$c_{21} := a_{21}x + b_{21}y$$

$$c_{11} := \mathrm{ggT}\left(a_{11}, b_{11}, \frac{b_{21}a_{22} - a_{21}b_{22}}{c_{22}}\right).$$

Dann gilt

$$I + J = c_{11}\mathbf{Z} \oplus (c_{21} + c_{22}\Delta)\mathbf{Z}$$

und

$$c_{21} + c_{22}\Delta = (a_{21} + a_{22}\Delta)x + (b_{21} + b_{22}\Delta)y$$

sowie

$$c_{11} = a_{11}u + b_{11}v + \left(-(a_{21} + a_{22}\Delta)\frac{b_{22}}{c_{22}} + (b_{21} + b_{22}\Delta)\frac{a_{22}}{c_{22}}\right)w.$$

3. Schritt: Setze $F := F_{I+J}$. Dann ist

$$F(u, v) = \frac{c_{11}}{c_{22}}u^2 + \left(\frac{2c_{21}}{c_{22}} + 1\right)uv + \frac{N(c_{21} + c_{22}\Delta)}{c_{11}c_{22}}v^2.$$

Berechne mit dem Reduktionsalgorithmus m, $n \in \mathbf{Z}$ mit $F(m, n) = 1$. Solche m und n gibt es, da A_D ein Hauptidealbereich ist. Dann ist

$$I + J = (c_{11}m + c_{21}n + c_{22}n\Delta)A_D.$$

Es folgt

$$\mathrm{ggT}(a_1 + a_2\Delta, b_1 + b_2\Delta) = c_{11}m + (c_{21} + c_{22}\Delta)n.$$

Weil c_{11} und $c_{21} + c_{22}\Delta$ bekannte Linearkombinationen von $a_1 + a_2\Delta$ und $b_1 + b_2\Delta$ sind, ist auch $c_{11}m + c_{21}n + c_{22}n\Delta$ eine solche.

Aufgaben

1. Es sei A eine additiv geschriebene abelsche Gruppe und a und b seien zwei Elemente von A. Ist dann

$$\begin{pmatrix} x & y \\ u & v \end{pmatrix} \in \mathcal{G}$$

und setzt man $a' := ax + by$ und $b' := au + bv$, so ist $a\mathbf{Z} + b\mathbf{Z} = a'\mathbf{Z} + b'\mathbf{Z}$.

2. Es sei $D = -163$. Ferner seien $a := 14 + 27\Delta$ und $b := 3 + 14\Delta$ Elemente von A_D. Berechnen Sie die Standardbasen der Ideale $I := aA_D$, $J := bA_D$ und $I + J$.

3. Die Voraussetzungen seien wie bei Aufgabe 2. Der Ring A_D ist ein Hauptidealbereich. Bestimmen Sie c mit $cA_D = I + J$ sowie u und v mit $c = au + bv$.

4. Es sei $D \in \{-19, -43, -67, -163\}$. Zeigen Sie ohne zu benutzen, dass A_D ein Hauptidealring ist, dass es nur eine reduzierte, binäre quadratische Form mit Diskriminante D gibt.

5. Es sei $D \in \{-19, -43, -67, -163\}$. Zeigen Sie mithilfe von Aufgabe 4, dass A_D ein Hauptidealbereich ist.

6. Es seien I und J Ideale des kommutativen Ringes R. Zeigen Sie, dass

$$(I \cap J)(I + J) \subseteq IJ$$

gilt.

7. Es seien F und G zwei binäre quadratische Formen mit negativer Diskriminante und beide Formen seien reduziert. Gibt es eine (2×2)-Matrix M über $\mathbf{Z}$ mit $\det(M) = 1$ und $F((x, y)M) = G(x, y)$ für alle $x, y \in \mathbf{Z}$, so ist $F = G$.

Literatur

Georg Cantor, *Über die einfachen Zahlensysteme*. Zeitschr. für Math. und Physik 14, 121–128, 1869. (Zitiert nach: Gesammelte Abhandlungen mathematischen und philosophischen Inhalts. Herausgegeben von E. Zermelo, Berlin 1932)

Richard Dedekind, *Was sind und was sollen die Zahlen*. Braunschweig 1888. Viele spätere Auflagen

Euklid, *Die Elemente*. Nach Heibergs Text aus dem Griechischen übersetzt und herausgegeben von Clemens Thaer. Darmstadt 1980

Menso Folkerts, *Eine bisher unbekannte Abhandlung über das Rechenbrett aus dem beginnenden 14. Jahrhundert*. Historia Mathematica 10, 435–447, 1983

G. Friedlein, *Die Zahlzeichen und das elementare Rechnen der Griechen und Römer und des christlichen Abendlandes vom 7. bis 13. Jahrhundert*. Unveränderter Neudruck der Ausgabe 1869. Schaan/Liechtenstein 1982

Erich Hecke, *Vorlesungen über die Theorie der algebraischen Zahlen*. Zweite Auflage. Leipzig 1954

Hans Heilbronn & E. H. Linfoot, *On the imaginary quadratic corpora of class number one*. Quart. J. Math. Oxford 5, 293–301, 1934

Simon Jacob, *Rechenbüchlin auf den Linien und mit Ziffern*. Vierte, von seinem Bruder Pangratz herausgegebene Auflage. Frankfurt am Main 1571

Irving Kaplansky, *Commutative Rings*. Boston/Mass. 1970

D. H. Lehmer, *Euclid's Algorithm for Large Numbers*. Amer. Math. Monthly 45, 227–233, 1938

Édouard Lucas, *Récréations mathématiques*. Paris 1882

Heinz Lüneburg, *Vorlesungen über Zahlentheorie*. Basel und Stuttgart 1978
— *Tools and Fundamental Constructions of Combinatorial Mathematics*. Mannheim 1989
— *Leonardi Pisani Liber Abbaci oder Lesevergnügen eines Mathematikers*. Zweite Auflage. Mannheim 1993
— *Vorlesungen über lineare Algebra*. Mannheim 1993a

Karl Menninger, *Zahlwort und Ziffer. Eine Kulturgeschichte der Zahl*. Zweite Auflage. Zwei Bände in einem. Göttingen 1958

Parry Moon, *The Abacus*. New York, London, Paris 1971

T. Motzkin, *The Euclidean algorithm*. Bull. Amer. Math. Soc. 55, 1142–1146, 1949

Paulo Ribenboim, *Algebraic Numbers*. New York, etc. 1972

Adam Ries, *Rechenbuch auff Linien vnd Ziphren*. Nachdruck der Auflage 1574. Brensbach/Odenwald, 3. Auflage, 1978

Michael I. Rosen, *A Proof of the Lucas-Lehmer Test*. Amer. Math. Monthly 95, 855–856, 1988

H. M. Stark, *A complete determination of the complex quadratic fields of class number one*. Mich. Math. J. 14, 1–27, 1967

Ernst Trost, *Primzahlen*. Zweite Auflage. Basel 1968

Index

Faszinierender Brückenschlag zwischen Zahlentheorie und Analysis

Heinz Lüneburg
Größen und Zahlen
Ein Aufbau des Zahlensystems auf der Grundlage der eudoxischen Proportionenlehre
2010. IX
201 Seiten | br.
€ 39,80 | ISBN 978-3-486-59679-3

In „Größen und Zahlen" gelingt durch die Verbindung der Proportionenlehre des Eudoxos mit den dedekindschen Schnitten ein faszinierender Brückenschlag zwischen der Zahlentheorie und der Analysis. Die Konstruktion ermöglicht einen unmittelbaren Zugang zu den Logarithmen beziehungsweise den Exponentialfunktionen.

Angereichert mit geschichtlichen Verweisen und gelegentlichen Anekdoten bietet das Buch viele überraschende Einblicke und ermöglicht ein außerordentlich klares Verständnis dieser fundamentalen mathematischen Funktionen.

Das Werk entstammt dem Nachlass des begnadeten Pädagogen Heinz Lüneburg und wird herausgegeben von Prof. Dr. Theo Grundhöfer, apl. Prof. Dr. Huberta Lausch sowie Prof. Dr. Karl Strambach. Es setzt Vertrautheit mit der mathematischen Sprache und mit den Grundlagen von Analysis und Zahlentheorie voraus.

Das Buch richtet sich in erster Linie an Studierende der Mathematik, aber auch der Informatik, Natur- und Ingenieurwissenschaften.

Oldenbourg

www.ingramcontent.com/pod-product-compliance
Lightning Source LLC
Chambersburg PA
CBHW081108220326

41598CB00038B/7275